莆田
农田水利史
（627—1850年）

何彦超　秦　佳　马浩原 著

气象出版社
China Meteorological Press

内 容 简 介

莆田农田水利体系源远流长,以木兰陂为代表的古代水利工程,与当地自然、社会环境相互依赖,历经千年仍然发挥着重要作用。本书以唐代至清末莆田农田水利体系为研究对象,结合其所处的自然和社会环境,系统分析了莆田古代具有地方性特色的水利工程、管理制度、技术特色、水神信仰和水利文献的起源、发展历程与表现形态,展现了传统农田水利体系之美和古代水文化的丰富内涵。本书可供水利史研究人员和对水文化感兴趣的读者阅读参考。

图书在版编目(CIP)数据

莆田农田水利史. 627—1850年 / 何彦超,秦佳,马
浩原著. -- 北京 : 气象出版社,2023.12
ISBN 978-7-5029-8121-1

Ⅰ. ①莆… Ⅱ. ①何… ②秦… ③马… Ⅲ. ①农田水
利-水利史-研究-莆田-627-1850 Ⅳ.
①S279.257.4

中国国家版本馆CIP数据核字(2023)第229222号

莆田农田水利史(627—1850 年)
PUTIAN NONGTIAN SHUILISHI(627—1850 NIAN)

出版发行:气象出版社			
地　　址:北京市海淀区中关村南大街 46 号		邮政编码:100081	
电　　话:010-68407112(总编室)　 010-68408042(发行部)			
网　　址:http://www.qxcbs.com		E-m a i l:qxcbs@cma.gov.cn	
责任编辑:胡育峰　杨　辉　王子淇		终　　审:张　斌	
责任校对:张硕杰		责任技编:赵相宁	
封面设计:艺点设计			
印　　刷:北京中石油彩色印刷有限责任公司			
开　　本:710 mm×1000 mm　1/16		印　　张:12.75	
字　　数:260 千字			
版　　次:2023 年 12 月第 1 版		印　　次:2023 年 12 月第 1 次印刷	
定　　价:65.00 元			

本书如存在文字不清、漏印以及缺页、倒页、脱页等,请与本社发行部联系调换。

前　言

　　近年来,水利史研究的学术范畴得到了极大扩展。新兴的水利社会史、水利环境史等研究领域的发展,促使技术要素、环境要素、经济要素、文化要素等多方面因素被纳入水利史的考察视野中,产生了一批具有较高学术价值的研究成果。在此基础上,如何在水利史研究中综合运用各类要素,开展跨学科、多维度的研究,也引起了学术界的关注和讨论。深入地探讨这一问题,不仅有助于传统水利史研究与社会史、环境史等相关领域的交流与融合,实现学科间的互动与创新,也有助于将水利史研究成果更好地服务于现实社会,为水利遗产保护、水文化建设等事业提供历史参考和理论支持。本书以莆田为例,采取区域水利史分析模式,对该地区古代水利遗存进行整体解读,对这一典型的区域性古代农田水利体系构建过程进行较为全面的梳理,旨在探索一条区域水利史研究中技术、环境、经济、文化等要素的融合路径,同时为当地水利遗产保护与开发提供历史借鉴。

　　本书以莆田古代农田水利发展历史为研究对象,采取技术、环境、经济、文化等多元要素相结合的思路,细致分析了莆田古代农田水利系统化发展的历史进程及其基本特征。在研究内容的选择上,本书在对工程建设历史、制度演变历程、工程技术特征、水利文化影响等问题进行铺陈和论述的基础上,将唐代至清代莆田水利事业发展及其与生态、社会环境的互动视作一项时间跨度逾千年的"历史实验",并基于这一实验模型对各类水利乃至自然与社会问题进行推演。在研究资料的选取上,本书主要选取了与水利建设相关的古今文献资料,其中,正史、总志、地方志、水利总志、水利专志、家谱是资料搜集的重点。在研究方法上,主要采取三种方法:一是历史模型研究方法,通过各类文献考证与实际调查将这一实验模型的各个细节进行还原,使之成为一个抽象的模型;二是田野调查法,对各灌溉、堤防工程体系进行考察,获得一手资料,并与水利文献资料中的内容相互印证,同时多方位搜集碑刻与民间文献,以补充现有工程性、制度性资料的不足;三是叙述史学的方法,以有生命力的文字描述莆田水利事业发展中所表现出的区域性古代农田水利体系构建过程,充分展现古代莆田水利技术与生态、水利社会的真实面貌。

　　本书第一章为绪论,对相关概念进行了辨析,并回顾了已有研究成果。第二章分析了莆田的自然与社会环境,探讨了古代农田水利体系诞生的基础条件,主要包括莆田地理环境与自然水系分布、气候变化条件及主要农业自然灾害类型、人类活动历史(如地方行政建制、人口规模变化、农业发展背景)等方面。第三章从灌溉与堤防工程体系建设的层面,回顾了唐代至清代莆田灌溉与堤防工程体系的建设与修缮历程,再现了莆田古代农田水利工程体系的形成过程。第四章从灌溉与堤防工程管理制度的层面,回顾了北宋至清代莆田灌溉与堤防工程管理制度的演变历程,揭示了所谓"莆田古代农田水利管理制度"的内涵与特征。第五章对莆田古代农田水利体系的工程性与管理性要素的技术特征与科学性进行了分析。第六章从农田水利要素与社会环境互动成果的层面,总结了莆田古代农田水利体系的"经济与文化影响",经济影响主要指农田水利体系对当地农业生产发展的促进作用;"文化影响"则包含两项要素,即"水利神祠信仰"与"水利志书",其中,水利神祠信仰源于基层用水成员维护"水权"的心理诉求,并在长期发展过程中实现了象征意义的"多元化",即成为地方政府、乡绅群体与莆田民众为达成不同目的而使用的工具;而水利专志与总志在编撰过程中也出现了象征性意义的区分。第七章是对全书研究的总结与反思。

莆田古代农田水利体系是一个动态的、具备广泛联系的概念。其动态性特征主要体现在以下几个方面:一是莆田古代农田水利体系在长期的修缮管理过程中,其功能不断被完善,建设技术也逐步得到更新;二是各灌区农田水利管理机制不断被强化,管理主体随社会经济的发展而变动;三是当地农田水利事业的社会性内涵不断被丰富,其中在农田水利建设过程中出现的民间宗教形式不断增加、内容不断丰富,并最终成为地域文化的重要组成部分;四是当地水利文献的编撰持续进行,不曾断代。其联系性特征主要体现在以下几个方面:一是莆田各水利工程并非孤立的个体,而是在技术条件不断完善的基础上逐渐形成各要素优势互补的整体;二是各水利管理组织间互相借鉴,并改革僵化的管理体制,使其符合工程与周边社会的需求;三是不同的水神崇拜类型相互融合,其形式色彩逐渐淡化,精神内核趋于一致;四是在水利事业长期发展的过程中,其经验被学者们不断总结,并最终形成一部或数部具有较高水平的水利史著作。

莆田古代农田水利体系的构建与完善过程,与当地自然和社会经济环境密切相关,本书的探讨是在区域尺度下综合技术、环境、经济、文化等多元要素展开的,希望为今后的水利史研究提供参考,同时希望为水利遗产保护、水文化建设等现实活动提供历史借鉴。然而,由于作者水平有限,书中难免有疏漏之处,恳请读者批评指正。

作者
2023 年 7 月

目　录

第一章 绪论

一直以来,学术界对小区域范围内在用古代水利工程及其管理制度的分析都大多采取水利史的研究方法,对由水利建设事业衍生而来的各种水利文化形式的解读,多数情况下被归于文化史的研究范畴。近年来,文化遗产保护与开发事业进一步发展,为研究中国古代水利事业提供了新的视角,即由传统的水利史研究向水利遗产研究转变。在这一基础上,国内外学者尝试重新诠释"农田水利史"概念,并在现有理论基础上从技术、经济、文化、生态等视角对在用古代水利工程以及现有水利文化形式进行了全新解读,取得了一定研究成果。

第一节 水利史研究范畴

进入 21 世纪以来,学术界对"水利史研究"这一概念的认识逐渐深化,将原有的认知成果更多归纳为"水工遗产"范畴,并将其纳入"水文化遗产"概念进行更深层次的考察。张念强在《基于价值评估的水利遗产认定》一文中,对"水工遗产"概念进行了诠释,并提出了对"水利遗产"概念的新认识,即水利遗产为历史上中国境内居民在治水兴利等与水相关的建设活动中创造并保存至今的、有价值的古代水工建筑、水利辅助设施、水神崇拜设施以及古代水利档案,将水神崇拜设施与古代水利档案作为重要组成部分纳入水利遗产的考察范畴中,深化了这一概念[1]。

谭徐明认为水利遗产是"水文化遗产"这一概念的有机组成部分,她在《水文化遗产的定义、特点、类型与价值阐述》一文中解答了"什么是水文化遗产"这一问题,并重新解读了作为水文化遗产重要构成部分的"水利遗产"概念,即所谓"水文化遗产"是古人在认识水、利用水的过程中保留的文化遗存,以水工建筑文物、水利知识体系、水的宗教与文化活动等形式存在,其中以工程形式存在的水文化遗产涵盖了早期"水工遗产"的概念,但又不局限于工程本身,而是一个包含工程体系本身以及工程改变自然过程中产生的相应文化、环境和景观效益的综合体;同时,水文化遗产之所以比水利遗产的概念更为宽泛,是因为这一理论将"非工程性"的要素纳入"遗产考察"范畴,即古人对"水"的管理、认知成果,以及源于水的宗教,可以被认为是水

---

①张念强.基于价值评估的水利遗产认定[J].中国水利,2012(21):8-9.

文明、水文化的标志性事物，可归纳为"非工程性"水文化遗产[①]。

邓俊在其博士论文《水利遗产研究》中基于工程性水文化遗产研究的路径，对我国各地在用古代水利工程的时空分布特性进行分析，并在分析结果的基础上重新界定了水利遗产的概念，即人类在生产活动过程中基于特定需要而进行的与"改造水环境"相关的活动以及在此类活动过程中创造出来的具有相应历史、人文、生态、科技和经济价值的水利文化遗存。这一概念界定的成果既包含工程性遗产，如水利建筑、工程遗址、工具设施、管理制度和法律规章，更加包含了水利景观即水利建设思想、水的宗教、水利文献等非工程性遗产要素，是对"水利遗产"这一概念非常全面的解读[②]。汪健在《我国水文化遗产价值与保护开发刍议》中基本赞同前几位学者对水利遗产与水文化遗产概念的认知，但他同时注意到在某些区域内各类水利遗产分布具有密集性，提出了"流域（地域）水文化遗产"的概念，即以特定流域或水域为核心纽带串联而成的多层次、多维度"文化复合体"，是作为区域文化特征和文化集结反映主体的遗产类型[③]。流域（地域）水文化遗产概念的提出，表明这一时期已有学者注意到古代农田水利工程密集分布区域生态景观与经济社会的特殊性，是在文化遗产层面上对"小区域范围内古代农田水利体系"这一概念的早期探索。

第二节　我国水利史研究概述

我国水利史研究的发展是一个渐进性的过程。早期水利史研究遵循传统路径，对古代水利事业发展成果的解读以对古代水利工程进行施工技术分析、建设历程回顾以及保护开发措施等方面研究为主，对于与工程建设维护相关的管理制度，以及工程所在地水利事业与基层社会互动的成果，即与水利相关的地域文化关注相对较少。近十年，随着"水利遗产"概念的提出，水利史研究的学术内涵得到丰富；同时一部分学者将"文化"概念引入水利史研究中，并将研究重点转移到工程所在地的自然和社会环境与工程本身的互动过程之上，对在用古代水利工程做文化性、社会性的诠释，并与水利社会史研究相结合，开创了若干研究古代水利事业发展的新方法。

一、水利史研究内容的丰富

随着水利史研究学术内涵的不断丰富，其内容也不再局限于古代水利工程本

①谭徐明.水文化遗产的定义、特点、类型与价值阐述[J].中国水利,2012(21):1-4.
②邓俊.水利遗产研究[D].北京:中国水利水电科学研究院,2017.
③汪健,陆一奇.我国水文化遗产价值与保护开发刍议[J].水利发展研究,2012(1):77-80.

身。近年来有关学者除参与古代水利文献、档案整理,并对在用古代水利工程作技术、经济方面的分析之外,还对古代水利工程与周边社会的互动予以关注。与此同时,在对古代农田水利事业发展成果进行价值评估的过程中,研究人员也不再局限于技术、经济等视角,文化价值、生态与景观效益成为衡量水利遗产价值的重要标准。

(一)古代水利文献整理

水利文献是考察古代水利事业发展历史的基本资料。中国水利水电科学研究院下属的水利史研究所在我国水利文献档案资料的整理汇编工作中取得了丰硕的成果。20世纪30年代,水利史研究所的前身"整理水利文献编纂委员会"承担了《再续行水金鉴》的编撰工作。《行水金鉴》是清代傅泽洪、郑元庆等人于雍正三年(1725)撰成的水利文献资料系统整编著作,汇集了古代有关江、淮、河、济以及京杭运河的文献资料;清道光十一年(1831),黎世序、俞正燮等又主持编成《续行水金鉴》,汇集清康熙六十年(1721)至清嘉庆二十五年(1820)的水利资料,并增加农田水利相关资料,以对《行水金鉴》进行补充[1]。为满足编制各流域防洪规划的需求,1936年,国民政府全国经济委员会下属的整理水利文献编纂委员会负责编纂《再续行水金鉴》,该书承接《续行水金鉴》,记述了清嘉庆二十五年(1820)至清宣统三年(1911)国内各主要水体的自然环境与治理历史,为后人了解江河变迁规律、制定防洪抗灾规划提供了参考[2]。

水利史研究所于20世纪80年代编撰的《二十五史河渠志》是一部地方志、水利志编撰工作的参考书,同时也是水利工作者的专业工具书。周魁一、郑连第等编者对《史记》《汉书》《宋史》《金史》《元史》《明史》6部史书中的《河渠志》以及《新唐书·地理志》中与水利有关的内容加以整理;对各志中的古代水利技术内容、水利专用名词、水利专业管理机构等进行了注释,并提供相应的参考文献;对于各志书中的讹误之处也加以修正。汇编成册的《二十五史河渠志》既保存了相关水利文献,同时也具有实用价值,能够为当今的水利建设与灾害防治工作提供借鉴[3]。

近年来,水利档案汇编工作也取得了一定进展。中国第一历史档案馆自该馆收藏的清乾隆年间朱批奏折、军机处录副奏折、上谕档中选取这一时期与浙江海塘修缮有关的资料,汇编成《乾隆初年浙江海塘治理档案》,为研究这一时期浙江海塘修缮工程的具体情况提供了参考[4]。闫彦、李续德等学者编撰的《浙江海塘宸瀚》中收集了明清时期与海塘建设有关的档案资料,该书以时间为脉络,完整汇集明清历任

---

①蒋超.《行水金鉴》及其续编[J].中国水利,1986(10):44.

②周魁一,谭徐明.历史的发现与研究——《再续行水金鉴》整编后记[J].中国水利水电科学研究院学报,2003(2):165-166.

③同②2.

④中国第一历史档案馆.乾隆初年浙江海塘治理档案[J].历史文献,2016(2):20-39.

皇帝有关浙江海塘的上谕、诗文、文告等资料,并对每一份文献资料加以注释,提供相应背景资料,相较于前述文献,其资料搜集的时间范围、内容范畴均有所扩充;且该书力求反映当时国家的政治经济面貌,对国家治塘方略给予了更多的关注①。同时,地方性水利文献的整理工作也取得了一定成果。《湘湖(白马湖)文献集成》编委会组织搜集与湘湖水利有关的资料,将《萧山水利》《湘湖水利志》《湘湖考略》《萧山湘湖志》等文献整理后合编为《湘湖水利文献专辑》,成为湘湖地区水利史、社会史研究的一手资料,具有重要的学术价值②。

(二)古代水工建筑考察

多年以来,我国学者针对古代水利设施所进行的相关研究持续推进,其中工程建造技术及水利功能等问题仍受到重点关注。有关学者为探究在用古代水利工程能够持续发挥效益的原因,往往首先分析其建设过程中所应用的先进技术以及长期以来功能的演变,进而将先进技术和"人的需求"作为影响工程维护事业发展的重要因素。王一鸣、陈勇参与了它山堰工程整治保护工作,结合施工经验,对"堰身中空,擎以巨木,形如屋宇"等施工技术描述提出了新的见解,将它山堰能够持续使用千余年归因于"因地制宜、结构独特",并对唐代的水利建设技术进行了探讨③。吴炎年、吴梦熊根据最新地质研究成果,提出建设在软基地质上的木兰陂之所以能够抗震拒灾、抵御潮水,是因为其基础构建牢固,且排水设计有利于在减轻洪水冲压力的同时防止淤沙④。李令福通过分析《史记·河渠书》和《汉书·沟洫志》所载内容,认为战国、秦汉时期北方以漳水渠、郑国渠、龙首渠为代表的大型农田水利,在早期是以"放淤造田"为主要目的的,即便建成较晚的六辅渠与白渠也是"且溉且粪,引浑浇灌",并非仅具有所谓"引水灌溉"之单一功能⑤。李都安、赵炳清基于研究成果提出灵渠水利功能自秦汉至明清有"不断发展完善"的演进过程,即从单一的军事运输功能向灌溉、航运等多重民用功能转变⑥。据此可知,"因地制宜地应用技术"和"不断完善的水利功能"是古代水利工程保存完整性较高的重要原因。

水利管理制度作为影响古代水利工程运行和保存的重要因素,近来也得到学术界的关注。有关研究人员利用方志、水利志、家谱、碑记等多种资料,分析古代水利工程管理组织、章程及其变化,以获得对古代水利工程管理制度建立与发展过程的

---

①闫彦,李绪德,王秀芝.浙江海塘宸瀚[M].北京:中国水利水电出版社,2015:2.

②《湘湖(白马湖)文献集成》编委会.湘湖(白马湖)文献集成·湘湖水利文献专辑(上册)[M].杭州:杭州出版社,2014:2.

③王一鸣,陈勇.古水利工程它山堰堰体结构浅析[J].浙江水利科技,1996(4):58-60.

④吴炎年,吴梦熊.抗震拒灾的古建文物——木兰陂[J].地球,2001(3):23.

⑤李令福.论淤灌是中国农田水利发展史上的第一个重要阶段[J].中国农史,2006(2):3-11.

⑥李都安,赵炳清.历史时期灵渠水利工程功能变迁考[J].三峡论坛,2012(2):14-19.

认知。周魁一认为,中国古代的水利管理制度中蕴含了丰富的文化、科学与技术内涵,其中,灌区的延续即管理的延续,能够反映一定区域范围内政治、经济、文化发展的演进脉络,同时各类水利规章、制度和管理经验也能为当今水利管理工作提供借鉴①。熊达成、郭涛认为中国古代水利管理制度的主要内容包括工程维修管理、工程运行管理、水利经费管理以及相关法制规定②。近年来在芍陂古代管理制度研究方面,有关学者注意到明清以来芍陂管理主体以及相关章程的变化,并对此进行分析。李松基于对明清芍陂修缮管理记载的分析,提出随着社会经济环境的变化,明中叶以后芍陂管理层级逐渐下移,且主要管理内容发生了变化,遏制侵垦成为"环塘士民之水利管理"的主要内容③。陶立明搜集并分析了清末民国时期芍陂治理相关的水利规约,提出地方政府和民间社会在这一时期已经就芍陂治理达成共识,即施行有效的水利规约,同时水利规约的制定也促成了"芍陂用水成员共识"之形成④。由此可见,相关研究人员已经注意到,一套水利管理制度是否能够对水利工程保护产生积极影响,除取决于其中章程是否完善,也取决于其本身能否根据社会经济发展作出相应变化。

(三)"水利文化"概念的提出

传统水利史研究主要以水利工程本身作为研究对象,近年来"水利文化"研究作为自水利史研究成果上发展而来的更为广泛的研究类型,受到学者们的关注。学者们除关注特定工程本身外,还将由特定工程衍生而来的文化作为研究重点,通过分析特定文化现象或内容来还原某一时期工程及其周边的社会面貌,并以其成果作为相关文化遗产开发的依据。

田中娟认为,作为一种狭义的文化现象,水利文化包含物质、制度和精神三个层面,其中,水利工程本身即可视作物质文化,其形成、发展的整个进程属于"文化演进过程";制度文化是对工程管理章程、规则的描述;精神文化反映为特定的民俗现象,如水神崇拜及其建筑与仪式、特定的民俗活动形式等⑤。就单一工程的范畴看来,不同层面的水利文化形成和发展是一个渐进性的过程。以"运河文化"为例,李泉分析了运河建成早期的文化现象,认为由于功能单一,未形成水运系统,故早期运河文化只具有物质和制度性的内容,缺乏精神文化的内容;随着运河的功能发生变化,以及外来人口的增加,运河文化的内涵逐渐丰富,具备了开放性、包容性的精神内涵,并

①周魁一.中国科学技术史·水利卷[M].北京:科学出版社,2002:411.
②熊达成,郭涛.中国水利科学技术史概论[M].成都:成都科技大学出版社,1989:313-314.
③李松.从《芍陂纪事》看明清芍陂管理的得失[J].历史教学问题,2010(2):35-40.
④陶立明.清末民国时期芍陂治理中的水利规约[J].淮南师范学院学报,2013,15(1):14-17.
⑤田中娟.通济堰文化现象探寻[J].丽水学院学报,2011,33(6):35-38.

表现为丰富多彩的形式①。王永波将运河文化进一步总结为"人类在特定的社会历史条件下通过跨自然水系的通航、漕运,促进运河流域不同文化区域在各领域的广泛与深层次交流,并推动沿运河流域社会政治、经济、科技、文化全面发展而形成的一种跨水系、跨领域的网带状区域文化集合体",在承认运河文化纵向发展的基础上强调横向的交流②。就灌溉工程而言,在其基础上形成的文化一般与灌区治理相关,在多数情况下表现为水神崇拜的各类形式,同时与周边社会产生互动。谭徐明分析都江堰灌区内独特的水神崇拜形式,认为区域内各类祭祀庙宇的存在让周边居民产生"敬畏",在一定程度上保护了工程周边良好的生态与景观环境;同时各类祭祀民俗活动的存在也为工程管理者与用水者之间沟通建立了桥梁,有利于工程保护意识的传承③。

据此,水利文化的形成是一个渐进性的过程。在这一过程中,水利文化的内部要素相互影响、融合,并最终成为区域文化特殊的构成部分。同时,一定区域内水利文化的存在,既有利于工程及其周边环境的保护,也有利于工程管理制度的延续。可以认为,用文化的视角分析古代水利工程是当前农田水利史研究的关键性步骤。

(四)古代水利工程价值评估

古代农田水利体系乃至单一工程具有一定的科学技术价值、社会经济价值以及历史文化价值,反映水利工程建设中先进水利技术的应用、工程周边区域的经济增长以及特定文化环境的形成,这是目前学术界所公认的。但也有部分学者在此基础上发展了古代水利事业发展成果价值评估体系。谭徐明认为,评估一定区域范围内水利事业发展成果,即水利遗产的价值,需考察其完整性与真实性,即工程体系的完善性、建筑结构与形式的独特性、工程相关遗存的保存程度以及工程与周边自然文化景观是否和谐,在此基础上产生的对于该区域古代农田水利事业发展成果的认识,既会有正面评价,也会有负面评价④。张念强提出了所谓"延续性"的评价标准,即作为"水利遗产"的古代水利事业发展成果在较长的时间范围内应具备与社会经济环境变化相适应的功能演变过程⑤。汪健、陆一奇将"艺术价值"的概念引入价值评估体系中,认为与古代水利事业相关的建筑设计思考、文学戏曲创作、风景园林构造以及美术工艺发展均具备了独特韵味,具备一定艺术价值⑥。由此可见,当前学术界对古代农田水利事业发展成果进行价值判定的标准是多元化的。

①李泉.中国运河文化的形成及其演进[J].东岳论丛,2008,29(3):57-61.

②王永波.运河文化的运动规律及其启示[J].东南文化,2002(3):64-69.

③谭徐明.都江堰史[M].北京:中国水利水电出版社,2009:254.

④同③1-4.

⑤张念强.基于价值评估的水利遗产认定[J].中国水利,2012(21):8-9.

⑥汪健,陆一奇.我国水文化遗产价值与保护开发刍议[J].水利发展研究,2012(1):77-80.

以都江堰为例,曹玲玲对都江堰的遗产特质进行分析,认为都江堰作为国内仅有的几座在用无坝引水工程之一,实际成为这一古代水利工程基本建筑形式的活标本,同时围绕都江堰产生的独特文化现象也是了解西南地区历史文化的重要途径,因此都江堰具备一定的历史文化价值;都江堰工程规划布局设计合理,运用了独特的水沙控制技术,反映了战国末期水利技术发展的水平,因而具有重要的科技价值;都江堰的存在,促进了成都平原经济社会与生态环境的协调发展,反映出其独特的生态价值。这是从历史文化、技术、生态三个方面来剖析水利遗产的价值[①]。与曹玲玲采取的方式不同,赵科科、赵锋采用文化价值这一单一标准来评判万金渠水利遗产价值,但对文化价值的内涵进行了扩充。他们认为安阳万金渠作为见证中原农业文明长期发展的古代水利工程,与安阳这座古城的建设和发展息息相关,同时这一工程完备的管理制度也体现了该地区独特的古代水利管理文化,以及历代建设主持者的"仁政"观念,这些均能体现该工程的文化价值[②]。这同样采取了一种独特的切入角度。

据此,就一定区域范围内古代农田水利事业发展成果而言,应根据该地区环境特征、农田水利事业发展成果的具体内容、古代水利事业发展与周边生态和社会的互动关系、动态的农田水利事业发展历程等要素来灵活选取适当的价值评估体系,以使价值评估的结果能够证明该区域农田水利事业发展成果作为水利遗产获得长期传承的必然性,同时能为该区域水利遗产的保护工作提供参考。

(五)区域水利史研究

近年来,有学者注意到某些区域内古代水利工程密集分布的现象,用流域、地域、城市"水利遗产"或"水文化遗产"的概念对这一现象加以解读,进而对其价值评估以及保护开发提出见解。

周嘉将晋南地区四社五村的物质与非物质水利遗产看作一个整体,认为这一地区的水利遗产有其共同的形成背景,即均受到该地区水资源紧张以及民间水利型自治组织发展的影响;当地物质性水利遗产由特色水利设施景观、水利簿、水利碑刻等内容构成,非物质性水利遗产由当地用水、求雨民俗以及龙君等水神信仰及其活动形式构成;四社五村地区物质与非物质水利遗产密不可分,共同影响了当地社会经济的发展,具有重要的社会与人文价值[③]。梁诸英、陈恩虎等将皖江流域水利遗产纳入该地区农业文化遗产的范畴进行考察,认为皖江流域水利遗产包括物质性的圩堤遗址及景观、传统水利工具,以及非物质性的水利制度、治水技术、水神民俗等,具有

① 曹玲玲.作为水利遗产的都江堰研究[D].南京:南京大学,2013.
② 赵科科,赵锋.试论万金渠水利工程的文化遗产特质[J].水利发展研究,2008(12):66-71.
③ 周嘉.晋南地区四社五村水利文化遗产研究[J].前沿,2013(17):173-175.

一定开发价值①。徐洪罡、崔芳芳认为作为广州城市水文化遗产有机组成部分的古代水上交通方式及其设施、城市给排水设施、治污工程、城市防洪设施等均具有水利遗产的特征，是广州城市特色及地方水利建设思想的集中体现②。

由此可见，当前部分学者将"文化遗产研究"的思路带入区域水利史研究中，为一定区域范围内与水利相关的文化现象提供解释，并从物质与非物质两个方面分别阐述其内容，对其文化与社会价值也有了新的认知。但对于区域水利事业发展成果与周边社会的互动关系及其互动成果，目前尚未有专门性的考察。

二、水利社会史研究

水利社会史以因水利问题而诞生的特殊性社会关系为研究对象，集中关注该区域独有的组织制度与规则演化、人物传说的象征性意义、家族间关系及利益结构体系和集团化意识形态，考察以上内容形成、发展与变迁的综合过程，其学术路径是对某一特定水利形式相关的各类社会现象的社会史研究，或对某一特殊水利社会的历史学研究③。研究古代农田水利体系，尤其是该体系与当地居民社会生活的互动关系，离不开对区域内错综复杂的社会结构的探索，尤其既要关注水利管理制度的建立与发展过程以及水权问题中所体现的基层社会权利结构变迁，也要关注水神崇拜形式所包含的象征意义，而这些恰恰就是水利社会史研究所关注的主要内容；同时，水利社会史作为区域社会史研究的分支，同样也是一综合性研究领域，近年来社会学、人类学、历史地理学等多学科专家参与到水利社会史研究中，在取得丰硕成果的同时，其研究路径也带有各自学科特色，这种跨学科领域的研究思路同样也是值得在区域农田水利史研究中去借鉴的。据此，研究小区域范围内古代农田水利事业发展过程及其相应成果，应当对区域水利社会史的研究成果做一些回顾。

当论及水利与社会的关系之时，就不得不谈到美国历史学家魏特夫的"治水社会—东方专制主义"学说。魏特夫在《东方专制主义》一书中对"治水社会"做了如下描述："这一社会形态通常起源于干旱与半干旱区域，此类区域居民只有利用灌溉且在必要时利用治水的办法克服供水不足或不调，以求农业生产顺利并有效地维持。此类工程往往需要大规模的协作，且此类协作通常需要纪律、从属关系及强力领导权；如需对这些工程建立有效管控，便需要建立一个遍及全国或者至少可及于全国人口中心的'组织网'。因此，控制这一组织网的人通常在巧妙地准备行使'最高政

---

①梁诸英,陈恩虎,秦中亮.皖江地区水利文化遗产及其开发[J].水利经济,2010(4):54-61.

②徐洪罡,崔芳芳.广州城市水文化遗产及保护利用[J].云南地理环境研究,2008,20(5):59-64.

③钱杭.共同体理论视野下的湘湖水利集团——兼论"库域型"水利社会[J].中国社会科学,2008(2):167-185.

治权利'。"①这一论调是将管理灌溉工程上升到国家层面,进而论述东方专制君主产生的必然性,为其"东方专制主义"的理论背书。尽管国内学者对"治水社会"学说的批评远多于赞同,但仍不能否认这一学说具有一定的学术价值,也为研究中国古代社会的历史发展特征提供了一些启示。尤其值得注意的是,魏特夫对"治水社会"的想象"提供了一种具有独创性的'水利与社会构成'之间关系的历史解释",而水利与社会的关系又恰恰是以往传统水利史研究中所忽视的内容②。

事实上,在20世纪已有不少学者注意到古代水利文献资料中所反映的与特定时期社会面貌以及社会结构有关的内容,并基于此做了大量工作。冀朝鼎受魏特夫研究成果的影响,以中国古代各地水利事业的发展情况为中心提出了"基本经济区"的概念,并试图揭示基本经济区同中国历史上统一与分裂问题的关系。他认为古代由"省"一级的单位组成的若干经济区域内部达到了高度自给自足的状态,且彼此又不互相依赖;各封建王朝为实现统一及中央集权,必须首先控制一个农业生产及运输条件较为优越的"基本经济区",随后在此基础上征服其他附属的经济区域;各经济区域内部农业生产条件的完善程度取决于该区域水利事业发展的水平③。相比较魏特夫的研究成果而言,冀朝鼎在论述水利与社会关系的过程中并未过多着眼于政治,而是从经济史的角度出发,试图解释灌溉工程建设在区域经济发展中的地位问题,而这种相对独立的经济区域的发展水平,又直接关系到政治上的区域整合问题,但事实上"基本经济区"仍是一个宏观的概念。

郑振满从细节入手,将农田水利事业纳入明清时期福建沿海地方社会史的考察范畴。他基于对闽东南沿海一带农田水利管理相关的民间资料的搜集与考察,揭示了明清时期福建沿海一带农田水利事业由"官办"向"民办"转变的现象,并将此现象归结为以乡族势力壮大为代表的基层社会权力结构变迁的反映④。郑振满在其另一篇文章《神庙祭典与社区发展模式——莆田江口平原的例证》中对这种"民办"水利与基层自治组织的面貌做了具体的阐述。他基于田野调查的成果,运用"祭祀圈"理论将江口平原水利事业的发展、祭祀文化的形成乃至基层社会自治组织的建立等内容联系在一起,并用"基层社会的自治化"具体概括将这些内容,同时揭示了这种自上而下权力转移的内在机制⑤。由郑振满的研究成果可以看出,20世纪90年代中期以前学术界对水利与社会的关系已经有了较为深入的思考,尽管尚未发展到"水利社会史"研究的层面,但包括经济史、社会史、人类学等各个研究领域对"水利与社

①魏特夫.东方专制主义[M].徐式谷,奚瑞森,邹如山,译.北京:中国社会科学出版社,1989:2.
②王铭铭."水利社会"的类型[J].读书,2004(11):18.
③冀朝鼎.中国历史上的基本经济区与水利事业的发展[M].朱诗鳌,译.北京:中国社会科学出版社,1981:9-15.
④郑振满.明清福建沿海农田水利制度与乡族组织[J].中国社会经济史研究,1987(4):38-45.
⑤郑振满.神庙祭典与社区发展模式——莆田江口平原的例证[J].史林,1995(1):33-47.

会"问题进行的探索也已经取得了相当多的成果,同时为进一步揭示水利与社会的关系奠定了研究基础。

我国水利社会史研究兴于 20 世纪 90 年代中后期。1998—2002 年,法国远东学院与北京师范大学组织了合作项目"华北水资源与社会组织",汇聚了包括中法双方的人类学、历史学、考古学、水利学、民俗学、地理学以及金石文字学等多个学科的 15 位专家。他们经过长期的田野调查,撰成《山陕地区水资源与民间社会调查资料集》,包括《尧山圣母庙与神社》《沟洫佚闻杂录》《洪洞介休水利碑刻辑录》《不灌而治》4 个分册。法国学者蓝克利在该书总序中阐述了该项目的研究目的,即以关中东部和山西西南部的灌溉与旱作农业区为限,以乡村水资源利用活动为切入点,并将之放在一定的历史、地理与社会环境中进行考察,以便了解广大村民的用水观念、分配和共用水资源的群体行为、村社水利组织以及民间公益事业等,并以此来开阔华北水利史研究的学术视野[1]。尽管该项目属于社会史研究的范畴,但从其成果中仍能够体会到多学科领域交叉的魅力,尤其是参与项目的学者从民间发掘了大量原始资料,这对于华北水利社会史研究的意义也是不言而喻的。事实上,目前国内水利社会史研究的确是以华北地区为重心,而来自各学科领域的研究人员在山西和关中的水利社会史研究方面也已经取得了较为丰富的成果。

山西大学的行龙较早地注意到历史上山西地区水资源匮乏问题,并为此做了专门性的调查工作。他通过分析明清以来山西水案的资料,指出该地许多旷日持久的水案体现出来的是争端各方复杂的利益关系;同时随着人口增长、农业发展,水资源日益匮乏,由水案衍生出的民间冲突规模也逐渐扩大,对社会经济的发展也产生了较为深远的影响[2]。基于对水资源与经济社会关系的理解,行龙提出了"水利社会史"这一概念。他认为水利社会史研究并非对魏特夫"治水社会"理论或日本学者"水利共同体"理论的发展,而是受到中国国内社会史研究向区域社会史研究转变的趋势、法国人文地理学及年鉴学派成果影响的新的研究领域。在《水利社会史探源——兼论以水为中心的山西社会》一文中,行龙将当时的山西水利社会史研究划分为四个方面,即:以水资源时空分布特征变化为依据划分水利社会的类型与时段;对以水为中心形成的区域社会经济产业进行综合性考察;围绕水案,做区域社会权力结构、社会组织结构的运作,以及社会制度环境和功能等内容的系统性考察;探究以水为中心形成的地域色彩浓厚的传说、信仰、风俗文化等社会日常生活中所体现的象征性意义[3]。

---

①董晓萍,蓝克利.不灌而治——山西四社五村水利文献与民俗[M].北京:中华书局,2003:2.

②行龙.明清以来山西水资源匮乏及水案初步研究[J].科学技术哲学研究,2000,17(6):31-34.

③行龙."水利社会史"探源——兼论以水为中心的山西社会[J].山西大学学报(哲学社会科学版),2008,31(1):33-38.

山西大学的张俊峰针对水案、水力加工产业、水神信仰这三个水利社会史研究的重要方面,围绕晋水流域基层社会的具体情况做了一些有建设性的探讨。他在《明清以来晋水流域之水案与乡村社会》一文中分析明中叶以来晋水流域的水事冲突与水权诉讼案件,并对民间力量、国家力量在水案中发挥的作用进行了探讨,进而提出"明清以来晋水流域乡村社会运行模式是以'水'为中心的"[①]。在《明清以来山西水力加工业的兴衰》一文中,张俊峰基于各类方志文献,对明清时期山西境内以水磨业为中心的水利加工业的发展情况做了回顾,并以此对"明清时期华北水利加工业衰败"以及"明清时期华北水资源条件恶化"等论断提出质疑[②]。在《神明与祖先:台骀信仰与明清以来汾河流域的宗族建构》一文中,他又试图将"宗族"与"水利"这两个学术热点问题联系在一起,即通过对汾河流域张姓氏族将汾神台骀纳入宗族祭祀体系这一行为的分析,来阐述宗族在区域社会中所拥有的象征资本和精神资源对于其在水利社会运行中的竞争优势形成的促进作用,进而描绘出汾河流域宗族与水利紧密结合的社会面貌[③]。

赵世瑜以"三七分水""油锅捞钱"等民间传说为切入点,探讨了明清汾水流域的水权问题。他认为这些有关于"分水"的传说反映了一种对公共资源相对公平的分配制度的存在,而"分水"争端的出现实际上反映出既有成规被打破后的困境,即由"分水之争"向"用水之争"的转变;与分水相关的传说、神祇事实上属于公共资源的象征,"用水之争"反映为对于这种象征性资源的争夺,表现出公共资源产权界定的困难以及乡土社会内部权力关系的复杂性[④]。胡英泽基于田野调查中搜集的碑刻资料,对水井在近代山西乡村社会中的地位进行了解读。他认为作为公共设施存在于乡村社会的水井不仅影响了乡村的空间建构,同时也成为乡村社会权利网络的交织点,即山西乡村水井事业的发展过程事实上体现出乡村社会的演替轨迹[⑤]。

关中地区同样是目前国内水利社会史研究者关注的热点地区。萧正洪对关中农村灌溉用水资源的权属关系进行了分析,并认为在关中农村一带,灌溉用水资源的"所有权"和"使用权"是分离的,农民仅享有使用灌溉用水资源的权利,而国家通过收取"水粮"这种特殊的"水费征收"形式去实现对灌溉用水资源的所有权掌控;关中农村水权的取得方式、分配原则、实现途径在历史上不断发生变化,到了明清时期

①张俊峰.明清以来晋水流域之水案与乡村社会[J].中国社会经济史研究,2003(2):35-44.
②张俊峰.明清以来山西水力加工业的兴衰[J].中国农史,2005(4):116-124.
③张俊峰.神明与祖先:台骀信仰与明清以来汾河流域的宗族建构[J].上海师范大学学报(哲学社会科学版),2015(1):132-142.
④赵世瑜.分水之争:公共资源与乡土社会的权力和象征——以明清山西汾水流域的若干案例为中心[J].中国社会科学,2005(2):189-203.
⑤胡英泽.水井碑刻里的近代山西乡村社会[J].山西大学学报(哲学社会科学版),2004,27(2):40-45.

水权商品化这一社会经济现象的出现也反映出水权与地权的分离①。钞晓鸿考察了关中中部的渠堰水利灌溉系统,并基于搜集到的水利资料对"明末清初关中地区的土地集中导致水利共同体解体"这一普遍观念提出质疑。他认为现有资料并未反映出明清关中地区存在地权集中的现象,而这一地区水利共同体的解体也并非统一于明末清初这一时间点;关中部渠系水利共同体的解体,应当被看作当地水环境、水权、用水方式等因素相互作用、不断变化的结果②。佳宏伟认为"国家与社会的二元对立模式"并不足以概括清代汉中水利事业中官府与民间力量之间的复杂关系。这一复杂关系的出现事实上又要追溯到汉中一带水资源环境的变迁及由此引发的水利设施兴废、水权冲突等问题当中③。由此可见,当前关中水利社会史研究的重点是水权问题,相关学者在此方面已经取得了较为显著的成果。

近年来,国内南方水利社会史研究也取得了较为突出的成果,其中最引人关注的是钱杭有关萧山湘湖水利共同体的著述。钱杭将符合以人工水库为核心,以水库灌区范围为边界,以水库的灌溉效益为利益要素的水利社会类型定义为"库域社会",并以萧山湘湖为例对其进行了论述④。他基于湘湖地方水利史料,以"共同体"理论为切入点,对湘湖水利集团的基本制度、功能结构、秩序规则、授权依据、道德基础等问题一一进行解读,并在此基础上构建了以湘湖为代表的库域社会的发展模型⑤。冯贤亮从对以平湖横桥堰为中心的区域社会的考察入手,探讨了清代江南乡村的水利环境与社会变迁。他认为清代江南乡村水利设施的屡次兴复对官绅阶层介入地方水利事业有着一定影响,而伴随着水利活动而来的往往又是社会力量的整合以及利益再分配,同时跨区域的合作对于清代江南乡村水利事业也有一定的促进作用⑥。肖启荣认为明中期以后汉水下游的堤防管理呈现出一定的复杂性,其中国家层面的管理仅局限于部分河段;在垸田密集分布的区域,堤防的维护很大程度上是由地方来执行的,即采取"堤甲"这一特殊基层社会组织的形式来维持一定限度的管理;当垸田开发程度饱和的情况出现时,民众参与堤防维护的积极性也有所消退⑦。在此基础上,她对清至民国时期汉水下游垸田的发展以及由此产生的水利争端进行了分析,并指出这一时期该地区解决水利纷争的途径有从官僚集团内部协商

①萧正洪.历史时期关中地区农田灌溉中的水权问题[J].中国经济史研究,1999(1):48-64.
②钞晓鸿.灌溉、环境与水利共同体——基于清代关中部的分析[J].中国社会科学,2006(4):190-204.
③佳宏伟.水资源环境变迁与乡村社会控制——以清代汉中府的堰渠水利为中心[J].史学月刊,2005(4):14-21.
④钱杭.库域型水利社会研究——萧山湘湖水利集团的兴衰史[M].上海:上海人民出版社,2009.
⑤钱杭.用地方资料构筑的区域社会史——萧山湘湖史的资料基础[C]//上海社会科学院《传统中国研究辑刊》.编辑委员会.传统中国研究集刊(第二辑).上海:上海人民出版社,2006:196.
⑥冯贤亮.清代江南乡村的水利兴替与环境变化——以平湖横桥堰为中心[J].中国历史地理论丛,2007,22(3):38-55.
⑦肖启荣.明清时期汉水下游地区的地理环境与堤防管理制度[J].中国历史地理论丛,2008,23(1):34-43.

向暴力的自治行动转移的过程,即控制权的下行①。据此,目前国内南方水利社会史研究的区域范围主要集中在长江中下游一带,相关学者关注的重点问题同样也是水权和水利纠纷问题。

综上所述,当前国内的水利社会史研究作为区域社会史研究的分支,受到学术界的关注。相关学者基于史料分析和田野调查的成果,分析了水利事业与乡村社会的关系,尤其是水利管理、分水制度、水神崇拜等问题,并取得了丰硕的研究成果。传统水利史研究重视大区域范围内的水利建设史实和水利技术,对于小区域范围内的水利管理制度以及水利文化的形成和发展有所忽视。本书所研究的是小区域范围内的农田水利史,除关注水利工程本身以外,对当地水利事业与社会的关系也有所重视。在水利社会史研究的视角下,水利管理制度的变迁体现基层社会权力结构的变化,分水制度的变化过程也反映出用水群体之间的利益妥协,作为文化符号的水神形象、民间传说恰恰又象征着用水各方的利益诉求,这样的研究思路恰恰是当前区域农田水利史研究应当借鉴的。

三、水利遗产保护与开发措施研究

水利遗产保护与开发措施是当前国内水利史研究中的现实性话题。近年来国内学术界对"现存水利遗产"中所蕴含的普遍价值已达成一致性认同,但如何应用现代经济技术手段进行水利遗产的开发与保护工作尚存在争议。有关学者针对水利遗产开发与保护的原则和措施问题,结合具体的案例提出了有创新性的见解。刘延恺、谭徐明认为当前城市化的快速发展给各地水利遗产保护工作带来了挑战,同时文保部门对水利文物的遗产价值认识不足,而水利主管部门也缺少从事水利遗产保护工作的权限②。王英华、谭徐明等提出当前国内在用古代水利工程和水利遗产保护事业除面临自然因素的威胁外,包括建设性破坏、保护性破坏和经费管理问题在内的人为因素带来的困扰也不容忽视,而这些影响因素的产生主要还是由于相关法律法规的缺失、管理机构与体制的不完善、经费投入不足,同时现存水利遗产保护技术的合理性也有待探讨③。崔洁认为应当制定相应的法律,以求推进国内的水利遗产保护工作,同时在条件允许的情况下应当扩大保护范围,加强保护力度;应当首先做好国内现有水利遗产的普查工作,并在此基础上选择重点保护的对象④。

①肖启荣.明清时期汉水下游泗港、大小泽口水利纷争的个案研究——水利环境变化中地域集团之行为[J].中国历史地理论丛,2008,23(4):101-114.

②刘延恺,谭徐明.水利文化遗产现状及保护的思考[J].北京水务,2011(6):60-62.

③王英华,谭徐明,李云鹏,等.在用古代水利工程与水利遗产保护与利用调研分析[J].中国水利,2012(21):5-7.

④崔洁.我国水利文化遗产保护与开发策略研究[J].河北水利,2015(1):34.

近年来,水利风景区开发作为水利遗产保护与开发的有效措施之一,受到了各界关注。部分学者分析了若干水利风景区开发案例,并对这一措施的可行性与普适性进行了评判。周波对当前国内以水利风景区的形式开发水利遗产的案例进行了分析,并认为这一模式的推进使水利遗产的优势得以发挥,即将水利遗产作为特定景区的主打产品,并将区域内水利遗产进行整合,以地域文化元素的形式推出,可以使水利风景区开发充分依托区域内水利建设的传统,彰显景区整体的文化价值,反过来又能促进水利遗产保护工作的推进①。周波、谭徐明等同时提出,尽管当前国内部分水利风景区在开发建设过程中对水利遗产进行了抢救性的保护,并取得了一定成效,但由于受各类自然及人为因素的影响,以水利风景区开发的形式保护利用水利遗产仍存在一定的障碍,其关键还在于缺乏合理的保护观念以及相应的保护制度、组织,同时经费与人才的短缺也使部分水利风景区内的水利遗产保护陷入困境②。周波同时总结了当前水利风景区内水利遗产保护开发的措施,并将其归纳为原状修缮、现状保存、复原重建、展馆陈列以及传承发展等五种方法③。孟芳基于三河闸水利风景区开发的实例,提出在水利风景区内保护水利遗产可以采取建设展览馆的形式,即可以明确水利展览馆的建设对于物质性与非物质性水利遗产的保护是有一定促进作用的④。

四、研究述评

既有研究在对水利史概念形成共识的基础上对其进行了发展。首先,认为古代水利体系包含物质性与非物质性、工程性与非工程性的不同范畴,水利史研究的对象不仅包含古代水工建筑、水利设施,也包含古代水利管理制度、用水民俗、水神信仰、水利文献等。其次,水利文献、水利档案的整理工作已取得进展,其中地方性古代水利资料的搜集与汇编工作尤为引人关注。再次,国内学者针对不同的水利史研究对象类型,开展了一系列研究工作,取得了区别于传统水利史研究的新成果,尤其是对于古代水利遗存的价值,有的学者从不同视角提出了颇有见地的认知。最后,部分学者提出了有关"水利遗产保护与开发"的新手段,并结合实际工作经验进行了论证。

需要注意的是,当前国内学者对"区域水利史"这一概念的认识尚显不足。研究

---

①周波.水利风景区水文化遗产旅游规划开发初探[J].水利发展研究,2014(2):75-78.

②周波,谭徐明,王茂林.水利风景区水文化遗产保护利用现状、问题及对策[J].水利发展研究,2013(12):86-90.

③周波.浅论水利风景区水文化遗产的分类保护利用方法[J].中国水利,2013(19):62-64.

④孟芳.论水利风景区开发中水利文化遗产的保护——以三河闸水利风景区为例[C]//邢定康,周武忠.旅游学研究(第二辑).南京:东南大学出版社,2007:131.

区域水利史并非简单回顾小区域范围内水利建设成果,而是在梳理区域内水利事业发展脉络的基础上,构建水利与自然、社会因素互动的内容框架,并对区域内水利要素网络进行特征与价值的分析。目前,国内与区域水利史尤其是城市水利史相关的研究成果,虽能将区域内的古代水利设施与用水习惯、水利民俗等内容一同纳入研究范畴,即达成物质性与非物质性、工程性与非工程性内容研究的统一,但尚未就工程性、制度性水利要素及其与区域内自然、社会环境的互动开展进一步探讨,故而也就不存在对区域内古代水利体系构建过程的认知。在这一状况下,对该区域古代水利体系的技术分析与社会价值讨论也就无从谈起。

如前文所述,国内水利社会史研究领域的成果,为区域水利史研究提供了新的思路。从研究领域的角度看,水利社会史是基于区域社会史的跨学科领域研究范畴,其本身的研究思路、研究方法便带有不同学科领域的特色,堪称博采众长。这恰恰是传统水利史研究所欠缺的。从研究内容的层面看,水利社会史关注水利事业发展与自然、社会的关系,这既包括内部环境对水利建设技术与水利管理模式选择的影响,也包括水利建设对区域内生态环境的改造过程,同时还包括工程与用水管理、用水习惯及水利劳动协作的构建对于区域内基层社会权力结构的改变。这些内容同样可以用来描述各水利要素与区域内部环境的互动关系。对于区域水利史研究来说,探讨古代水利事业与自然、社会环境互动过程尚属新的议题,借鉴水利社会史乃至其他学科领域的最新成果将有所裨益。

第三节　国外水利史研究概述

中国古代农田水利事业发展成果总量庞大,内涵丰富,近年来也受到国外学者的关注。西方及日本学者从事中国水利史、水利社会史研究,取得了丰硕的成果,对于国内学者的水利史研究也能有所启发。针对小区域范围内古代农田水利事业发展过程及其成果的分析,可以借鉴国外学者的研究思路与方法来开阔学术视野。当前国外学者研究中国水利史主要集中在水利史研究理论、古代水利工程个案分析、水利与社会关系研究三个方面。

一、水利史研究理论创新

西方及日本学者对中国古代水利事业在当时社会中的地位与作用给予了更多的关注。对于社会视角的中国古代水利史研究思路,国外学者基于不同的学科背景,提出了一些颇有建设性的理论。

法国学者魏丕信在考察明清时期长江中游地区水利事业的基础上,对魏特夫

"治水专制主义"的理论提出了质疑。他认为,明清时期长江中下游水利事业发展的事实,表明国家机器对水利事业发展的干预程度并未做到始终如一,不同的时期干预力度的强弱有所变化,且不同规模的工程中参与程度也并不一致;出于财政、组织费用上节约的考虑,国家机器愿意承担一定水利安全的风险,以将资源投入更为关键的领域中去,故而不能对古代历史上"中国的政府管理和水利之间的关系"做过于草率的概括性结论①。他同时也提出,不能将"国家及其官僚体系"看作影响水利问题的唯一因素,如果要建立一种具有普适性的古代中国国家与水利事业发展间关系的理论,就应当要考虑两个因素即"均质化、标准化及中央集权化的官僚机器"与"在地形、气候、水文乃至社会环境等各方面都存在差别的区域"之间的矛盾,为此必须要做详细的区域研究②。魏丕信的研究成果表明,考察中国水利事业的历史发展,不应局限于"水利与国家"的关系,尤其当面对小区域范围内水利事业发展问题时,应当更多地从"水利与社会"这一角度去思考。

日本学者丰岛静英将社会学领域的共同体理论引入古代中国的水利团体研究中,提出了"水利共同体"的概念,不仅在日本引发了相关学者的思考,近年来也多为我国学者所借鉴、讨论。丰岛静英以清末民国时期包头农业经营者的合作社"农圃社"为例,对"水利共同体"概念进行了阐释:一个以"灌溉设施"为"共同财产",根据组织内各成员拥有的土地数额作为衡量其实力的标准,并以此来实现对灌溉水资源的合理分配,最终再根据成员获得的水资源份额来分摊相应管理费用及建设任务的"区域性经营管理组织";在这一组织运营的过程中,成员所拥有的田地总量、用水总量及其分摊的服役费用是紧密相关的,这样的组织及其管辖的用水成员可以被称为"水利共同体"③。20 世纪 60 年代以来,有关学者围绕丰岛静英对水利共同体的阐释展开了热烈的讨论,在日本学术期刊《历史学研究》上发表了一系列论文。

江元正昭认为,共同体视野下的"平等"完全属于所谓"形式上的平等",如按照所谓"水股"分配灌溉水资源、负担水费,便称不上形式上的平等;同时国家机器发挥解决用水矛盾的作用却并不能为国家伸张对于灌溉水资源具有"所有权",这就在理论上对丰岛静英的阐释提出驳斥④。宫坂宏则从实证上对丰岛静英的阐释提出进一步质疑,他基于《中国农村惯性调查》这一资料,对存在于河北邢台地区的以"镰户"为核心的用水组织形式进行了分析,提出这种"镰户"是用水的基本单位,村落用水

①魏丕信.中华帝国晚期国家对水利的管理[M]//陈锋.明清以来长江流域社会发展史论.武汉:武汉大学出版社,2006:796.

②魏丕信.水利基础设施管理中的国家干预[M]//陈锋.明清以来长江流域社会发展史论.武汉:武汉大学出版社,2006:614.

③丰岛静英.关于中国西北部的水利共同体[M]//钞晓鸿.海外中国水利史研究:日本学者论集.北京:人民出版社,2014:1.

④江元正昭."中国西北部の水利共同体"に関する疑点.歴史学研究,1960(1):48-50.

的支配权并不属于某一团体组织,而是分散在各镰户手中的,这反映了中国古代农村社会的特殊性,同时也表明共同体理论并不能适用于解释中国的水利团体问题①。针对宫坂宏有关"镰户"的论述,好并隆司专门作文予以反驳。他指出所谓"镰"是对水系周边村落水权利的计量单位的表述,故而并不能认为"镰户"是掌控灌溉水资源分配的基本单位②。前田胜太郎对宫坂宏与好并隆司的观点均予以否定。对于宫坂宏提出的结论,前田胜太郎指出两方面的讹误。其一,宫坂宏将组织镰户的"闸"作为与水利相关的利益团体,但当"闸"的内部矛盾激化时,内部利益脆弱的均衡也就不存在了,而此时闸这一组织却要寻求国家权力介入管理,以求取得利益的再平衡,这就表明"闸"并不具有独立组织所应具有的自治能力,故而将其断定为"利益团体"便显得有失妥当;其二,根据宫坂宏的论述,村落组织与以"闸"为中心的水利组织不具备一致性,但这并非将两者之间的联系切断的理由。对于好并隆司提出的"'1张'为灌溉 10 亩(1 亩≈666.67 米²)水浇地的单位"这一论断,前田胜太郎认为好并氏为得出这一结果所采取的计算方式是应当改进的③。

　　以上日本学者对水利共同体的考察主要是集中于古代中国的华北、西北地区。森田明与好并隆司结合福建、广东等沿海地区的实际案例进行了考察,并取得了一些成果,对古代中国"南方水利共同体"之认识有所深化。森田明对莆田木兰陂的民间水利管理机构进行了分析,并指出在古代木兰陂灌区,实际掌握水利控制权的是地主集团,自耕农、佃农以付出水利劳动为代价向地主租用灌溉水资源,故而在这一过程中,灌溉水资源实际上成为地主借以控制农民的工具;而在地主集团实际控制水利的情况下,国家连形式上的水利"所有权"也不再具备,相反,水利共同体掌握了支配灌溉水资源的权力,但官府也并未被排除在水利管理机构之外,故而水利管理机构内部的权力分配具有一定的复杂性④。他同时对广东南海的"桑田围"进行了考察,并指出尽管在该地区,地方政府从宏观上可以对基围进行一定程度的管理,但基围实质上的权利主体乃是"基户",即掌握灌溉水资源管理分配权利的地主群体;"基户"在掌握基围控制权的同时也需承担大部分修缮管理的费用,故而可以将基户对基围的控制看作地主集团支配水利的案例⑤。好并隆司对森田明有关于古代莆田

　　①宫坂宏.華北における水利共同体の実態——《中国農村慣行調査》第 6 巻水編を中心として[J].歴史学研究,1960(4):16-24.

　　②好并隆司.水利共同体に於ける"鎌"の歴史的意義——宫坂論文についての疑問[J].歴史学研究,1960(8):35-39.

　　③前田胜太郎.旧中国における水利団体の共同体的性格について——宫坂・好並両氏の論文への疑問[J].歴史学研究,1962(11):50-54.

　　④森田明.福建省における水利共同体について——莆田県の一例[J].歴史学研究,1962(1):19-28.

　　⑤森田明.広東省南海県桑園囲の治水機構について:村落との関連を中心として[J].東洋学報,1964,47(2):65-88.

"陂田"的解释提出疑问,即陂田的性质表明其本身属于具备官方与民间双重性质的财产,即其本身属于"官田"的一部分,但同时又由官府委托地主集团进行管理,以其收益支付维护水利设施的费用,实质上还是反映了官府对于地方水利事业仍有一定的掌控力度[①]。

综上可知,"水利共同体"的概念自 20 世纪 50 年代由丰岛静英提出,并经过相关学者讨论,至 20 世纪 60 年代已经发展成较为完善的概念。好并隆司曾将这些论争总结为 4 个方面的内容,即:有关灌溉水资源所有权的讨论,有关水利设施被置于何种地位的讨论,有关水利管理组织的结构及其与村落组织关系的讨论,以及有关村落内部各阶层的对立与水利管理组织之间的内在联系的讨论[②]。日本水利史研究界围绕以上几个问题展开讨论,形成一系列学术成果,对当今中国的水利史、水利社会史研究均具有重要的启示作用。

二、古代水利案例研究

近年来,西方与日本学者对中国的古代水利设施进行了多方位考察,并结合技术、生态、经济、社会等多重要素对小区域范围内古代水利事业的发展进行思考,提出了一些新的见解。

魏丕信对清代地方官修复郑白渠灌溉系统的尝试进行了回顾。他指出,清代地方官对灌溉条件的改善计划,相比较前代而言更为立足于实际,即不再将建设规模宏大的水利设施作为唯一的目标,而是尝试以小规模工程的同时运作作为解决人地矛盾与环境恶化问题的新方式;这一情形的出现,除受泾水流域生态环境的脆弱导致的河床侵蚀、水土流失、降水减少等情况的影响之外,还与社会组织和政治制度及其所引起的变化有关[③]。蓝克利尝试分析了政治与财政因素如何影响北宋中后期与黄河有关的环境选择。他从南宋建炎二年(1128)冬黄河改道这一人为灾难入手,详细分析了北宋中后期中央政府有关黄河治理技术方法选择论争的过程,并揭示了这一论争背后所隐藏的财政、人事争端;他还提出,北宋黄河治理技术的变革,同样也表明了黄河经济地位的变化,即黄河"不再是为输税而使用的河流",而是更多体现出其军事作用[④]。由此可见,魏丕信、蓝克利在分析中国古代具体水利事业时,均未

---

①好并隆司. 農業水利に於ける公権力と農民——森田明氏水利共同体論の陂田の解釈について[J]. 歴史学研究,1962(11):35-39.

②好并隆司. 中国水利史研究论考[M]//钞晓鸿. 海外中国水利史研究:日本学者论集. 北京:人民出版社,2014:22.

③魏丕信. 清流对浊流:帝制后期陕西省的郑白渠灌溉系统[C]//刘翠溶,伊懋可. 积渐所致:中国环境史论文集(上册). 台北:台湾"中央研究院"经济研究所,2000:435.

④蓝克利. 黄淮水系新论与 1128 年的水患[C]//刘翠溶,伊懋可. 积渐所致:中国环境史论文集(下册). 台北:台湾"中央研究院"经济研究所,2000:829.

"就水利言水利",而是将其作为一种独特的经济要素,带入社会整体分析当中,并探索其在自然与社会环境演变中的具体作用。

日本学者提出了"水利共同体"这一概念,取得了"水利社会史"研究方面的突破,同时,他们在古代水利史研究方面取得的成果也是不容忽视的。西冈洪晃考察了宋代昆山、常熟两县的浦塘管理制度和围田构筑方式等水利事业内容。他认为两宋苏州地区的"开浦置闸"与"围田政策"是密不可分的,导致这一情况出现的原因是当地"水学"的兴盛,以及地方官所主持的由地方性水学理论所指导的水利开发;两宋时期国家力量在苏州地区开浦、围田等事业中介入的力度足够深,因此对于当地豪强扰乱水利秩序的行为也能有较为妥善的应对方式[①]。村松弘一试图从东亚区域整体的角度考察以芍陂为代表的淮河流域水利技术发展的影响。他认为东汉以前的芍陂并不具备灌溉的功能,而是一座以防止水灾为主要建设目的的工程,而"敷叶施工"的堤坝构筑方法的应用是为了在堤坝遭到破坏后可以较为迅速地重筑;这种施工方法经朝鲜传入日本,并成为大阪狭山池工程建设时所采取的方法,反映了古代东亚地区水利建设技术的传播路径[②]。森田明着眼城市水利,对清代常州的浚河事业进行了考察。他认为作为城市管理机构所具备的重要行政功能,清代常州的浚河事业已不再只反映城市水利事业发展的状态,它同样反映了城市管理的特色,即作为城市经济发展的重要前提条件,清代中期常州的浚河事业并不具备完全的徭役性质,而是以政府主持并提供资金为主,但到了清末则更依赖官绅的捐助,这不仅反映了清末财政的拮据,也反映了常州市民意识的觉醒;而浚河事业的运营事实上是由士绅阶层自行主持的,当地的善堂在其中发挥了重要作用,这也反映了一种地方自治的倾向[③]。综上所述,日本学者在研究古代中国水利史的过程中,充分肯定了社会因素在区域性水利事业发展过程中的作用,同时以"国家与社会"作为具体水利遗产案例研究的出发点和落脚点,并在区域整体分析的基础上取得了不同于以往的研究成果。

三、水利与社会互动关系

近年来,国外学者在研究中国水利史的过程中,注意到古代中国水利事业发展中受到各类社会性因素的影响,并围绕这些因素的作用机制问题开展研究工作。杜

---

①西冈洪晃.宋代苏州的浦塘管理和围田构筑[M]//钞晓鸿.海外中国水利史研究:日本学者论集.北京:人民出版社,2014:132.

②村松弘一.淮河流域的水利技术与东亚区域史——以安徽省芍陂为中心[M]//钞晓鸿.海外中国水利史研究:日本学者论集.北京:人民出版社,2014:201.

③森田明.关于清代常州的浚河事业[M]//钞晓鸿.海外中国水利史研究:日本学者论集.北京:人民出版社,2014:245.

赞奇应用"权利的文化网络"这一理论工具分析了 19 世纪河北邢台的水利管理组织。他认为文化网络具备将国家政权与地方社会融合进一个权威的系统性结构当中的功能,故而他分析了邢台当地的多个名为"闸会"的水利管理组织,并试图从当地的龙王庙祭祀体系入手,分析闸会是如何利用这一祭祀体系来解决各类争端的;他同时承认,当闸会之间的竞争超出了祭祀体系的管辖范畴时,国家政权的介入就是必须且必然的,但国家政权对于水利管理机构而言无疑是一种外部力量①。

美国人类学家弗里德曼及其弟子巴博德将水利问题视为中国东南宗族研究的重点。弗里德曼认为,中国东南地区的宗族组织形成与该地区发达的稻作农业密切相关,而发展稻作农业的同时则需要发展灌溉事业;灌溉工程建设需要大规模的劳动协作,这是以家庭为基础形成宗族的重要原因。他同时提出,用水权的争夺,是不同宗族之间产生冲突的重要原因,而对用水权的维护往往能够使宗族内部成员之间的联系得到加强②。有学者对弗里德曼所谓"水利劳动促成宗族团结"的观点提出质疑,认为在部分情况下,灌溉系统的建立会促成非血缘之间的联合③,并基于此提出了"水利社会学"的问题,即考察"社区水利系统如何影响当地社会文化模式"。此外,有学者还阐述了一种观点:依赖雨水灌溉的地区比采取其他灌溉形式的地区更容易出现"联合家庭",灌溉形式的不同会导致社会文化适应与变迁情况的出现④。

日本学者从国家和地域两方面对水利与社会的关系进行了思考。藤田胜久认为,郑国渠的开凿标志着"涉及数县的工程建设"成为可能,即负责郑国渠建设的水利机构应当是能够对已存在于县制中的组织进行统合,而这也标志着相当于郡守的"内史"成立,故可以认为郑国渠的开凿推动了郡县制的建立⑤。鹤间和幸以水系为着眼点探讨了中国古代地域社会。他认为先秦时期的河川水系具备治水灌溉、祭祀对象、会盟场所、交通运输、地域防卫以及资源供给等多重机能,也正是依托于这些机能,先秦时期才会出现拥有多样化地域社会的河川水系。各水系管辖权在专制权力的形成过程中,被归纳入"四渎"体系,这种归纳过程与天子祭祀权扩大的过程同步,但中央掌握祭祀权即"国家祭祀体系"尚要到西汉末期才会出现⑥。

---

①杜赞奇. 文化、权利与国家——1900—1942 年的华北农村[M]. 王福明,译. 南京:江苏人民出版社,1996:22-31.

②弗里德曼. 中国东南的宗族组织[M]. 刘晓春,译. 王铭铭,校. 上海:上海人民出版社,2000:136.

③石峰. "水利"的社会文化关联——学术史检索[J]. 贵州大学学报(社会科学版),2005,23(3):48-53.

④张俊峰. 明清中国水利社会史研究的理论视野[J]. 史学理论研究,2012(2):97.

⑤藤田胜久. 古代中国的关中开发——对于郡县制形成过程的一次考察[M]钞晓鸿. 海外中国水利史研究:日本学者论集. 北京:人民出版社,2014:284.

⑥鹤间和幸. 中国古代的水系和地域权力[M]//钞晓鸿. 海外中国水利史研究:日本学者论集. 北京:人民出版社,2014:305.

四、研究述评

近年来,国外学者从国家与社会的各个层面对中国古代水利事业的发展进行考察,取得了令人瞩目的成就。其中,日本学者提出的"水利共同体"尽管是对水利组织形态的一种描述,但其核心理论范畴"基于共同利益的组织构建与成员互动"却为阐释特定水利设施管理制度的构建提供了新的依据。把握特定水利管理制度形成与发展的过程,是研究小区域范围内古代水利体系的重要前提。

与此同时,区域内乡族组织与水利事业发展间的关系,也对水利管理制度的构建以及水利文化的形成与发展造成影响。将对这些内容的考察纳入对小区域范围内水利体系构建过程的分析当中,并有针对性地搜集资料,进行多角度的思考,方能获得较为全面的认识。

第二章 唐至清末莆田农田水利建设自然条件与社会背景

一定区域内,古代农田水利体系的构建受到该区域各类自然与社会条件的影响。首先,各类水利设施修建的位置取决于区域内的地理环境与水系分布的情况,具体就灌溉工程而言,其建设的规模还需要满足灌溉用水需求的增长,而灌溉用水需求又与人口和耕地面积密切相关。其次,为应对区域内各类农业自然灾害,人们需修建各类防灾工程,而这类工程建设的规模、位置又取决于区域内的气候条件以及各类灾害发生的频率。最后,农田水利事业的发展,需要在相对稳定且独立的环境内实现,因此区域内的行政建制变化对于古代农田水利体系的构建也会产生一定的影响。莆田地形多样,水系发达,气候多变,灾害频繁,农田水利事业发展的环境比较复杂,而自唐中后期以来不断增长的人口与耕地规模也对灌溉事业的发展提出了要求。历史上莆田相对稳定的行政建制也使当地农田水利事业的稳步推进成为可能。

第一节 地理环境与水系分布

一定区域内的农田水利事业发展,受到地理环境与水系分布的影响。具体而言,在不同的地貌环境中,水利建设的难度有所不同,这就使得大型灌溉设施多被建设于平原地区;人们根据用水区域距水源地的远近,并充分考虑水资源的丰富程度,建设多样化的灌溉设施以满足用水需求。莆田地处福建中部沿海,地势自西北向东南倾斜。境内有木兰溪、延寿溪、萩芦溪等主要水系,其干流均发源于西北部的山区丘陵地带,经中部平原河谷地带流入位于东南的兴化湾。

一、地理环境特征

莆田的地貌类型比较复杂。"兴化府介泉、福之间。山川之秀,甲于闽中。带山附海。仙境峭壶公之碧,前映楼台;清流奔玉涧之泉,右萦城郭。北枕陈岩,南揖壶公,东薄宁海,西萦紫室,木兰寿溪,环流左右。"[①]按照形态及成因,可以将莆田的陆

---

①黄仲昭.八闽通志(上册)[M].福州:福建人民出版社,1989:38.

地地貌分为山地与丘陵地貌、平原地貌以及海岸地貌。

(一)山地与丘陵地貌

莆田的山地地貌,通常以海拔 800 米为界,被分为中山和低山。中山地貌多分布于仙游县与莆田市区的西北部,海拔 800～1800 米。这一区域形成于大规模的构造运动,山峰多高峻雄伟,其坡度多超过 30 度,部分山峰甚至可以达到 45～60 度,山间多峡谷、溪流。低山地貌多分布于境内东南方,约占全市总面积的 1/3。低山抬升幅度小,又经长期侵蚀,海拔多在 500～800 米,相对高度大于 200 米,山岭起伏较为平缓,山峰坡度多在 30～45 度。莆田西北部山区的溪流交汇处也分布有山间盆地,其海拔在 500～600 米。

莆田的丘陵地貌可以分为所谓"高丘陵"与"低丘陵"。高丘陵分布呈零散态势,往往面积较小,且多位于山地边缘、河谷两侧和沿海地区,海拔高度在 250～500 米,相对高度为 100～200 米,沿海高丘陵坡度多超过 30 度,且可呈现为弧丘状;山地边缘以及河谷两侧分布的高丘陵则多呈现为浑圆的馒头状,坡度和缓,排列整齐。低丘陵主要分布在高丘陵外缘,多为山间谷地的周边以及沿海地区,其海拔高度在 50～250 米,坡度多为 10～25 度。莆田地区丘陵地势起伏舒缓,破碎凌乱,内陆山间周围分布的低丘陵起伏较小,坡度在 15 度左右;沿海一带低丘陵由于受到海水侵蚀,其地形破碎,较为突兀。剥蚀台地占全市总面积的 1/5,多分布于兴化平原周围,以及木兰溪和枫江溪河谷边缘的山前地带,海拔低于 50 米,其中,海拔 25～35 米的台地分布最为广泛,其表面呈微波状起伏,坡度小于 10 度。

莆田"三面皆山",其中的山脉为戴云山系的一部分。戴云山系为福建省内第二大山脉,横贯于福建省中部地区,其主峰坐落在德化县赤水镇境内,海拔 1856 米,素称"闽中屋脊"[①]。明弘治《兴化府志》中将莆田的山脉分为东、中、西三支,东支"自杉溪出,为长寿峰,为日月、角山",又有"瑞云—兜率—百丈"(我国古代 1 丈的长度在各时期略有不同,唐代至清代,1 丈大约为 3～3.2 米)这一分支自西南向东北延伸至福清地界;中支"为小莘山,为牛岭,过莘岭、双髻、覆鼎,至于石所、何岩,南出为龟山,为广化,为华严",基本符合今日莆田部分西北—东南走向山脉的特征;西支"自㳖口,达九座,为仙游,至壶山,以入于海",有"笔架—仙台—大雪—香山"这一支脉,与今日莆田东西走向的云顶—壶公山脉相符,同时也包含了西北—东南走向山脉的一部分[②]。按照现代地理学理论,莆田山脉为戴云山东翼的延伸,自仙游西北部朝天马入境,经五峰尖、龙岩山、宝顶山、石凉伞、虎头山、横马山、云居山,进入莆田望江山、白玉山、十八旗、瑞云山、泗洋山。这一部分山系山体庞大、群峰耸峙,横贯中西部并向南北辐射:向南派生出五

①福建省地方志编纂委员会.福建省志:地理志[M].北京:方志出版社,2001:54.
②周瑛、黄仲昭.重刊兴化府志[M].福州:福建人民出版社,2007:201.

条支脉,向北派生出三条支脉,东—西走向山脉一条(表 2.1)。

表 2.1　莆田的主要山脉

走向	山脉	主要山峰	海拔高度（米）	主峰（海拔高度）	坐落区域	附注
东北—西南	十八股头—石谷解	十八股头、白岩尖、东湖间、石谷解、仙游山、五雷山	1500～1810	石谷解（1803.2 米）	仙游凤山	仙游县与永泰、德化两县分界线
	黑上山—雪山	黑上山、鸟坪棋、古岭山、雪山、百龙尾	1000～1500	黑上山（1451 米）	仙游凤山、石苍、象溪	九溪、粗溪分水岭
	望江山—古架山	瑞云山、仙桃石、白云山、望江山、大尖顶、剪刀岩、云顶山、古架山	700～1100	望江山（1083 米）	涵江大洋、庄边,仙游游洋	粗溪、萩芦溪分水岭
西北—东南	五峰山—钟石山—吊船山	五峰山、屏风山、印石山、玳瑁山、南山寨、钟石山、朝天马、白叶尖、九楼山、少佳锥、埔尾寨、白路岭、吊船山	700～1100	白路岭（1017 米）	仙游西苑、度尾、龙华	木兰溪水系、枫慈水系、晋江溪水系分水岭
	九座山—大蚩山	九座山、度坪头、大蚩山	600～1300	九座山（1267 米）	仙游凤山、西苑、城东	中岳溪、仙水溪分水岭
	横马山—云居山—紫薇山	横马山、妈基尖、云居山、紫薇山、龟山、鸡冠山、南山、天马山	350～1010	云居山（1007 米）	仙游钟山、榜头,城厢常太、城南	延寿溪、木兰溪水系分水岭
	古山尾—大尖山—九华山	古山尾、笔架山、银坑山、大尖山、九华山	400～900	古山尾（832 米）	仙游游洋,城厢常太、城南	延寿溪、萩芦溪分水岭
	泗洋山—大山尾—大帽山	泗洋山、圣君山、夹漈山、大山尾、漳江寨、梅洋寨、大帽山	400～710	大山尾（705 米）	仙游游洋,城厢常太、城南	萩芦溪东北各支流分水岭
东—西	云顶山—壶公山	云顶山、西崩山、西柳山、鸡甲冠、羊角寨、猪母寨、壶公山	400～720	壶公山（710.5 米）	涵江大洋,新县、白沙、萩芦、江口	—

资料来源:莆田市地方志编纂委员会.莆田市志[M].北京:方志出版社,2001:183。

(二)平原地貌

莆田地区的平原主要集中于中部、东部河流中下游两岸,沿海半岛以及围垦区,总面积约 816.7 千米², 占全市总面积的 20.6%。其中较大的平原有兴化平原、仙游东西乡平原以及鲤城—赖店盆地。堆积地貌为莆田平原地貌的主要成因,可将其分为洪积台地、冲积平原和冲积—海积平原三类。洪积台地这一类型分布并不广泛,仅见于城厢区、仙游县交接处的沿海狭长地带,面积约 12 千米², 由洪积物组成,起伏和缓,顶部平坦,微向海岸倾斜,绝大部分已垦为农田。冲积平原主要分布于木兰溪两岸,如仙游东西乡平原以及城厢区华亭段木兰溪两岸,其海拔高度多低于 10 米,相对河面高度 3～5 米,地势平坦。冲积—海积平原多分布于莆田中部的兴化平原以及南部海滨,海拔约 3～6 米。其中,兴化平原为河海混合堆积而成,海滨平原为海相堆积平原,地势向海岸倾斜,是长期以来港湾淤积的结果。

兴化平原是福建省三大平原之一,俗称南北洋。该平原东濒兴化湾,西抵九华山麓,北至囊山脚下,南达燕山期花岗丘陵边缘,以木兰溪为界被分为南洋、北洋。兴化平原总面积约 464 千米², 其中大部分地区耕作层厚度为 1 米左右。耕作层下为海泥沉积,夹杂了大量的贝壳,为 2500～3800 多年前的海相沉积物,可知此地有由海向陆之演变过程。兴化平原整体海拔约 4～6 米,地势平坦,略向木兰溪内倾,域内河流密集,沟渠纵横。鲤城—赖店盆地的形成得益于木兰溪干流、支流的泥沙沉积。该盆地位于仙游县中南部,海拔约 50 米,其周围被断续低矮的丘陵、残丘所环绕。东西乡平原位于鲤城—赖店盆地东西两侧,其西部囊括了大济、度尾、后埔三个盆地以及松坂溪、龙华溪河谷冲积平原,其东部则由榜头盆地以及仙水溪河谷平原组成。该平原总面积约 325.7 千米², 平原周围的山丘多花岗岩体,相对高度约 50 米。

(三)海岸地貌

莆田沿海主要分布了 3 个港湾,即兴化湾、平海湾和湄洲湾。"兴化府别有支海三四,一自下黄竿而入,过三江口,西行历宁海、清浦、章鱼头港、白湖,至杭头而止,长可四十里,广可五十丈。此水善为曲折,旧号'羊肠',南北二洋以此为界,所谓莆水也。又北二支,一自上黄竿而入,抵涵头港;一自碧头而入,抵迎仙港。此二支,其流短。又南一支最大而长,绕于壶山之后,初由吉了而入,经砾屿、小屿、大湖、东漈、东沙,西至仙游境,分而为二,一入枫亭,曰太平港;一入双溪,曰双溪港。"[①] 由此可见,明中期以前莆田居民将沿海港湾命名为"支海",以此来与"外海"区别。这些"支海"与今天沿海的港湾一一对应。

---

①陈池养.莆田水利志[M].台北:成文出版社,1974:118.

兴化湾为龙高半岛与埭头半岛所环抱的海域,其西南海岸在莆田内,大致范围为东起萩芦溪口处的江口桥,沿西南经木兰溪出海口的三江口,折向东南,又经黄石、北高、东峤、埭头等处,至石城海岸为止。湾内多岛屿,其中较大岛屿包括后青、黄瓜、西笘杯、东笘杯等。平海湾位于平海半岛与忠门半岛之间,东起平海,北至前沁,南至文甲,其沿岸均在莆田内。湄洲湾位于忠门半岛与惠安东北部沿海之间,其东北部海岸在莆田内,东起文甲,沿忠门半岛西南海岸、醴泉半岛,北经灵川,西至枫亭霞桥。

莆田地区的海岸地貌可分为侵蚀海岸和堆积海岸两种,其中,侵蚀海岸的占比更大。侵蚀海岸主要出现在三大半岛、岛屿岬角以及海岸线转折地段,其形态可分为海蚀崖、海蚀洞、海蚀柱、海蚀平台等。堆积海岸多分布于海岸线较为平直的低端以及海湾内域,多呈现出海滩、沙埋、沙嘴等形态,以海滩形态为主。海滩宽度可达 200~300 米,最宽处达到 2000~3000 米。濒海港湾的台地,多分布于莆田市区东南,其北界为兴化平原、壶公山以及包括了笏石半岛和仙游枫亭的海滨地带,海拔多在 50 米以下。濒海台地经过长期的侵蚀作用,其地表呈现出较为平缓的波状起伏,坡度往往不会超过 10 度。坡面土层一般较厚,水土条件通常较好,故而经常被开发为水田。

莆田沿海坐落着大量岛屿,其中较大的岛屿有南日岛、湄洲岛和乌丘屿。南日岛位于莆田东部,其海面距大陆最近处约 5 海里(1 海里=1.852 千米。余同)。该岛扼兴化湾要冲,呈东北—西南方向的狭长形。岛屿中间较为平坦,面积约 50.67 千米^2,环岛海岸线长约 66.4 千米。湄洲岛位于莆田南部海面,悬于湄洲湾口,距大陆最近处 1.82 海里。该岛南北长 9.6 千米,东西宽 1.3 千米,岛内地势平缓。其南北较高,中间较低,呈马鞍形,面积约 14.21 千米^2,海岸线总长 30.4 千米。乌丘屿位于湄洲岛东 33.5 千米、南日岛以南 25 千米处,面积约 2.6 千米^2。

二、水系分布特征

莆田水网密布,水资源比较丰富,集"永春、德化、仙游三县数百洞之流,复汇于海"[①]。莆田水系均为外流河,多发源于西北部山区,于兴化湾、湄洲湾沿海一带出海。水系干流总长 329.8 千米,集雨面积 100 千米^2 以上的有木兰溪、延寿溪、萩芦溪、粗溪、九溪、枫慈溪等(表 2.2)。木兰溪、延寿溪、萩芦溪为境内三大水系。西北山区由于森林覆盖面积广,地表蓄水力强,故境内溪流多发源于此。莆田溪流水量补给主要靠降雨。山区与平原溪流水位变化差异大,其中山区溪流纵比大,降雨前

[①]陈仕楚.重修木兰陂南北岸记[M]//朱振先,顾章,余益壮,等.木兰陂集.刻本.莆田:十四家续刻,1729(清雍正七年).

后水位变化明显;平原纵比小,河道宽广,水位变化小。夏、秋两季雨量丰沛,水位上涨;冬季雨量稀少,水位下降。冬季地表水补给量小,主要靠地下水补给,水位变化幅度小。每年11月至次年2月期间,径流量约占年径流量的10%～15%;4—10月进入汛期,这一时期的径流量约占年径流量的70%～80%。

表2.2　莆田的主要河流

名称	发源地	干流总长（千米）	集雨面积（千米²）	流经地域	出口处	附注
木兰溪	仙游西苑仙西黄坑桥	105	1070	仙游度尾、盖尾,城厢华亭、城郊,荔城渠桥、黄石	涵江三江口	注入兴化湾
延寿溪	仙游钟山林泉安	57	527	仙游鲤城,城厢常太	涵江三江口	汇木兰溪注入兴化湾
萩芦溪	仙游游洋兴山	60	709	涵江庄边、白沙、萩芦、江口	涵江三江口	注入兴化湾
粗溪	仙游象溪古岭山	50	259	仙游象溪、石苍、游洋	永泰梧桐潼关	与九溪会合,汇入大漳溪
九溪	仙游凤山十八股头山	33	174	仙游凤山、石苍	永泰梧桐后宫	与粗溪汇合,汇入大漳溪
枫慈溪	仙游园庄岭北南坑岭	30.8	136.2	仙游园庄、枫亭	仙游枫亭霞溪	注入湄洲湾
龙江溪	涵江大洋瑞云山	21.5	58	涵江大洋	福清东张	注入福清湾
仙水溪	仙游凤山前县	29	176	仙游凤山、社硎、象溪、书峰、榜头	仙游榜头溪东	汇入木兰溪
龙华溪	仙游龙华金山西坑	26	113	仙游龙华	仙游龙华大坂口	汇入木兰溪
大济溪	仙游凤山凤顶科岭	24	76.7	仙游西苑、社硎、大济	仙游大济	汇入木兰溪
柴桥头溪	仙游园庄赤石	20	85.4	仙游园庄、郊尾、赖店	仙游赖店柴桥头	汇入木兰溪
沧溪	仙游郊尾宝坑	18.3	61	仙游郊尾、枫亭	仙游枫亭沧溪	注入湄洲湾

资料来源:莆田市地方志编纂委员会.莆田市志[M].北京:方志出版社,2001:197.

(一)木兰溪水系

木兰溪是莆田最大的河流,为福建全省八大水系之一,发源于仙游县西苑乡仙西村黄坑桥,其干流全长 105 千米,其中下游感潮段长 26 千米,流域总面积为 1732 千米²。木兰溪的名称,据说与唐代"开莆来学"的郑露有关。郑露为唐文宗至懿宗时人,"作篇章以训子弟",后奉召入仕,当地民众在木兰山下的溪边为其送行,并将木兰花瓣撒在溪中,"木兰溪"由此得名。木兰溪的发源地在仙游县西苑乡仙西村黄坑桥,又有一说在德化县境内的笔架山。据《明史·地理志》记载,仙游县西有三会溪,为木兰溪上游①。古称木兰溪"合涧壑之水三百六十",支流汇聚,水量丰富②。木兰溪水系俯视图呈树状,蜿蜒迂回,源短流急。

木兰溪干流,古称濑溪,在仙游县境内的河段又被称为兰溪。木兰溪干流横贯于莆田中南部,自西北向东,流经仙游县度尾、大济、鲤城、城东、赖店、榜头、盖尾,城厢区华亭、城郊,荔城区渠桥、黄石等乡镇,至涵江区三江口与延寿溪交汇,注入兴化湾。木兰溪干流在仙游县境内为上游,长度为 64.5 千米,约占干流全长的 61%。流域面积为 1081.7 千米²,约占水系流域总面积的 62%,占仙游县全县总面积的 59.7%。木兰溪上游流域地貌以中低山为主,河床多以形成于中生代的火山岩组成,坡降较陡,属于山溪性河流,平均比降 1.1‰;自城厢区华亭镇的俞潭至木兰陂为木兰溪中游河段,全长 14.5 千米,约占干流全长的 13%,平均比降 1.5‰;自木兰陂至涵江区三江口的河段为下游,全长 26 千米,为感潮河段,平均比降 4‰。中游与下游流域总面积 650.3 千米²,约占流域总面积的 38%。

木兰溪河道自上游至下游河道渐宽,上游濑溪段宽约 150 米,下游三江口段宽可达 300 多米。流域内年径流分布由西北向东南递减,山区多于平原。年径流量在丰水年平均为 15.64 亿米³,在平水年平均为 9.79 亿米³,在枯水年平均为 5.59 亿米³。多年平均径流量为 9.85 亿米³,在 4.57 亿~16.83 亿米³ 波动,其中最大年径流量 16.83 亿米³,出现在 1952 年;最小年径流量 4.57 亿米³,出现在 1967 年。多年平均流量为 30.9 米³/秒。径流年际变化比较大,新中国成立后最大年平均流量出现在 1952 年,为 53.2 米³/秒,最小年平均流量出现在 1967 年,为 14.5 米³/秒,两者之间相差近 3.7 倍。木兰溪径流量年内分配不均,春季占 23.2%,夏季占 53.5%,秋季占 17.6%,冬季占 5.7%。径流量最大的月份为 6 月,占 22.1%;最小为 12 月,占 1.4%。历史上莆田最大洪峰出现于清光绪三十二年(1906),洪峰流量达到 4500 米³/秒;新中国成立后最大洪峰流量为 3710 米³/秒,出现在 1973 年 7 月 4 日,最高水位 16.56 米。

---

①张廷玉.明史(第 4 册)[M].北京:中华书局,1974:1124.

②黄仲昭.八闽通志(上册)[M].福州:福建人民出版社,1989:490.

木兰溪下游流经兴化平原，又称南北洋，此处沟渠纵横、河网密布。南北洋引水工程始建于北宋，时称有"大沟七条，小沟一百有九"，全长共计 30 里（宋代 1 里约为 500 米），灌溉南洋田地万余顷①。后元代又建万金陡门，引水灌溉北洋平原。现今木兰溪南岸南阳平原河网沟道总长 199.8 千米，进水口设计流量 11.0 米³/秒，蓄水量达到 1700 万米³；北洋河网沟道总长 109.7 千米，进水口设计流量 5.5 米³，沟道蓄水 1400 万米³。木兰陂建设以前，海潮经常自木兰溪入海口溯流而上。据陈池养《木兰陂图说》记载，海潮"由黄竿而入，溯流而上，溪流为海所混，咸淡不分，难资灌溉"②。木兰陂建成后，由于其具有阻水功能，进入感潮河段的径流很少，下游河段实为喇叭形的潮汐汉道。每逢涨潮，下游纳潮量超过 2500 万米³。根据木兰溪入海口三江口处潮位资料分析，木兰溪下游为半日潮区，平均潮差为 4.1 米，平均涨潮历时 5 分 50 秒，落潮历时 6 分 35 秒。潮流为半日潮流，涨潮平均流速为 0.57 米/秒，最大流速为 0.94 米/秒；落潮平均流速为 0.65 米/秒，最大流速为 0.951 米/秒。

木兰溪干流上游在仙游县境内，此处地貌以中低山和沟谷为主，山岭高程多在 800 米以上，沟谷多表现出 V 形谷和峡谷的特征。木兰溪上游一带临近永春城关—秀屿笏石断裂带附近，该断裂带属于东西向构造，由永春—华亭断裂、长溪断裂等一系列比较小的断裂带构成，其中包括一系列互相平行的断裂，挤压破碎严重。断裂带内普遍出现断层泥、构造棱镜体、硅化等地质现象。木兰溪干流自仙游大济溪口附近经过鲤城、华亭等处至三江口入海，基本形成东西流向，且沿木兰溪干流河床以及两岸中低山、丘陵地带有东西向大型石英闪长岩侵入，即木兰溪为地表径流顺石英闪长岩岩基围岩上的东西断裂侵蚀发育而成。自木兰陂至三江口段的木兰溪干流下游，尤其是在郑坂至港利之间的一段长 12 千米左右的河道有十处大湾，平面形态呈现出单股蜿蜒形，以反向弯曲为主，且此处河床处于淤泥层，土质松软，河底表面有中粒径黄沙覆盖，弯段凹岸冲刷、凸岸淤积③。因此，木兰溪属于多沙河流。位于木兰溪下游的濑溪水文站监测资料表明木兰溪河水中含沙量约为 0.35 千克/米³，最大年输沙量 124 万吨，最小年输沙量 8.31 万吨，输沙量年际变化较大，以洪峰出现的年份为最多。近年当地政府在木兰溪下游开展了截弯取直工程，有效改善了这一情况。

木兰溪支流，按照自上游向下游的顺序排列，主要包括中岳溪、溪口溪、大济溪、龙华溪、松溪、苦溪、仙水溪及柴桥头溪等。其中，中岳溪、溪口溪、大济溪、仙水溪四

①谢履.奏请木兰陂不科圭田疏[M]//朱振先,顾章,余益壮,等.木兰陂集.刻本.莆田:十四家续刻,1729（清雍正七年）.

②陈池养.莆田水利志[M].台北:成文出版社,1974:34.

③赵棣华,沈福新,颜志俊,等.基于有限体积法及 FDS 格式的感潮河段二维泥沙冲淤模型[J].水动力学研究与进展（A 辑）,2004,19(1):98-103.

条支流自上而下分布于木兰溪北岸,龙华溪、苦溪、柴桥头溪自上而下分布于木兰溪南岸。支流均发源于仙游县境内,且均在木兰溪上游河段汇入。北岸较大的支流有大济溪、仙水溪。大济溪发源于仙游县凤山乡凤顶村的科岭。科岭的海拔高度达到874 米。大济溪总长度约 24 千米,集雨面积达到 76.7 千米^2。大济溪自发源地至仙游县西苑乡,过社硎乡,至大济镇大济、垄溪两村交界处汇入木兰溪。大济溪溪道陡峻,径流量大,水源比较充足。仙水溪发源于仙游县凤山乡的前县村,此处海拔高度550 米。仙水溪总长约 29 千米,集雨面积 176 千米^2,自发源地流经凤山、社硎、菜溪、书峰等乡镇,横贯整个东乡平原,至榜头镇坝下村附近汇入木兰溪。仙水溪水流湍急、蜿蜒曲折,水质比较好。南岸支流中,龙华溪与柴桥头溪径流量较大,流域面积较广。龙华溪发源于仙游县龙华乡金山村西坑,全长 26 千米,集雨面积 113 千米^2。龙华溪横贯东西乡的龙华平原,绕经 15 个行政村。全流域年降水量在 1600～2500 毫米,集中于 4～9 月,多年平均降水量为 1680 毫米。龙华溪源短流急、落差较大,流经地域多为断层地带,山体破碎,水土流失较为严重。柴桥头溪发源于仙游县园庄镇赤石村,发源地海拔高度约 600 米,经园庄、郊尾、赖店等乡镇,至赖店乡柴桥村汇入木兰溪。

(二)延寿溪水系

延寿溪,又称绥溪、南萩芦溪,发源于仙游县钟山镇林泉安,流经仙游九鲤湖,涵江区常太镇,在三江口与木兰溪交汇注入兴化湾。上游在常太镇称莒溪,又称九鲤湖溪。莒溪过九鲤湖,与长岭溪汇合,称南萩芦溪。此后过南埕,与蔡塘溪、熨斗溪汇合,流入东圳水库。自东圳水库溢洪道流出的河段始称延寿溪。据陈池养《莆阳水利志》记载,莆田常泰里(今城厢区常太镇)的莒溪"与南萩芦溪合,又合常泰里诸山之水,汇为渔沧溪",此渔沧溪即为古延寿溪故道[①]。延寿陂修建之前,溪水直趋杜塘(今荔城区西天尾镇白杜)出海。唐代吴兴于杜塘围海垦田并筑延寿陂后,溪水改道,分为南、东南、东北三支,溪水由东北道至今涵江区三江口处汇木兰溪入海。后使华陂筑成后,其下游河段也称使华溪。

延寿溪干支流总长 189 千米,其中干流全长 57 千米,集雨面积达 527 千米^2。丰水年平均径流量 6.11 亿米^3,平水年平均径流量 3.74 亿米^3,枯水年平均径流量2.05 亿米^3。延寿溪上游海拔在 600 米左右,以低山、丘陵地形为主,年降水量在1715～1970 毫米,其土壤类型以红壤为主,表层腐殖质薄,结构疏松,容易出现水土流失现象[②]。延寿溪上游植被破坏严重,多年平均输沙量已达到了 1.36 万吨。由于木兰溪以北的北洋平原沟渠狭小,排水不畅,因而每年春夏之际多暴雨时,往往酿成

---

①陈池养.莆田水利志[M].台北:成文出版社,1974:46.

②宋剑峰.关于东圳水资源状况的调查报告[M]//中国水利技术信息中心.城乡饮用水水源安全问题与发展汇总.北京:[出版者不详],2009:74.

洪涝灾害,且洪水过后剩余水量无法控制,导致秋冬少雨季节下游河道干涸,形成秋冬旱。虽先后有延寿陂、使华陂筑成,却并不具备完善的蓄水灌溉和泄洪条件。1933 年,溪洪暴涨,淹没了延寿溪下游两岸南郊、西天尾等村庄,房屋倒塌、农作物毁坏严重。1946 年暴发的山洪适逢大潮,导致下游数万亩被淹田地三年歉收。1958年,当地政府组织在延寿溪中游修建了东圳水库,控制了 321 千米^2 的流域面积,灌溉了沿河、沿海 20 万亩田地,并有效改善了延寿溪通航状况。

(三)萩芦溪水系

萩芦溪为莆田第二大溪流,同时也是福建沿海中部的主要河流之一。萩芦溪上游有二源,西源出自仙游县游洋镇兴山村,北源在涵江区与永泰县交界处。据陈池养《莆阳水利志》记载,仙游有赤溪、杉溪、岐山溪、大松溪,合流为藻湖溪,即萩芦溪西源;莆田东北广业里(白沙镇)有"发源竹石者",即湘溪,其下游又有碧溪,两溪与吉宣溪合流,形成苏溪,即萩芦溪北源[1]。萩芦溪西源、北源合流后,流经涵江区庄边镇,于涵江区白沙镇的宝阳村汇合,再经白沙镇、萩芦镇,在江口镇注入兴化湾。干流全长 60 千米,集雨面积达 709 千米^2(包括福清市境内的 46.6 千米^2)。

萩芦溪水系排列具有羽状特征,地势西北高、东南低,大部处在海拔 100 米以下高,流域内以望江山 1083.4 米为最高点。中上游为中低山地,是戴云山脉蜿蜒而东的支脉。岩层由中生界火山岩组成,河道平均坡降 25.9‰,属于山溪性河流。萩芦乡以下河段为下游,河道比较开阔,水流较为平缓,坡降最小为 5.8‰,属于兴化平原,河口与福清市交界。萩芦溪流域面积占涵江区北部山地大部,气候温暖潮湿,雨量充沛,最大降水量区在新县乡与福清市交接处。中上游年平均降水量在 1600～1800 毫米,多年平均径流深度在 850 毫米以上,全年大于 10 毫米的降水日数一般为42～48 天。平均年径流量约为 6.25 亿米^3,十年一遇干旱年径流量为 3.68 亿米^3。本流域地下水一般为裂隙潜水,可形成承压水,年补给量可达 2000 多万米^3。萩芦溪上游植被覆盖好,河流含沙量小,污染源少,水质极好。

萩芦溪上游主要支流包括藻湖溪、吉宣溪、湘溪、碧溪等,下游支流包括洙溪与蒜溪。其中下游支流蒜溪为较大支流。蒜溪发源于福清市境内的蒜岭山脉,其上游又称三叉河。蒜溪于涵江区江口镇官庄村入境,流经东大、大东、上后、顶坡、园顶、园下等六个村庄,于园下村汇入萩芦溪干流。蒜溪全长 26 千米,集雨面积 80 千米^2。萩芦溪上游环山越谷,滩高峡险,水位落差大,庄边段洗底高程 137.7 米,江口段仅7 米,可见水力资源极为丰富。北宋太平兴国二年(977)在萩芦溪上游干流兴建南安陂,北宋嘉祐二年(1057)在南安陂上游兴建太平陂。新中国成立后除对这两座古陂进行整修外,又新建不少水利工程,以灌溉工程为主,结合防洪、发电、养殖等功效。

---

①陈池养.莆田水利志[M].台北:成文出版社,1974:34.

已建成中小型水库 20 余座，总库容约 2700 万米^3，可灌溉耕地 0.47 万公顷（1 公顷＝10000 米^2，余同）。其中在支流蒜溪上游建设的东方红水库规模较大，总库容 2170 万米^3，控制集雨面积 62.3 千米^2。1970 年，当地政府开拓外渡引水工程，引萩芦溪水南入东圳水库，缓解东圳水库上游来水总量不足的困境，使萩芦溪水资源效益得以充分发挥。

第二节　气候条件与农业自然灾害

　　一定区域范围内农田水利事业的发展，除需考虑地理环境的影响因素外，也应当考虑气候条件的影响。地理环境和气候条件影响农作物生长，因此需有针对性地开展灌溉工程建设，以提高农业生产的效率。与此同时，各类自然灾害除对农业生产造成影响，也给水利工程建设带来阻碍。为减轻农业自然灾害带来的危害，除需在水利工程建设前做妥善的规划、在建设过程中应用适当的技术外，也需有针对性地开展各类防灾设施建设。莆田属于亚热带季风气候，空气湿润，年降水量变化大，水旱灾害频繁，且夏秋之际经常受台风影响，给社会经济带来一定的损失，同时也使得农田水利事业的发展陷入困境。

一、气温与降水分布

　　莆田位于亚热带海洋性季风气候区，太阳辐射较为充足，热量资源十分丰富。其气温冬暖夏热，无霜期长，"其为气候，热多寒少，有霰无雪，草木长青"①。人称该地"寒暑均不甚酷，盖受海洋气之调剂尔"②。莆田的气候存在空间与时间层面的差异性。

　　莆田西北山区、中部平原与东南沿海各区域之间气候差异较大。西北山区四季分明，气温相对较低，平均气温在 15.5～19.9℃；海拔 600～900 米的区域春季较长，夏秋时间长度相近，冬季时间最短；海拔 900 米以上的区域秋、冬、春三季时间长短较为接近，夏季时间最短。中部平原与东南沿海地区年平均气温相对较高，在 19.7～20.7℃，其中沿海岛屿受海洋性气候调节，年平均温度较平原地区更低。该地区每年夏季最长，春秋次之，冬季最短，属于无冬区；区域内每年低于 10℃ 的天气超过 20 天，然而历年低温天气出现的时间段并不相同，虽易掩盖该地区存在冬季的事实，但相关资料记录者注意到这一情况，并在著作中进行了反映，"冬月寒暑，衣服互着，或

　　①廖必琦.莆田县志[M].刻本.莆田：文雅堂，1926.
　　②张琴.莆田县志[M]//中国地方志集成·福建府县志辑（第 16 册）.上海：上海书店出版社，2000：217.

把扇"①。又有人称"少时严冬隆寒,水面冰凌,峰头雪髻;弱冠而后,瓦屋不见霜华,蚊虫常喧……故老云:'寒暑之差,雨旸之愆,每六十年一转,如循环然。'以近岁验之,大抵冬增寒而夏增暑,稍稍复故矣"②。

莆田月平均气温以每年 7 月为界,自 1 月至 7 月呈逐月上升趋势,自 7 月至次年 1 月呈逐月下降趋势。境内各地区 1 月平均气温最低,一般在 7.2～11.9℃;7 月平均气温最高,通常在 23.5～29.4℃。高温日(气温≥30℃)一般出现于 6 月下旬至 9 月下旬,其他时间段出现不多;各地区高温时长有差异,如沿海地区一般在 100 天左右,中部平原地区通常超过 110 天。酷暑(气温≥35℃)通常出现于 7—8 月,沿海地区平均出现 5 天,中部平原一般会超过 20 天。低温日(气温≤3℃)一般出现于 12 月至次年 3 月,在各地区出现的时长有差异,如沿海地带一般在 5 天左右,平原地带超过 10 天。严寒天气(气温≤0℃)年均 3.5 天,一般出现在 1—2 月。莆田各区域气温年较差即最高气温与最低气温差值为 17.6℃,一般西北山区气温年较差最大,东南沿海地区气温年较差最小。各地区气温日较差(每日最高气温与最低气温差值)不尽相同,自东南沿海向西北山区气温日较差逐渐增大,平均东南沿海为 6.2℃,中部平原为 8.1℃,西北山区为 9.2℃。各地区月平均气温见表 2.3。

表 2.3 莆田市各地区月平均气温一览 （单位:℃）

月份	东南沿海地区	中部平原地区	西北山区
1 月	11.4	11.5	7.2
2 月	11.5	11.9	8.5
3 月	14.4	14.7	11.3
4 月	19.1	19.0	15.7
5 月	22.8	23.0	19.6
6 月	25.7	25.9	22.2
7 月	28.5	28.5	24.6
8 月	28.0	28.0	24.3
9 月	26.5	25.8	22.1
10 月	22.5	22.2	18.8
11 月	18.8	17.3	14.4
12 月	13.8	13.7	8.7
月平均	20.2	20.1	16.5

资料来源:莆田市地方志编纂委员会.莆田市志[M].北京:方志出版社,2001:187。

①廖必琦.莆田县志[M].刻本.莆田:文雅堂,1926.

②张琴.莆田县志[M]//中国地方志集成·福建府县志辑(第 16 册).上海:上海书店出版社,2000:217.

雨量充沛、空气湿润是莆田气候的重要特征[①]。莆田降水分布存在较大的时空差异,自东南沿海区域向西北山区,降水量呈递增的趋势。就年平均降水量而言,东南沿海地区为 800～1100 毫米,中部平原地区为 1100～1600 毫米,西北部山区超过1600 毫米。从降水量的季节分配来看,每年 3—9 月为雨季,降水量为 750～1950 毫米,占全年降水总量的 83%～86%;每年 10 月到第二年 2 月为旱季,降水量为 140～360 毫米,占全年降水总量的 14%～17%。故而莆田年内降水量分布表现出这样的特征,即雨季雨水较多,旱季雨水较少。莆田每年的雨季又可分为春雨季(3—4 月)、梅雨季(5—6 月)、台风季(7—9 月)。

每年春雨季莆田各地降水量占全年降水总量的 13%～22%,其中东南沿海地区降水量在 180 毫米左右,中部平原地区、西北山区降水量在 210～295 毫米。莆田春雨季降水具有雨时长、降水强度低的特征,往往会受到北方强冷空气的影响,形成连续多日的低温阴雨天气。

莆田梅雨季降水量一般在 350～720 毫米,占年平均降水量的 30%～37%。该季为莆田全年降水的最高峰时期,降水量自东南沿海地区向西北山区沿海拔高度递增,山区降水总量可达沿海降水总量的 2 倍以上。"四月后,梅雨郁蒸,砖地及石础皆润;五六月有雨,号'三风',时起自西北,其来甚骤,其止亦易,或既止复作,最利田禾;其雨只下南北洋,不下里;或田隔丘段,亦不得雨"[②]。梅雨季莆田最长连续降水日数一般均能超过 10 天,该季降水具有雨区广、雨量多、强度大、雨时长且稳定等特征。

莆田每年受台风影响,均出现较强降雨天气。每至台风季,西北山区和中部平原地区降水量多在 400～930 毫米,占该区域年降水总量的 33%～41%;东南沿海地区降水量为 229～400 毫米,约占到该区域年降水总量的 30%。"大暑前,东风如毒;东风一来,必有大雨,溪潦暴涨,大水为患……立秋前,西北雨在昼午前,雷则雨立至;午后,雷有不雨者,谓之'旱雷';或雨绕山而行,不及洋面;雨常三日三夜,至天气乃定;或一二日不透,则变为淫雨,患大水矣"[③]。据此可见,台风季莆田降水量的多少,与台风登陆、影响的次数、强弱以及范围大小密切相关。一般台风自沿海一带登陆时,境内雨区范围较广、雨量较大、雨势较猛;当无台风影响时,常出现晴热干旱的天气。而有关"西北雨"的记载表明莆田西北山区受热力与地形的影响,常在夏季出现雷阵雨天气。

---

①刘妞,张仙娥,仇亚勤,等.莆田市降水量时空分布的演变规律[J].南水北调与水利科技,2015,13(5):842-846.

②廖必琦.莆田县志[M].刻本.莆田:文雅堂,1926.

③张琴.莆田县志[M]//中国地方志集成·福建府县志辑(第 16 册).上海:上海书店出版社,2000:218.

二、主要农业自然灾害

干旱是莆田的主要农业自然灾害之一。历史上,莆田干旱频发,具体旱情可见表2.4。

表 2.4　北宋至清代莆田的旱灾

时间	灾情	时间	灾情
北宋崇宁元年(1102)	大旱,水泉涸	清康熙三十年(1691)	春旱,地生毛
南宋隆兴元年(1163)	春至八月大旱,苗种不入	清康熙三十五年(1696)	春夏大旱,沟渠尽涸
明景泰二年(1451)	春夏大旱,斗米二百钱*	清康熙四十一年(1702)	秋旱
明景泰六年(1455)	夏旱,民艰食	清康熙四十二年(1703)	春旱,禾大歉
明成化二年(1466)	夏秋大旱,晚禾不成	清康熙四十四年(1705)	春旱,旱禾不熟
明成化十二年(1476)	夏秋大旱	清康熙四十九年(1710)	旱,冬稻化为灰
明成化二十二年(1486)	春夏旱,禾歉	清康熙五十五年(1716)	旱,米升十七钱
明成化二十三年(1487)	春旱无麦,秋后大旱无禾	清康熙五十九年(1720)	冬旱
明弘治十二年(1499)	夏秋冬三时不雨,民无水可食	清乾隆三年(1738)	自夏至秋三月旱
明弘治十三年(1500)	夏秋旱	清乾隆四年(1739)	自五至八月旱
明嘉靖五年(1526)	夏秋大旱,无麦禾	清乾隆五年(1740)	自七月二十始不雨
明嘉靖七年(1528)	大旱,禾稼绝收	清乾隆六年(1741)	春旱,秋冬旱
明嘉靖二十二年(1543)	夏旱	清乾隆七年(1742)	春旱,谷价涌贵
明万历三十四年(1606)	大旱,禾尽枯。是岁斗米二百钱	清乾隆九年(1744)	秋旱,至冬始雨
明万历四十一年(1613)	秋大旱	清乾隆十年(1745)	五至七月旱
明崇祯二年(1629)	秋旱,谷石七钱	清乾隆十二年(1747)	春旱
清康熙三年(1664)	春夏不雨,禾稼尽枯	清乾隆十六年(1751)	五六两月旱
清康熙十九年(1680)	春旱,谷石三两	清乾隆十九年(1754)	春旱
清康熙二十一年(1682)	自六月旱,至冬十二月井涸	清乾隆三十二年(1767)	夏秋旱,大饥

资料来源:周瑛,黄仲昭.重刊兴化府志[M].福州:福建人民出版社,2007:433-434。

廖必琦.莆田县志[M].刻本.莆田:文雅堂,1926。

王椿.仙游县志[M]//中国地方志集成·福建府县志辑(第18册).上海:上海书店出版社,2000:635-641。

注:* 明代1斗约为10350毫升。

根据莆田主要农作物生产周期以及民间相关认识,可将莆田年内干旱性气候划分为春旱、夏旱以及秋冬旱3个类型。每年2月中旬至4月下旬发生的干旱为春旱,在此期间沿海地区受旱灾影响较为严重,内陆地区受到影响相对较小。每年5月上旬至 10 月上旬发生的干旱为夏旱,在此期间莆田各地区气温较高,蒸发量大;同时农业生产处于关键环节,用水量大,故夏旱对农作物危害较大。每年 10 月中旬至次年 2 月上旬发生的干旱为秋冬旱,这一时期旱灾发生频率相对较高。

根据表 2.4 可知,自北宋崇宁元年(1102)至清乾隆三十二年(1767)莆田地区有记载的严重干旱天气共出现了 38 次,平均每 17.5 年出现一次有重大影响的旱情。其中,夏、秋两季为旱灾的高发季节。需要注意的是,古代历史上莆田常出现春夏、夏秋两季连旱的情况,且一年两旱的严重旱情也不少见;明代以后莆田经常出现连续多年的旱情,如弘治十二年至十三年(1499—1500)、康熙四十一年至四十二年(1702—1703)均出现 2 年连旱。持续时间最长的连旱出现在清乾隆三年(1738)至七年(1742),"乾隆三年,自夏至秋三月旱;四年五月初一日不雨,至八月十六日始雨;五年七月二十日雨即止,至六年三月廿八日始雨,八月廿四日雨即止,至次年四月初八日微雨又止",这一连续多年的旱情给当地农业生产带来极大影响,"谷价涌贵,斗米二百余钱,民间买水每担十四钱"①。

洪涝灾害对莆田农田水利设施威胁最大,造成的损害也极为严重。暴雨是造成莆田洪涝灾害的主要原因。如前文所述,莆田的雨季可分为春雨季(3—4 月)、梅雨季(5—6 月)、台风季(7—9 月),而暴雨一般出现在后两季。梅雨季暴雨日数占全年暴雨总日数的 3～4 成,台风季暴雨占全年暴雨总日数的 4～6 成。通常每年 6 月暴雨日数最多,平均一年可达 2 天以上;其次是 8 月份,年平均 1～2 天。暴雨日数、降水总量自莆田西北山区向平原、沿海地区递减,一般西北山区年平均暴雨日数多达 10 天以上,而沿海地区年均暴雨日数少于 4 天。

莆田西北山区峰峦叠嶂,当地出现较大暴雨时,洪水向木兰溪中下游平原地带汇集,故而平原地区的洪涝程度受上游地区降水强度支配。一般西北山区的洪峰 4 小时即可到达木兰溪中下游平原地区。木兰溪中下游河段河床较浅,河道蓄水、两岸泄洪能力差,易发生洪涝,如适逢中下游两岸地区暴雨,则易造成灾情扩大。故而莆田的东西乡平原、兴化平原等地区均为易涝区,其中兴化平原的渠桥、城南等地为重涝区。同时,荻芦溪下游的江口,以及各主要河流沿岸山间盆地也易发生洪涝。

据表 2.5 可知,自南宋淳熙四年(1177)至清嘉庆二年(1797)莆田有记载的较大规模洪涝灾害共计出现 17 次,平均每 36.5 年发生一次灾情较为严重的洪涝。古代历史上莆田的洪涝主要发生于农历四月至八月之间,即每年公历的 5—10 月,按前文所述,这一类洪涝主要是受到梅雨、台风的影响。频发的洪涝灾害不仅给莆田居民的日常生活以及农业生产带来影响,也给莆田的水利建设带来困难。如何抵御洪水冲击、提高泄洪能力成为莆田地区各类灌溉设施建设首先需要考虑的问题。

---

① 廖必琦. 莆田县志[M]. 刻本. 莆田:文雅堂,1926.

表 2.5　南宋至清代莆田的洪涝

时间	灾情
南宋淳熙四年(1177)	六月大风雨,水坏官舍、民居、仓库,多死者
南宋淳熙五年(1178)	六月大水;闰六月风雨暴作,水发漂民庐,民有溺死者
南宋嘉定九年(1216)	大水漂田庐,害稼
南宋嘉定十六年(1223)	秋大水,坏田稼
明成化二十一年(1485)	春夏雨不止,坏田庐,杀禾稼
明弘治十一年(1498)	四月霪雨,蛟出水溢,坏屋庐,漂人畜,近山处水深及丈;五月复大雨,宁海桥坏
明嘉靖四十二年(1563)	大风雨,海水泛溢至府城外
明万历二十七年(1599)	大雨数日,夜城垣、桥梁、堤岸俱圮,水溢,城不浸者丈余,海船至城下,小艇直入南市
明万历四十二年(1614)	八月六日水暴涨
清康熙元年(1662)	夏有大雨,逾月不止,水坏田庐
清康熙三年(1664)	六月大雨连七日夜,水暴涨,漂荡居民无数
清康熙十九年(1680)	八月六日大雨,平地水涨三四尺*,桥多坏
清康熙六十一年(1722)	六月二十四日大雨,居民漂
清雍正十年(1732)	八月十六日至十八日连日大雨,水溢,舟可入城,南北洋民居冲坏无数,宁海桥折,水深丈余
清乾隆十五年(1750)	大雨,溪水溢
清乾隆十六年(1751)	七月大雨,东华乡沟水暴涨
清嘉庆二年(1797)	六月大水,舟可入市,壶公山圮,城东民房坍坏无数

资料来源:周瑛,黄仲昭.重刊兴化府志[M].福州:福建人民出版社,2007:433-434。

廖必琦.莆田县志[M].刻本.莆田:文雅堂,1926。

王椿.仙游县志[M]//中国地方志集成·福建府县志辑(第18册).上海:上海书店出版社,2000:635-641。

注:*清代1尺约为0.32米。

　　风灾也是影响莆田农业生产与居民生活的主要自然灾害之一。莆田沿海受台风影响较为严重,既会出现暴雨并导致洪涝,也会出现海潮倒灌、冲溃海堤的情况。莆田各地受台风影响的程度,自沿海向内陆平原、山区递减。每当台风正面袭击时,莆田沿海最大风力可超过12级,平原最大风力也可达11级。历史上莆田的风灾灾情可见表2.6。

表 2.6　北宋至清代莆田的风灾

时间	灾情
北宋太平兴国三年(978)	飓风拔木,坏廨宇民舍八千间
北宋太平兴国八年(983)	八月飓风大作拔木,坏廨宇及民舍千八十间
北宋元丰五年(1082)	飓风大作,傍海居民飘荡万数
北宋元祐五年(1090)	海风大作,海居之民漂荡万数
明成化十九年(1483)	海风作,海溢,田禾淹死,斗米百钱余
明弘治六年(1493)	飓风大作,海州入平田,官为凿渠乃出;其秋,沿海里分禾无收
明弘治七年(1494)	雷雨尽晦,飓风飞瓦坏屋,山中合抱大树皆折
明弘治十年(1497)	七月十一飓风大作,雷雨折树坏屋
明正德十一年(1516)	二月二十六日飓风作,雨雹,大如卵,小如弹,禽兽击死,麦无遗种,东南乡尤甚
明万历四十年(1612)	四月十二日夜黄石沿海风雨大作,折木移瓦
明崇祯十六年(1643)	九月三十日风雨大作,东角一派长堤尽坏,海水淹入南洋,晓禾绝粒
清顺治十六年(1659)	九月三十日飓风大作,东角长堤尽坏,海水淹入,晚禾绝粒
清康熙三十年(1691)	七月十五夜大风;二十九夜又大风,海水泛滥入堤,淹没沿海田庐;海船随水漂入沙堤、五龙地方
清乾隆十三年(1748)	四月十四日风雨大作,海溢,晚稻、薯豆尽淹
清乾隆十七年(1752)	八月初三大风,初四海溢堤溃,水至水南、沙堤等处,附海晚禾、番薯尽没
清乾隆十九年(1754)	五月、八月飓风大作,海溢入堤,稻、薯尽没

资料来源:周瑛,黄仲昭.重刊兴化府志[M].福州:福建人民出版社,2007:433-434。

廖必琦.莆田县志[M].刻本.莆田:文雅堂,1926。

王椿.仙游县志[M]//中国地方志集成·福建府县志辑(第18册).上海:上海书店出版社,2000:635-641。

　　莆田历代方志中将影响境内的风灾称为"飓风"或"风痴"。"又时作风痴,其来则风雨俱作,蜇瓦拔木;食顷,有风自南来,其势益猛,瓦沟水皆倒流,名曰'报风';又有干报不兼雨者,报定乃下微雨,每月二十八九多此风;或云:除夜有此风来,岁无风痴;此风每岁或一二作,或三四作,海上人最畏之,往往覆船"[①]。根据表2.6可知,自北宋太平兴国三年(978)至清乾隆十九年(1754)莆田有记载的风灾共计16次,平均每48.6年出现一次,以台风为主要类型。台风登陆的时间通常在农历四月到九月,即公历5—11月。7月中旬至9月下旬往往为台风高发期。台风造成破坏一般有两

①周瑛,黄仲昭.重刊兴化府志[M].福州:福建人民出版社,2007:433.

种途径,其一是以风力直接对建筑、农作物造成损害;其二是形成大潮,冲毁海堤,使海水淹入沿海地区乃至平原地带,破坏当地农业生产。莆田受台风影响频繁的事实,表明海堤建设在当地水利事业的发展中相当重要。

第三节　行政建制、人口与农业

　　一定区域范围内农田水利事业的发展,受到该区域行政建制变动及人口变化情况的影响。具体而言,特定灌区内农田水利建设的开展需要灌区内部用水成员的协作,而灌区内部成员往往分布于不同的行政区域,且其从属的上级行政区域一旦变动,又会牵涉用水成员协作的重构;特定行政区域往往包含了多座灌区,不同灌区间的用水协作需要地方政府的协调,故而稳定的行政建制对区域内的农田水利事业发展意义重大。区域内人口的持续增长,意味着农业生产需要有持续发展的过程,而这又需要水利建设规模的扩大,水利建设规模与人口规模之间存在着互动。综上所述,分析区域内的农田水利事业发展历程,必然要对该区域内行政建制的变化过程以及人口的增长情况有所了解。莆田自唐代以来行政建制比较稳定,为农田水利事业的持续性发展提供了良好的环境;地区内不断增长的人口也对扩大水利建设规模以发展农业生产提出了要求。

一、行政建制的变动

　　莆田置县的历史始于南北朝。"莆田县,本南安县地。陈废帝分置莆田县。隋开皇十年(590)省。武德五年(622)复置。贞观改隶闽州,景云二年(711)割属泉州"[1]。南朝前期,莆田属南安县地,南朝陈光大二年(568)设莆田县,后废置;隋开皇九年(589)再置,次年又废。唐武德五年(622),"析南安县置莆田",隶属于泉州[2]。仙游置县的历史始于唐代。"圣历二年(699),析莆田西界,于今县北十五里置清源县"[3]。后天宝元年(742)将清源县以其境内仙游山命名为仙游县。此时,二县同属清源郡(泉州)。

　　莆田府一级的行政设施始于北宋。"皇朝太平兴国四年(979)于泉州游洋镇置兴化军,以游洋、百丈镇共六里人户,仍析莆田二里人户置兴化县,并割莆田、仙游等县以属焉"[4]。北宋太平兴国四年(979),以莆田、仙游、永泰、福清4县部分属地置兴

---

①李吉甫.元和郡县图志[M].北京:中华书局,1983:720.

②欧阳修,宋祁.新唐书(第4册)[M].北京:中华书局,1975:1065.

③同①:721.

④乐史.太平寰宇记[M].北京:中华书局,2007:2037.

化县,并以该县为治所设太平军,次年改名兴化军,并将平海军(泉州)的莆田、仙游 2
县划归兴化军管辖。太平兴国八年(983)"以游洋镇地不当要冲",将兴化军治所迁
往莆田县。此时,兴化军属两浙西南路,后雍熙二年(985)将闽地从两浙西南路析
出,设福建路,兴化军属福建路。

元代兴化军改称兴化路,属江浙行中书省管辖,设达鲁花赤,仍领莆田、仙游、兴
化 3 县。至元十五年(1278)设福建行中书省后兴化路划归其管辖。明洪武二年
(1369)兴化路改称兴化府,属福建行中书省管辖,仍统莆田、仙游、兴化 3 县。明正统
十三年(1448)因兴化军"地僻民稀"废之,以其境内武化、长乐 2 乡并为广业里,划归
莆田县;兴泰、福兴、来苏 3 里并为兴泰里,划归仙游县[①]。清代兴化府建制无较大变
动,仍领莆田、仙游 2 县,属福建省闽海道管辖。古代历史上莆田地区建制沿革可见
表 2.7。

表 2.7　北宋至明代莆田行政建制沿革一览

朝代年号	公元纪年	建制名称	隶属	管辖范围	附注
北宋太平兴国四年	979	太平军	两浙西南路	兴化县	军治在今仙游县游洋镇
北宋太平兴国五年	980	兴化军	两浙西南路	兴化、莆田、仙游	太平兴国八年(983)迁军治至莆田
北宋雍熙二年	985	兴化军	福建路	莆田、仙游、兴化	设福建路
南宋景炎二年	1277	兴安州	福安府	莆田、仙游、兴化	升福州为福安府
元至元十五年	1278	兴化路	福建行中书省	莆田、仙游、兴化及四厢录事司	至元十五年(1278)在莆田县城及周边设四厢,置录事司
明洪武二年	1369	兴化府	福建行中书省	莆田、仙游、兴化	—
明洪武九年	1376	兴化府	福建承宣布政使司	莆田、仙游、兴化	废录事司,地归莆田县
明正统十三年	1448	兴化府	福建承宣布政使司	莆田、仙游	撤兴化县

资料来源:莆田市地方志编纂委员会.莆田市志[M].北京:方志出版社,2001:123。

---

①黄仲昭.八闽通志(上册)[M].福州:福建人民出版社,1989:19.

北宋初期莆田府一级的行政建制设立后,其境域范围便再无较大变动。据北宋《太平寰宇记》记载,两宋时期兴化军"东西二百一十五里,南北一百四十五里。东至海七十里。南至海四十里。东南至莆田县奉国里大海一百里。北至福州福清县一百五十里。西北至泉州一百八十里。东北至福州三百八十里。西北至福州永泰县一百里。西南至泉州德化县界一百四十五里"①。又据明代《八闽通志》记载,兴化府"东抵海岸,西抵泉州永春县界,广二百一十五里;南抵海岸,北抵福州永福县界,袤一百二十里"。莆田县"东抵海岸,西抵仙游县界,广一百二十五里;南抵海岸,北抵永福县界,袤一百二十里"。仙游县"东抵莆田县界,西抵永春县界,广八十五里;南抵泉州府惠安县界,北抵永福县界,袤一百五十里"②。又据清代《福建通志》记载,兴化府"东至海九十里。西至永春州界一百二十里。南至大海四十里。北至福州府福清县界四十五里。东南至大海一百里。西南至泉州府惠安县界六十里。东北至福清县治一百二十里。西北至永春州德化县治二百里。东西距二百一十里。南北距八十五里"。莆田县"东至大海九十里。西至仙游县界三十里。南至大海四十里。北至福州府福清县界四十五里。东南至大海一百里。西南至仙游县界六十里。东北至福清县界四十五里。西北至永福县界一百二十里。东西距百二十里。南北距八十五里"。仙游县"东至莆田县界四十里。西至永春州界五十里。南至泉州府惠安县界七十五里。北至福州府永福县界八十里。东南至惠安县界五十里。西南至泉州府南安县界三十五里。东北至莆田县界一百里。西北至永春州德化县界一百里。东西距九十里。南北距一百五十五里"③。据以上记载可知,自北宋设置府一级的行政建制以来,莆田境域范围比较稳定,且明清时期莆田、仙游2县的境域也无大范围的变动,这为当地政府、民众开展水利建设创造了有利条件。

古代莆田地区的县级行政区划变动幅度较大。北宋太平兴国四年(979)时设兴化县,下辖3乡共11里。次年,莆田、仙游2县并入后,兴化军辖3县13乡,共计71里(表2.8)。元代沿用宋制,仍设3县,自莆田县析出清平、嘉禾、延陵3里为路治,将该区域划分为东、南、左、右4厢,并置录事司,"专管在城中争讼、盗贼等事",以4厢隶之④。故可知元代兴化路3县及录事司共辖4厢68里。

---

①乐史.太平寰宇记[M].北京:中华书局,2007:2037.

②黄仲昭.八闽通志(上册)[M].福州:福建人民出版社,1989:31.

③陈寿祺.福建通志(第1册)[M].北京:华文书局,1968:243.

④周瑛,黄仲昭.重刊兴化府志[M].福州:福建人民出版社,2007:251.

表 2.8　两宋兴化军区划表

县名	乡数	乡名	里数	里名
莆田县	6	崇业乡	6	延陵、清平、延兴、孝义、常泰、保丰
		武化乡	3	尊贤、兴教、仁德
		唐安乡	5	延寿、望江、永丰、待贤、待宾
		永嘉乡	6	丰成、嘉禾、文赋、维新、新兴、灵川
		崇福乡	6	合浦、兴福、崇福、武盛、奉国、新安
		感德乡	8	莆田、连江、南匦、胡公、景德、国清、安乐、醴泉
仙游县	4	嘉禾乡	6	功建、孝仁、养志、廉洁、仁德、保德
		归德乡	7	旋珠、善化、兴贤、清泉、万善、闻贤、永福
		修德乡	7	咸平、常德、折桂、安贤、昼绵、永兴、香山
		唐安乡	6	香田、旸谷、仙溪、慈孝、依安、连江
兴化县	3	永贵乡	5	兴泰、来苏、浔阳、兴建、福兴
		武化乡	3	广业、崇仁、安仁
		长乐乡	3	清源东、清源中、清源西

资料来源:周瑛,黄仲昭.重刊兴化府志[M].福州:福建人民出版社,2007:250。

明初兴化府行政区划进行了重构,将录事司废除,4 厢地重归莆田县(图 2.1)。明代兴化府于县下设区,其中莆田县设 7 区,仙游、兴化 2 县各设 2 区,区下设里,里辖图,"每厢与里以一百一十户为图,十户为里长,一百户分为甲首以隶之"①。洪武二年(1369)兴化府 3 县共辖 11 区,领 4 厢 68 里。洪武、永乐之际,莆田里图日趋减少,至正统年间,莆田县仅存 29 里 205 图,仙游县仅存 14 里 14 图,兴化县虽有 11 里,人户仅存 2 图(表 2.9)。故正统十三年(1448)兴化县被撤销,其境内武化乡崇仁、安仁 2 里及长乐乡清元东、中、西 3 里总计 5 里并为广业里,以广业里属莆田县;其境内永贵乡浔阳、兴建、福兴、来苏 4 里并为兴泰里,属仙游县。至弘治年间,兴化府辖莆田、仙游 2 县共计 9 区,下辖 4 厢 44 里 224 图。

---

①周瑛,黄仲昭.重刊兴化府志[M].福州:福建人民出版社,2007:252.

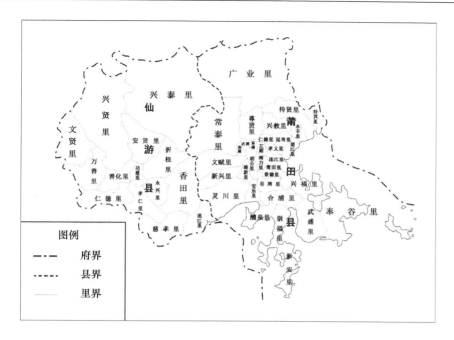

图 2.1　明代兴化府辖区

（资料来源：莆田市地方志编纂委员会.莆田市志[M].北京：方志出版社，2001：130）

表 2.9　明中期兴化府行政区划表

县名	区数	区名	厢里数	厢里名	图数
莆田县	7	一区	4厢1里	东厢、南厢、左厢、右厢、常泰里	19
		二区	6	仁德里、延寿里、望江里、尊贤里、延兴里、待宾里	29
		三区	5	连江里、孝义里、永丰里、待贤里、兴教里	25
		四区	6	南匿里、莆田里、景德里、胡千米、新兴里、文赋里	28
		五区	5	维新里、灵川里、国清里、安乐里、醴泉里	24
		六区	3	兴福里、武盛里、奉国里	44
		七区	4	崇福里、合浦里、新安里、广业里	36
仙游县	2	上区	7	功建里、孝仁里、仁德里、善化里、文贤里、兴贤里、万善里	7
		下区	7	永兴里、折桂里、安贤里、兴泰里、香田里、慈孝里、连江里	7

资料来源：周瑛，黄仲昭.重刊兴化府志[M].福州：福建人民出版社，2007：253。

　　清代兴化府沿用了明代的区划设施，将莆田县仍分为 7 区 4 厢 30 里，但图数则仅剩 110 图；仙游县取消区建制，分为 4 乡 13 里。顺治十八年（1661），兴化府沿海施行截界，莆田县灵川里、安乐里、醴泉里、兴福里、合浦里、崇福里、新安里、武胜里、奉谷里、南匿里共 10 里 50 图被截于界外。此时莆田县境内仅剩 60 图。康熙二十年（1681）复界后，莆田县原有行政区划得以恢复，此后兴化府 2 县行政区划再无较大变动（表 2.10）。

表 2.10　清代兴化府行政区划表

县名	区乡数	区乡名	厢里数	厢里名	图数
莆田县	7	一区	4 厢 1 里	东厢、南厢、左厢、右厢、常泰里	19
		二区	6	尊贤里、延兴里、延寿里、仁德里、望江里、待宾里	13
		三区	5	孝义里、兴教里、永丰里、待贤里、连江里	13
		四区	7	南力里、胡千米、莆田里、景德里、新兴里、文赋里、广业里	15
		五区	5	维新里、国清里、安乐里、灵川里、醴泉里	16
		六区	3	兴福里、武盛里、奉国里	18
		七区	3	崇福里、合浦里、新安里	16
仙游县	4	嘉德乡	3	功建里、孝仁里、仁德里	3
		归德乡	4	善化里、文贤里、兴贤里、万善里	4
		修德乡	4	永兴里、折桂里、安贤里、兴泰里	4
		唐安乡	3	香田里、慈孝里、连江里	3

资料来源：廖必琦.莆田县志[M].刻本.莆田：文雅堂，1926。

王椿.仙游县志[M]//中国地方志集成·福建府县志辑（第 18 册）.上海：上海书店出版社，2000：136。

二、人口的变化

人口数量与农业生产发展、农田水利建设息息相关。北宋以来莆田的人口变化数据可见表 2.11。

表 2.11　北宋至清代莆田人口的变化

时间	县数	户数	人口数
北宋太平兴国年间（976—984）	3	33707	约 67000
北宋元丰年间（1078—1085）	3	55237	约 110000
北宋崇宁元年（1102）	3	63157	约 125000
南宋绍熙年间（1190—1194）	3	72368	171784
元至元十四年（1277）	3	67739	352524
明洪武二十四年（1391）	3	64241	约 270000

续表

时间	县数	户数	人口数
明景泰三年(1452)	2	40319	197413
明弘治五年(1492)	2	29010	180035
明嘉靖四十一年(1562)	2	33326	153520
明万历四十年(1612)	2	34377	159434
清顺治十八年(1661)	2	24020	103348
清康熙五十年(1711)	2	26226	112842
清道光九年(1829)	2	109089	562172

资料来源:周瑛,黄仲昭.重刊兴化府志[M].福州:福建人民出版社,2007:293。

廖必琦.莆田县志[M].刻本.莆田:文雅堂,1926。

王椿.仙游县志[M]//中国地方志集成·福建府县志辑(第18册).上海:上海书店出版社,2000:218-219。

陈景盛.福建历代人口论考[M].福州:福建人民出版社,1991:107-111。

北宋以前,莆田、仙游2县隶属于清源郡(今泉州),其人口数目也被纳入该地区的统计数据。据《元和郡县图志》记载,唐开元年间清源郡所辖4县(晋江、南安、莆田、仙游)户数共计50754,至元和年间4县户数减少为35571[1]。唐代,莆田南北洋平原尚在开垦中,其农业生产发展水平可支撑的人口规模尚属有限。北宋初期,莆田人口有了较大规模的增长,据《太平寰宇记》所载,北宋初,莆田主户数为13107,客户数为20600[2]。又据《元丰九域志》记载,北宋元丰年间,莆田主户数已达35153,客户数达20084[3]。唐宋之际莆田人口的增长与沿海的兴化平原的进一步开发密切相关。耕地数量的增长和农田水利设施的完善,促使莆田农业生产水平进一步提高,意味着人口的大规模增长成为可能。与此同时,唐中后期北方人口南迁也为莆田人口的进一步增长提供了契机,其中安史之乱以及黄巢起义前后为莆田人口机械增长的两个高峰时期。不断增长的人口对莆田农业生产的进一步发展提出了要求,而农田水利设施的完善是农业生产发展的必要条件,故而北宋前中期是莆田农田水利事业的快速发展时期,"平原四陂"以及南北洋灌溉体系的建设为莆田农业生产的发展以及居民生活的改善创造了条件。至北宋崇宁元年(1102),莆田户数已达63157,人口数约125000[4]。靖康之变以后,北方人口又一次南迁,莆田人口规模进一步扩大,而南宋时期莆田安定的生产环境同样提高了人口自然增长率,至绍熙年间莆田户数

①李吉甫.元和郡县图志[M].北京:中华书局,1983:719.

②乐史.太平寰宇记[M].北京:中华书局,2007:2037.

③王存.元丰九域志[M].北京:中华书局,1984:407.

④脱脱.宋史:第7册[M].北京:中华书局,1977:2209.

达 72368,人口总数达 171784①。宋元之际,莆田虽遭遇战乱,但迅速得到平息,居民生产生活秩序得以恢复,再加上北方移民大规模迁入,人口增长极为迅速。到至元十四年(1277)莆田地区户数达 67739,人口总数达到 352524②。可见宋元时期是莆田人口迅速增长的时期,这与该时期莆田农田水利设施的完善以及农业生产水平的提高关系密切。

莆田人口在元至正年间达到高峰后,受各类因素影响开始回落。"考闽随攻随陷,未有如兴化者。元十余年间,因土酋引夷,仇杀而陷路城及二县者各三四次,流毒福清、惠安,数百里为墟"③。由此可见,元代中后期莆田受战乱影响较为严重。元末泉州亦思巴奚战乱也波及莆田,给境内居民带来巨大灾难。战乱、瘟疫导致莆田人口锐减,根据明洪武二十四年(1391)的统计数字,境内户数为 64241,人口数约 270000,相比元初而言已大大减少。明嘉靖以后,倭寇侵扰中国东南沿海一带,莆田首当其冲。"国家近边之民常苦北虏,滨海之民时遭倭患,然虏寇频而倭患少,故塞上村落萧条,有千里无复人烟者。倭自嘉靖末抄掠浙、直、闽、广,所屠戮不可胜数,即以吾闽论之,其陷兴化、福清、宁德诸郡县,焚杀一空,而兴化尤甚,几于洗城矣"④。"倭患"在破坏莆田居民生产、生活环境的同时,也造成了较高的人口死亡率,而地方政府不作为,尸骸未能得到及时清理,这又造成了境内疫病流行,导致人口进一步减少。据府县志书记载,清顺治十八年(1661),莆田仅 24020 户,人口数仅 103348,不到元代人口高峰时期的三分之一⑤。

清初莆田为台湾郑氏与清军拉锯的战场。为隔绝境内抗清势力与郑军之间的联系,清廷采取了"截界"的措施。莆田迁界始于顺治十八年(1661)冬,其内迁距离少则 30 里,多则 50 里,且历经多次方确定具体界线,自壶公山麓沿天马山侧到三江口东北大规模筑界墙,墙外田地房屋一律废弃。莆田沿海地区迁界使当地居民流离失所,且适逢清军大规模驻扎于此,"初,闽人当成功世,内输官赋,外应郑饷,十室九匪。及耿、郑之乱交作,杀掠所至,不知谁兵。闽中驻一王、一贝子、一公、一伯,将军、都统以下各开幕府,所将皆禁旅,居民居,食民食,役其丁壮,而渔其妻女,又迁沿海之界,流离内徙"⑥。清军在境内的骚扰给内迁居民带来巨大灾难,时人曾作诗描述这一场面:"木兰有村姬,半夜哭呼天。幽咽不成声,哭久绝复连。我偶宿其旁,披衣起彷徨。天寒手脚皱,初日惨昏黄。殷勤问村姬,村姬前致诉。客岁贼掠村,屋舍无一存。今春苦构屋,北骑复来屯。府牒昨宵到,逼令筑土堡。土堡匪不高,运石何

①张琴.莆田县志[M]//中国地方志集成·福建府县志辑(第 16 册).上海:上海书店出版社,2000:569.
②宋濂.元史(第 5 册)[M].北京:中华书局,1976:1505.
③顾炎武.天下郡国利病书[M].上海:上海古籍出版社,2012:2983.
④谢肇淛.五杂俎[M].上海:上海书店出版社,2001:78.
⑤廖必琦.莆田县志[M].刻本.莆田:文雅堂,1926.
⑥魏源.圣武记[M].北京:中华书局,1984:339.

扰扰。民力亦云劳,鞭督恐难了。方期暂息肩,部文促造船。沿山等大木,斩斫讵得闲。一木挽千人,逾领更度阡。儿女卖供田,田园鬻赔官。夫亡子继殒,恻怆谁见怜。"顺治十八年(1661)迁界时,沿海地区裁撤 10 里 50 图,至康熙二十年(1681)复界后,内迁时幸存人口多返回故里,但仍有 40 图未得到恢复。不过"复界"后人口持续减少的局面得以扭转,莆田的人口开始缓慢恢复,在雍正、乾隆、嘉庆时期又由于社会稳定而进入了快速增长期,至道光九年(1829)境内户数已达 109089,人口总数已达 562172,自此其自然增长态势趋于稳定。

由于地理环境变化及社会经济发展,历史上莆田的人口分布情况曾发生较大变化。早期莆田人口多分布于山区,先民们将山间的小块平原开垦为田,在此开展农业生产。唐中期以后,随着莆田沿海围垦活动的进一步开展,人口逐渐向平原地带集中,在木兰溪、萩芦溪等河流两岸耕作。自北宋至清代,随着农业生产条件的不断改善,木兰溪两岸的兴化平原、东西乡平原以及萩芦溪下游的江口平原成为人口集中分布的区域,山间平原的人口数量不断减少,且人口密度不断下降。明正统十三年(1448)位于北部山区兴化县被裁撤,表明当地官府难以靠征收赋税维持运转,正是当地人口大规模减少的表现。进入清代以后,平原、沿海地区人口大量集中,山区人烟稀少,成为莆田较为固定的人口分布态势。

元至正年以后,莆田人口持续负增长,也给这一时期莆田农田水利事业的发展带来了困难。明清时期被视为莆田农田水利事业发展的"低谷期",这与该时期的人口问题不无关系。连年的战争、瘟疫带来的社会动乱导致莆田难以维持农业生产环境的稳定,且造成境内平民伤亡或流亡,这在破坏社会经济基础的同时也导致官府难以征收足额的赋税,故无法留存足够资金以投入农田水利设施建设,即便是进行旧有设施的修缮亦显得困难重重。而稳定社会生产环境的消失也导致本地乡绅群体、宗族势力将更多精力投入自保之中,能够投入农田水利建设的人力物力寥寥无几。故而明清时期莆田少有新建大型农田水利设施的情况,即便是修复旧有的水利设施也往往采取"官民合作"的形式,官府以及乡绅群体皆不具备独自承担农田水利建设任务的实力,这一局面的出现与该时期人口锐减的事实不无关系。

三、农业发展背景

由前文可知,莆田多山的地形以及多样化的农田自然灾害种类给该地区农业生产的发展带来了一定困难,但该地区优越的气候环境以及丰富的水资源却又表明当地居民发展生产、改善生活环境的诉求仍能够得到响应。实际上,自南朝陈光大二年(568)置县起,农业尤其是种植业始终是莆田居民的"立身之本"。该地区优越的光照与气候条件、纵横密布的自然水系以及肥沃的土壤,使得高产作物一经引入,便改变了该地区居民的耕作习惯,一年两熟甚至三熟的耕作制度很快得到普及。与福建沿海其他地区相比,莆田耕地规模增长之速度并未大幅度落后于人口增长速度,这就导致"人地矛盾"始终处在可控的范围之内。唐代以来,莆田居民以黄牛、水牛作为主要耕作畜力,使用传统农具开展生产,但在如此寻常的农业发展基础条件之上仍使得莆田成为福建沿海地区主要的农业区,可见当地农田水利事业发展在其中起到了巨大的作用。

稻、薯、麦为莆田主要粮食作物,其中,稻、麦主要种植于平原地区,番薯则多引种于山区与沿海一带。唐代以前莆田已有水稻种植,后两宋时期占城稻的引入导致单季稻与双季稻区分的出现,其中,双季稻亦有"间作"与"连作"之区分。莆田所种之稻,按照季节,又有大冬稻、早稻、晚稻之分。番薯,又称甘薯,在莆田粮食作物种植中的地位仅次于水稻,于明万历年间由吕宋引入,在作为主粮作物的同时亦被作为主要饲料作物之一。大麦、小麦是莆田主要冬种作物,其中小麦的种植最早可追溯至南宋,在当时与占城稻引种一起,促成了当地一年两熟、三熟耕作制度的形成。此外,莆田尚有甘蔗、花生、大豆、麻等经济作物的分布,以及荔枝、龙眼等著名果品的种植。为满足如此复杂的作物体系所带来的用水需求,当地居民往往有构建大规模、多层次农田水利体系的愿望。

第四节　本章小结

莆田地势西北高、东南低。西北地区主要分布有西北—东南、东北—西南、东西三个方向共九条山系,山间分布有小块平原谷地;中部地区分布有兴化平原、东西乡平原等农业生产条件优越的区域;沿海地区多台地、岛屿,但也有类似于江口平原这样适宜耕作的小块河口冲积平原。莆田有木兰溪、延寿溪、萩芦溪等主要水系,其中木兰溪为境内最主要水系,有中岳溪、大济溪、溪口溪、龙华溪、松溪、柴桥头溪、仙水溪及苦溪等支流,灌溉上游山间谷地及中下游的东西乡平原、兴化平原,流域面积最为广阔;萩芦溪水系的重要性仅次于木兰溪,有藻湖溪、吉宣溪、湘溪、碧溪、洙溪与蒜溪等支流,其灌溉的江口平原为莆田发展较早的农业生产区域。尽管历史上莆田地貌变化较大,但主要农业生产区域往往分布于河流两岸,具备较为优渥的引水条件,也使得完善农田水利设施建设成为莆田居民的广泛诉求。

莆田属于亚热带季风气候,空气湿润,降水量大,其中西北山区往往是降水量最为丰富的区域,而各主要水系上游往往分布于此,这就导致各水系上游来水量过大,而下游疏排水条件匮乏,致使洪涝灾害成为莆田的主要自然灾害之一。与此同时,莆田年内降水量分布不均的事实又表明旱灾是境内居民从事农业生产时不得不应对的难题。莆田位于沿海地区,夏季多受台风侵袭,台风不仅引发洪涝,也会掀起海潮,冲积沿海地区,破坏该区域内居民安定的生产生活环境。如何充分应对水、旱、潮三类自然灾害,将实现"变害为利"的目的纳入农田水利建设的考量当中,成为历史上的莆田居民需要深入思考的问题。

　　莆田自隋唐设县、北宋置军以来,其管辖的区域范围相对比较稳定,各主要灌区始终处于同一县级行政单位的管辖范围之中,进而促使稳定的水利协作成为可能。历史上莆田的人口变化对农田水利事业的发展造成了一定影响,具体而言,中唐以后至元中后期,莆田社会经济环境稳定,人口不断增长,地方政府有一定的财力能够投入到农田水利建设中去,同时乡绅群体也有意完善农田水利设施以改善农业生产条件,官办、民办农田水利事业均有长足发展,进而推进农业生产进一步发展,刺激人口增长,形成"农田水利事业发展－农业生产发展－人口增长"的良性循环;元中期以后频繁的战乱导致境内稳定的生产生活环境遭到破坏,人口流失日趋严重,社会经济日益凋敝,不仅官府税收减少,难以弥补开支,乡绅群体也难以将宝贵的资源投入到农田水利设施建设等次要事务上去,导致该地区农业生产水平倒退,使人口锐减的情况进一步恶化,出现"水利建设停滞－农业生产水平倒退－人口减少"的恶性循环。清中期以后,莆田社会环境重新趋于稳定,农业生产得到恢复,水利设施得到修缮,人口规模亦得到恢复。莆田拥有优越的农业生产发展基础条件,而多样化的作物体系决定了当地居民有开展大规模农田水利建设的需求。

第三章　唐至清末莆田农田水利工程体系建设历程

一定区域范围内农田水利事业的发展历程往往呈现出阶段性特征,同时农田水利建设成果的积累也表现为一个渐进性的过程。在不同的历史阶段,区域内居民受地理环境、社会经济发展、技术条件等因素的限制,往往采取差异性的技术手段来实现区域内农业灌溉、防洪抗旱的目的,其具象化的表现往往是一座座形态各异的工程。具体而言,区域内开展农田水利建设,受特定时期地理环境、水文条件、社会经济情况乃至技术手段的限制,往往采取了不同形式,可以用"因时制宜,因地制宜"来描述。事实上,尽管在农业生产水平较高的区域对灌溉方式的选择往往遵循"凿塘蓄水—截溪引水—截溪蓄水—凿渠引水"的路径,但这并非是对不同技术手段先进程度的评判,也并非是对不同技术手段优劣的探讨。对于地理环境复杂的区域而言,以上技术手段往往同时出现,即对于不同技术手段的综合应用往往是实现小区域范围内"灌溉利益"最大化的重要方式。故而从表面上看,莆田的确存在上述灌溉技术发展路径,但这往往是主要农业生产区域内部的情况。就次要农业生产区域,如山间盆地而言,凿塘蓄水或建设小规模水利设施往往是最为符合当地地理环境、社会经济条件的灌溉模式选择。与此同时,对于防灾类水利设施而言,其技术应用不具备较强的变化性,即不同历史阶段往往会在原有形制的基础上不断扩大,但不改变其技术内涵的实质。就莆田的情况来看,其沿海堤防体系自唐代确定了沿木兰溪入海口南北岸并行发展后,在建设范围、建设形制等方面便再无较大变动,仅用不同时代最新技术手段对其加以完善。而当区域内水利设施体系完善后,如何维护这套水利体系往往会成为区域内农田水利事业发展中更为重要的议题,这同样也成为明清时期莆田农田水利建设的主题。

第一节　唐代筑堤围垦活动与蓄水工程建设

莆田的大规模土地开发始于唐代。唐初,莆田与仙游两县来自中原的移民在山间河谷地带从事农业生产活动,并在授田制的基础上参与公共性质的灌溉工程开发,即修筑各类平塘蓄水工程。中唐以后,莆田沿海一带的围垦规模进一步扩大,较大规模的海堤工程也得以完成。唐中后期,莆田出现了陂圳形式的截溪引水工程,但该时期的陂圳工程与后世尚有区别,即注重"引水"远胜于"蓄水",具体而言是以人工筑坝的形式使河流改道,并流入有利于农业灌溉的河道,故这一时期并不曾出现永久性的截溪坝体。但这种"截溪引水"工程的出现仍不失为莆田水利建设史上的一个重要节点。自唐代莆田延寿陂建成后,境内居民初步掌握了利用天然河流水资源灌溉农田的技术,大规模的平塘蓄水工程逐渐为截溪引水工程所替代,但小规模平塘建设仍是远离天然河流地区的优良选择。同时,延寿陂建设时所选用施工技术,及其建设组织的方式均成为后世莆田类似水利工程建设的重要参考。

一、平塘建设与灌溉条件的改善

初唐时期,莆田建成的灌溉工程以蓄水平塘为主,当时修筑蓄水平塘的工程活动被称为"筑塘"。这一时期,莆田各区域由于山脉、海湾的间隔,不存在构建统一灌溉体系的可能。尤其是远离木兰溪、延寿溪、萩芦溪等境内主要河流的区域,引水不便,灌溉设施简陋。具体而言,沿木兰溪、延寿溪等河流的种植区域多可直接从河中引水,而远离河岸、海拔较高的山间地带则只能采取开凿蓄水平塘的灌溉方式。据《新唐书·地理志》记载,贞观年间莆田县城"西一里有诸泉塘,南五里有沥浔塘,西南二里有永丰塘,南二十里有横塘,东北四十里有颉洋塘,东南二十里有国清塘,溉田总千二百顷"[1]。南北洋诸塘,是唐初建成的较大规模平塘灌溉设施,同时也是大规模截溪灌溉工程建成之前木兰溪中下游一带居民所能使用的最主要的灌溉设施。

根据图3.1可知,所谓南北洋诸塘共有六座,按照"北四南二"的数量格局分布于木兰溪下游两岸。其中,南岸的横塘、国清塘规模较大,北岸四塘面积相对较小。横塘开凿于唐贞观元年(627),为莆田最早建成的平塘蓄水设施,位于安乐里(今笏石镇),临近兴化湾,周长约20里,灌溉农田总计200顷[2]。沥浔塘、永丰塘的开凿时间略晚于横塘,其中,沥浔塘"在莆田县南五里,地名东埔,周一里,蔡泽、下林二水汇入",共灌溉田亩140顷;永丰塘"在莆田县西南二里,周一里",灌溉田亩100顷;南宋时期,莆田地方志书记载永丰塘"深一丈,阔二十丈,东西陡门二",沥浔塘"深一丈,阔二十丈,内沟一,陡门一"[3]。唐贞观五年(631),当地民众在木兰溪北岸建成了颉洋塘,该塘"在莆田县东南四十里,周十里",共灌溉田地200顷,规模庞大[4]。同年,莆田人民又修筑了国清塘,"在府城东南二十里,唐贞观中置",周长30里,灌溉田亩

①欧阳修,宋祁.新唐书(第4册)[M].北京:中华书局,1975:1065.
②周瑛,黄仲昭.重刊兴化府志[M].福州:福建人民出版社,2007:1357.
③廖必琦.莆田县志[M].刻本.莆田:文雅堂,1926.
④穆彰阿,潘锡恩.嘉庆重修一统志(第25册)[M].上海:商务印书馆,1934:266.

300 顷。宋代诗人郑耕老曾作诗赞美国清塘:"六月国清塘上望,依稀身更在西湖。"①
唐代莆田居民为开凿蓄水平塘,曾专门制定施工标准,每塘水域面积、沿塘引排水设
施、灌溉田亩数额均有定制。以国清塘为例,沿塘筑有"三十六股",即 36 座泄水陡
门。每一陡门对应一条引水渠道,每至灌溉时开陡门放水,塘水沿引水渠道流向周
边田亩,使区域内民众受益。

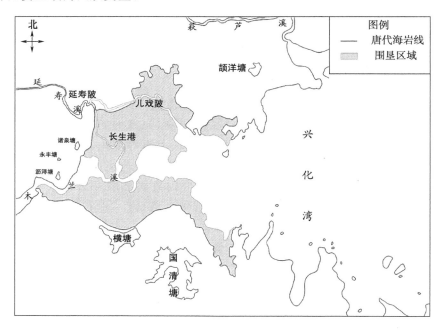

图 3.1　唐代莆田的水利设施

(资料来源:陈池养.莆田水利志[M].台北:成文出版社,1974:30-31)

二、围海造田活动的兴起与海堤建设

唐中期以前,今日莆田的大部分地区仍被海水淹没,如今内陆地区的不少古村
落在当时紧邻海岸,甚至如今市内的部分山峰,如东岩山、梅峰等,在当时也尚为海
中的岛礁。唐代诗人黄滔在《咏囊山》中提到"溪声寒走涧,海色月流沙",可见如今
莆田市区西北的囊山其时尚在海边。如今市内平原地带的一些地名,仍有"浦""浔"
"渚""埠"等字,且经常能发掘出海泥、盐卤、船锭等历史遗迹。唐初莆田居民已在木
兰溪入海口南北两岸开展小规模围海造田活动,而地区内较大规模围海造田工程的
开始时间不会晚于中唐。

①李贤.大明一统志[M].西安:三秦出版社,1990:1189.

就莆田的围垦工程建设而言,木兰溪北岸居民开展此类活动的时间要略早于南岸居民。唐神龙年间,长官吴兴率领当地居民在位于今日涵江梧塘镇附近的沿海地区筑堤,在尖山、前三山、枫岭等地开垦了共计 72 亩田地,同时也开凿了若干平塘以蓄水灌溉,后世民众将此地命名为"上吴塘"①。海堤、蓄水平塘等工程同时开展建设,解决了该区域内新垦田地土壤盐碱化的问题,使新垦田地易于耕作。唐元和年间,观察使裴次元在南洋筑堤(原址在今镇海堤),又在距离县城东 20 里处筑红泉堰,灌溉数千亩田地,"岁收谷数万斛"(唐朝 1 斛等于 1 石,等于 10 斗,约 60 升)。吴兴、裴次元主持的围垦活动,是唐五代时期莆田围垦活动的代表性例证。在木兰溪河口泥沙淤积与人工围垦的双重作用下,兴化湾的海域面积大为减小。与此同时,木兰溪入海口两岸海堤的建成,巩固了唐初期以来莆田沿海居民围海垦田的成果。此后伴随着一系列蓄水灌溉工程的建成,莆田沿海地区的农业生产条件也得到了改善。

唐代莆田居民于木兰溪入海口两岸所筑的海堤,在宋代至清代多被毁坏、废弃,唯有东角—遮浪段海堤经多次重修得以保存。此堤起自遮浪村,止于东角村,为南洋片海堤当中最重要的一部分。全部工程由石堤、附石土堤、水埠内堤三部分组成。其中,石堤、土堤为同一堤的内、外两面,即外为石砌、内由土筑。水埠内堤为土筑,在石堤后半里。据乾隆《莆田县志》记载,东角、遮浪一带有"洋田""埭田",其中洋田依山傍海,由高到低分布,洋田外筑水埠内堤;内堤之外的滩涂又被垦为埭田,随着时间推移又不断扩充,称一埭、二埭、三埭,于埭田外又筑堤障潮,称"外堤",由石堤与附石土堤组成②。埭田的海拔,一般低于洋田 0.5~1.2 米,以内堤阻截雨水,以外堤防御海潮。这一工程形制也为后世莆田沿海的筑堤工程组织者所沿用。

三、延寿陂的建成与农田水利建设经验积累

延寿陂是唐代莆田建成的首座大型截溪引水工程。延寿陂建成以前,莆田居民为满足农田灌溉需求,一般会在河岸凿开圳口,引水入渠;在远离大河两岸的地区,当地居民一般采取凿平塘、筑小陂的形式灌溉农田。这些小型水利工程仅能满足小区域内的灌溉需求,且其中有不少水利设施属于季节性工程,春旱时筑起蓄水,秋汛时则拆毁放水,蓄水时间长度、蓄水规模均难以控制。唐神龙年间,长官吴兴于木兰溪北岸组织围垦工程时,为满足新垦田地灌溉用水需求,"筑长堤于杜塘,遏大流南入沙塘坂",将原本在此入海的古延寿溪截住,并凿渠引水,使溪水改道,沿人工改筑

①黄仲昭.八闽通志(上册)[M].福州:福建人民出版社,1989:493.
②廖必琦.莆田县志[M].刻本.莆田:文雅堂,1926.

后的港汊流入新围垦的区域。当地居民遂将这一工程命名为"延寿陂"①。

吴兴在筑长堤截延寿溪之前,曾组织民众改造了位于木兰溪北岸围垦区域内的两条港汊,将其拓宽、加深,以便容纳上游来水。其中一条名为"长生港",原为围垦后干涸的河港,吴兴在漏塘一带开港通水,疏浚溪源,筑成此港汊,"深八尺,广五尺,其口深四尺",下游新垦农田得以引水灌溉,故当地居民以"长生"为之命名;另一条名为"儿戏陂",此港"在延寿陂上东边",吴兴筑堤截溪时,考虑到水势过大,一条港汊不足以过水,故"于杜塘溪口别分一派,雍沙为塍",以河口冲沙为堤,阻截入海溪水,当地居民因"雨大溪溢,推沙注海,水过溪顺,沙复成塍,若儿戏然",将之命名为"儿戏陂"②。两条港汊中,长生港为主要的灌溉系统。据记载,吴兴曾沿长生港开"巨沟三,股沟五十九",使多数新垦田地能够引延寿溪水灌溉,并于沿海一带筑 60 余座"泄"排水③。因延寿陂灌区位于木兰溪北岸的新围垦区域,后人多将其称为"北洋"。

后世莆田居民虽称延寿陂"年久而废,遗址莫睹",但施工痕迹的消失却并不能表明这一工程被完全废弃。事实上,唐代吴兴筑延寿陂,并开长生港、儿戏陂两条港汊,一定程度上改变了延寿溪乃至木兰溪北岸的水生态环境,原本"漫流入浦"的延寿溪自此变成木兰溪北岸密布的水网,成为该地区农田主要灌溉用水来源。与此同时,当地居民在建设延寿陂的过程中积累的经验也流传了下来。清代陈池养记载延寿溪"随溪逐节为陂",即指利用溪流上下游落差,每隔一段筑陂一座蓄水,灌溉一部分田地。延寿溪属于山溪性河流,水势较大,水量丰沛,按照"逐节为陂"的形式由上游至下游筑多座陂可以充分利用水势,为流域内农田提供充足的灌溉用水。两宋时期,当地居民在延寿陂下游又筑成了使华陂,在上游又筑成后凤、虎溪等坝,使"逐节为陂"的设想变为现实,同时也使延寿溪沿岸各独立的小型灌区得以连通互补,增强了全流域抵御水旱灾害的能力。

唐代以后,莆田居民总结水利建设经验,认为当地农田水利事业发展有"导山贯川"和"与海争地"两个核心要素,即在从事水利建设的过程中,海堤工程与灌溉工程均需要得到重视。海堤工程建设不仅要重视防潮涌,也要注重防雨以保护内外堤之间的埭田;灌溉工程建设不仅要重视蓄水,同时要注重引水,即陂坝与渠系并重;陂坝建设不仅要重视防洪,更要重视防海潮倒灌,以防咸水入溪致不能灌溉;渠系建设既要能为田间提供灌溉用水,也要有效改善通航条件。这些水利工程修筑经验的提出均结合当地实际情况,同时经过了工程建设实践的考验,间接促进了后世莆田农田水利事业的繁荣。

①李贤.大明一统志[M].西安:三秦出版社,1990:1189.

②黄仲昭.八闽通志(上册)[M].福州:福建人民出版社,1989:493.

③何乔远.闽书(第 1 册)[M].福州:福建人民出版社,1994:578.

第二节　两宋截溪蓄水灌溉体系的构建与完善

两宋是莆田农田水利事业高速发展的时期。该时期莆田官办、民办水利工程建设均取得了丰硕的成果。首先,莆田居民在陈洪进、刘谔等地方官员以及钱四娘、李宏等民间水利专家的带领下,在木兰溪、延寿溪、萩芦溪流域建成了多座大型截溪灌溉工程,并完善了各工程灌溉体系,确立了基本灌区;其次,西北部山区等不易引溪水灌溉的区域内居民继续开展了小型灌溉工程的建设,其建成成果成为各大型工程灌溉体系的有效补充;最后,北宋神宗时期木兰陂建成后,主持工程建设的李宏组织当地居民在木兰溪南岸平原地带开凿了密集的人工水网,此后木兰溪北岸居民又进一步完善了当地灌溉渠系,南北洋灌溉体系在这一时期初步形成。

一、"平原四陂"与小型灌溉工程建设

自北宋太平兴国二年(977)至元丰六年(1083)共107年中,莆田人民在前人水利建设经验的基础上,用"截溪蓄水—凿渠引水"替代了"凿塘蓄水""截溪引水"等工程建设模式,相继在萩芦溪、延寿溪、木兰溪上建成南安、太平、使华、木兰四陂,由于四陂灌溉区域均在莆田中部、东南部平原地带,故当地居民称其为"平原四陂"。而莆田西北部山区等远离溪流两岸的区域并不具备建设大型灌溉设施的条件,故当地居民仍继续沿用唐代以来当地所采取的灌溉方式,筑成一系列小型陂、坝、塘,进而区域内农田的灌溉需求也得到了满足。

(一)南安陂

南安陂位于待贤里(今莆田涵江区江口镇石狮村),北宋太平兴国二年(977),清源军节度使陈洪进组织当地居民建成了该工程(图3.2)。史载南安陂水"绕山麓东行十余里,至江口折而南,注上陂为圳"[①]。据此,南安陂截萩芦溪水,引水从萩芦溪南岸凿沟渠,灌溉九里洋一带。南安陂未建成前,当地居民曾在萩芦溪下游建成馆洋陂。馆洋陂地势低,受益农田面积小,故陈洪进于上游河道另择新址并建成南安陂,以此来满足萩芦溪下游两岸地势较高处农田的灌溉用水需求。

---

①廖必琦.莆田县志[M].刻本.莆田:文雅堂,1926.

图 3.2　南安陂工程主体

据《兴化府志》记载,南安陂"自江口上流引萩芦溪水,上陂深一丈,阔一丈五尺,为圳一,长一千一百丈,跨待贤、永丰二里,灌田四十顷;下陂深一丈二尺,阔一丈,为圳二,长一千二百丈,跨永丰、望江、待贤三里,灌田六十顷"[1]。后人多认为南安陂是由两座独立的坝体构成工程主体的,但清代莆田水利专家陈池养经考察认为所谓"上下陂"应作"上下圳"理解,即南安陂初建成时,曾于上游河段设多个引水圳口,后部分圳口废弃,遂有"上下陂合二为一"之说。

依据现存工程遗迹来看,南安陂工程主体为浆砌条石滚水坝 1 座,该坝以每块重 1.4～2.0 吨的大条石砌筑而成。坝顶斜铺大块石板,即靠下游一端用石墙垫高约 0.8 米,使得石板自下游向上游一侧倾斜。每块大石板宽 0.6 米、厚 0.3 米、长 3～4 米。坝体全长 379.26 米、高 2.94 米、宽 4.41 米。坝体两端设退水闸,在水未入圳前用以放水。退水闸闸门宽 3.5 米、高 1.5 米。引水圳口宽 3.53 米。同时设沄(分水闸)来止水,沄头又分上下两条沟渠,下沟又设沄,分为两条小沟,设有泄仔(减水闸),高 1.32 米,硬瓣(溢水道)内开两座陡门,各高 0.82 米、宽 0.74 米,沄瓣宽 0.59 米。丰水期时,水通过硬瓣入溪[2]。沿渠建筑物设有 7 座涵洞、4 座水瓣、1 座水坝

①周瑛,黄仲昭. 重刊兴化府志[M]. 福州:福建人民出版社,2007:1361.
②《江口镇志》编辑委员会. 江口镇志[M]. 北京:华艺出版社,1991:55.

(表 3.1)。南安陂灌溉萩芦溪下游江口镇的大部分区域,共计 29 座村庄,合称"九里洋",受益田亩面积可达 1 万亩以上。

表 3.1　南安陂沿渠工程

工程类型	工程名称	工程摘要
涵洞	鹭掌涵	宽 0.044 米
	情面涵	宽 0.029 米
	撲掌涵	宽 0.059 米,高 0.53 米
	上方石水石涵	宽 0.21 米
	钱孔涵	宽 0.058 米
	甯江涵	宽 0.058 米
	七寸涵	宽 0.32 米、高 0.46 米
水瓣	上圳分瓣	宽约 1.15 米,其中,有靴瓣深 0.13 米、宽 0.23 米,有石枧宽 0.32 米、深 0.24 米
	下圳分瓣	宽 3.19 米,水流入中下两沟
	中沟分瓣	宽 3.46 米
	下沟分瓣	宽 3.46 米
水坝	上圳泄水坝	宽 1.24 米,水涨流入下圳

资料来源:陈池养.莆田水利志[M].台北:成文出版社,1974:265-267。

(二)太平陂

太平陂,又名太和陂,位于萩芦溪上游莲花石下,即今莆田涵江区萩芦镇崇林村(图 3.3)。据《重刊兴化府志》记载,太平陂于北宋嘉祐二年(1057)时任兴化知军的刘谔主持建成该陂,"灌兴教、延寿二里……深二丈,阔二十丈,水色绀碧,溪源演迤,乃作圳引而南注,圳沿山而行,皆用石砌理,迁山壑断处,乃作砥柱联驾石船而飞渡之,其势磐折,舵行二十余里,及入境乃分为上下二圳"[①]。

依据现有资料,太平陂工程主体为 1 座以大块溪石砌筑的滚水坝,全长 92 米、高 6.85 米(水面以上 3.2 米),坝顶设泄水口,宽 1.1 米、深 0.65 米。枢纽工程外围设大圳 1 口(即内圳),圳口宽 3.675 米;又设大泄 1 座(即涵洞),宽 3.38 米;小泄 1 座,

---

①周瑛,黄仲昭.重刊兴化府志[M].福州:福建人民出版社,2007:1359.

宽 1.62 米。以上两泄专作修缮时排水用①。

图 3.3　太平陂工程主体

　　太平陂建成后，当地居民曾在其南侧河岸开凿引水圳口，并修筑了全长达 4000 米的引水干渠。渠道沿山麓曲折前行，自圳口起至轮车渠段，两侧渠岸均以条石、黏灰砌筑，又以灰土加固；自轮车至吴潭渠段，两侧渠岸以石块加固，又以红土坚筑，宽 2.94 米；自吴潭至桥仔头的渠段，两侧渠岸自渠床开始立基，以条石、黏灰筑塍，又以灰土加固。引水渠自桥仔头至后山穿山而过，被分水石瓣分成上下两圳，其中上圳长 11000 米，得水七分，灌溉兴教里、延寿里（今林外、枫岭、下刘、松坂等 11 村），设涵两座，瓣口均宽 0.94 米，其中上涵灌溉南埔，下涵灌溉梧桥、上林等处，两涵水于泗洲桥坝处陡门入沟，此处陡门高 1.2 米、宽 1.8 米；下圳长 5000 米，得水三分，灌溉兴教、吴塘、漏头（林外、东张、东牌、太平庄、埔头 5 村），至圭田陂处分三支入沟②。

　　太平陂引水渠系沿岸设多座附属工程设施，包括上圳 28 座钱涵、2 座水瓣、2 座通沟陡门，下圳 7 座上坝、3 座下坝、5 座涵洞、1 座水瓣、1 座陡门（表 3.2）。其中，钱涵是太平陂附属工程中较为独特的一种建筑形式。所谓钱涵，是指"孔如钱"的涵洞。早期太平陂渠道沿线的涵洞建设采取"立石凿孔"的形式，又名涵牌。此后改建，又加装磐石，左右立石柱，上方又以大石镇压，使得此类引水涵洞结构稳定，出水顺畅。

　　①莆田县地方志编纂委员会. 莆田县志［M］. 北京：中华书局，1994：224.
　　②陈池养. 莆田水利志［M］. 台北：成文出版社，1974：254.

表 3.2　太平陂沿渠工程

工程性质	名称	摘要	名称	摘要
上圳				
涵洞	乌石岸石涵	直径 0.059 米	新田涵	直径 0.053 米
	坎仔涵	直径 0.087 米	东岸头涵	直径 0.074 米
	后亭涵	直径 0.041 米	三步涵	直径 0.083 米
	赵庄涵	直径 0.044 米	墓前涵	直径 0.033 米
	黄厝墓前涵	直径 0.059 米	椓头涵	直径 0.056 米
	少溪涵	直径 0.44 米	溪下涵	直径 0.041 米
	庙西涵	直径 0.071 米	只贡涵	直径 0.041 米
	橄榄下涵	直径 0.077 米	教紊涵	直径 0.044 米
	庙东涵	直径 0.047 米	庵堂涵	直径 0.053 米
	佛厝涵	直径 0.098 米	泥涵仔涵	直径 0.071 米
	礁砲涵	直径 0.085 米	赞州墓前涵	直径 0.038 米
	停步井涵	直径 0.825 米	铺桥涵	直径 0.083 米
	售凹涵	直径 0.076 米	社仔埔涵	直径 0.068 米
	桥仔下涵	直径 0.035 米	梧仔坝涵	直径 0.147 米
水瓣	陈厝尾水瓣	宽 1.264 米	铺涵桥水瓣	上下瓣各 0.94 米
通沟陡门	泗州桥坝通沟陡门	高 1.367 米、宽 2.033 米	陈厝尾通沟陡门	高 0.353 米、宽 0.588 米
下圳				
上坝	鼓岑坝	宽 0.822 米	尼姑坝	宽 1.323 米
	白沙坝	宽 1.029 米	圭田坝	左入笨箕口,右入漏头瓣
	小白沙坝	宽 1.286 米	林外坝	宽 1.124 米
	火烧坝	宽 1.029 米		
下坝	梧塘埔安坝	宽 2.058 米	盐田坝	宽 0.709 米
	枧坝	宽 1.764 米		
水涵	东墓涵	方孔,宽、高各 0.168 米	枧坝出水涵	
	梧塘涵	高 0.588 米、宽 1.764 米	盐田坝出水涵	
	梧塘埔安坝出水涵			
水瓣	漏头靴瓣	深 0.294 米、宽 0.209 米		
陡门	梧塘桥头陡门	高 1.031 米、宽 1.176 米		

资料来源:陈池养.莆田水利志[M].台北:成文出版社,1974:254-255。

(三)使华陂

使华陂又名泗华陂,其名源于坐落于其旁的使华亭(图 3.4)。该陂位于延寿溪下游龙桥大石旁,在延寿陂故址上游西 1000 米,即今莆田城厢区龙桥街道泗华村。使华陂创建年代已不可考。由于与延寿陂故址相距较近,清弘治《兴化府志》、光绪《莆田县志》等地方志多将使华陂与延寿陂视为同一工程,或认为使华陂为原延寿陂水利系统内的长生港或儿戏陂。清代陈池养对延寿、使华两陂之名做了详细考据,并指出使华陂为后人所建,属于独立的水利系统,其建成时间不晚于北宋,故不可将其与延寿陂混同。

图 3.4　使华陂工程主体

根据现有资料,使华陂工程主体为一座大石砌筑成的弧形坝,其整体向延寿溪下游凸出,中央位置有一溢流堰用于泄水。坝体全长 253.12 米,顶部宽 1.2 米、高 5 米,坝基用直径 15 厘米的松木、柏木横向密集排列。松木基础上方又顺水流方向铺设条石三层,每层各向内收进 3 厘米,再往上则为大块石堆积成的主体。溢流堰宽 42 米、深 0.65 米,平时水流由该缺口漏出,逢汛期则漫过陂顶,溢流而过①。

使华陂两侧设圳口,以引水入南北渠道。北圳口宽 3.53 米,渠道经下郑、吴庄、洋溪后东行,过下刘、白杜、下尾等处至淡头南行,自企溪陡门入海;南圳口宽 0.24

①莆田县地方志编纂委员会.莆田县志[M].北京:中华书局,1994:224.

米、高 0.3 米,灌溉龙桥四度岭,出吴公庙前重入延寿溪。北圳渠系灌溉面积超过
3000 亩,南圳渠系灌溉面积约百亩①。

(四)木兰陂

木兰陂是北宋时期莆田建成的规模最大、功能最完善的灌溉工程,同时也是中
国境内保存最完好的古代农田水利工程之一(图 3.5)。木兰陂工程主体位于今莆田
城厢区霞林街道陂头村,由福建侯官人李宏于北宋元丰六年(1083)组织当地居民建
成,具有防洪、排涝、蓄水、阻潮等多重水利功能,至今仍为木兰溪下游平原地区灌溉
体系中的核心水利设施之一。

图 3.5　木兰陂工程主体

木兰溪下游感潮河段水情复杂。北宋时期,木兰溪下游两岸居民曾多次尝试筑
截溪坝蓄水,以便凿渠灌溉农田。首次筑陂的倡议者为长乐女子钱四娘,她于北宋
治平元年(1064)来到莆田,沿木兰溪考察两岸地势,分析水情、地情,最终选择在将
军岩前(今莆田城厢区华亭镇西许村)拦溪筑陂,于治平四年(1067)五月完成建设。
此陂"据溪上游",其引水渠系"循鼓角山南行",共有 37 条。然而此次筑陂并未获得
完全成功,新成的坝体很快被溪水冲毁;第二次筑陂的组织者为钱四娘同乡进士林
从世。他于治平四年(1067)八月来到莆田,在温泉口(今莆田城厢区霞林街道木兰

①陈池养. 莆田水利志[M]. 台北:成文出版社,1974:244.

村黄头)倾资十万缗截水为陂,然而该工程却在即将完成之际被下游倒灌的海潮冲毁。

北宋熙宁八年(1075),侯官人李宏在僧人冯智日、本地乡绅"十四姓"的协助下尝试建设新的截溪灌溉工程。李宏充分吸取钱四娘、林从世二人筑陂的经验教训,他认为前人在选择筑陂位置时多犯了"非地脉,逆水性"的错误。筑陂应顺应地势,如特定河段河床土质松软,坝基难以建筑牢固,故而容易塌陷;应顺应水势,如木兰溪上游水流湍急,冲击力大,下游经常有海潮倒灌,易侵蚀陂体,故需根据水势、地势的情况,选择合理的施工方法。在此基础上,李宏选择钱、林二人筑陂位置中间的河段,即今城厢区霞林街道陂头村一带开展施工。此处河道两山夹峙,溪面宽阔,上游洪峰至此水流减缓,下游海潮倒灌至此力量也大为削弱,是"溪海交汇处"即感潮河段开始的位置,在此施工可以获得成功。

李宏筑陂时,首先在筑陂基址上下游筑堰,并开挖水道将该处余水排空。此后于基址处向下挖掘一丈,以巨石垒为基础。此基础"深三丈五尺,长宽各三十五尺,累石其中",随后在其上放置石梁,设 32 座排水陡门,每门两侧立石柱,称"将军柱",厚四尺五寸(宋代 1 寸约为 0.033 米),长一丈二尺。陡门旱季蓄水,雨季放水。于坝体上游一侧布置长石,接引水流;下游布设长石,疏导水流,各长"百有余丈"。此后于南北两岸筑护陂长堤,"先叠石为地牛,伸入地中,纵横参错,中实以灰砾。外加巨石为护,高各三丈有奇",各长约三百丈,广三十丈[①]。整个工程历时 8 年,于元丰六年(1083)建设完成。当地居民将此陂命名为"木兰陂"。

木兰陂工程主体由拦河坝、进水闸、导流堤三部分构成。拦河坝全长 219.13 米,采用大块条形花岗岩石构筑而成,又可以分为南北两岸的滚水重力坝(长 123.43 米)与溢流堰闸(长 95.7 米)两部分。溢流堰闸部分设 32 门,每门以木板闸启闭,控制水流量与水位。陂顶铺条石,其上可行人。南端的导流堤长 227 米,介于南进水干渠和拦河坝及下游港道之间,北导流堤长 113 米,位于埝闸和滚水重力坝之间,分别保护南、北两岸,疏导水流[②]。进水闸南、北各一座,分别接通南、北引水渠系,灌溉木兰溪下游两岸平原地区(图 3.6)。

(五)小型灌溉工程

两宋时期莆田水利建设成果除"平原四陂"外,还包括为数众多的小型农田水利设施。这些小型工程灌溉面积虽不像木兰陂等大型灌溉设施一般广阔,但其坐落位置多在远离河岸的山间谷地,这一类地区的居民很难享受到从河流引水灌溉的便利,故不得不沿用了旧有的灌溉方式。山区居民一般采取开凿蓄水平塘的方式储水

---

①余飏.莆阳木兰水利记[M]//朱振先,顾章,余益壮,等.木兰陂集.刻本.莆田:十四家续刻,1729(清雍正七年).

②林国举,姚宗森.木兰陂水利志[M].北京:方志出版社,1997:39.

备旱,也有在山间溪流处筑小型陂坝凿渠引水的案例。据宋代《仙溪志》《游洋志》、明代《兴化府志》、清代《莆田县志》等文献记载,两宋时期兴化府境内共建成小型农田水利设施 698 处,其中,莆田县境内 51 处、兴化县境内 20 处、仙游县境内 627 处,总灌溉面积达到 7 万亩。其中,白杜塘、馆洋陂、苏洋陂、西塘均属于规模相对较大、灌溉面积相对较广的农田水利设施,现试对这几座工程加以阐述。

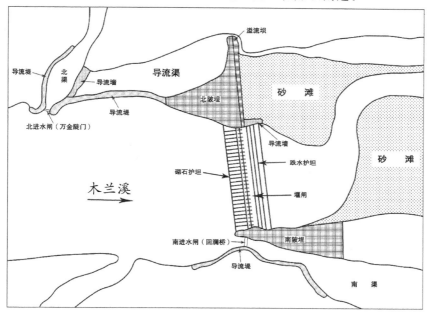

图 3.6　木兰陂工程示意图

(资料来源:林国举,姚崇森.木兰陂水利志[M].北京:方志出版社,1997:6)

白杜塘建于南宋嘉定年间,位于莆田县西部的尊贤里(今莆田荔城区西天尾镇后卓村)。白杜塘坐落于唐宋之际的木兰溪北岸围垦区域,紧邻河流入海口,土壤盐碱化程度高,亟须引水冲刷。与此同时,该区域地势低洼,易于汇集水流。当地居民将天然水塘加以改造,并凿渠将九华山山溪以及使华陂北渠引入该塘。白杜塘周长191.7 丈,灌溉田亩共计 23.3 公顷,惠及使华陂、木兰陂等工程不能灌溉之区域,是莆田东北涵江一带以及沿海地区的重要蓄水工程[①]。

馆洋陂坐落于待贤里(今莆田涵江江口镇),又名陂仔、乞食陂,引迎仙溪水,灌溉周边田亩 13.5 公顷。馆洋陂主体全长 249 米,自迎仙溪南岸向北岸倾斜。东侧圳口设一口石涵,宽 1.3 米、高 0.23 米,是灌溉园顶一带的渠系进水口。圳口旁凿一缺口,长 6 米、深 0.6 米,专门用于冲沙。该陂建于南安陂建成前,但由于地势低,难以

_____

①廖必琦.莆田县志[M].刻本.莆田:文雅堂,1926.

惠及上游耕作区域,故在南安陂建成后逐渐被废弃①。

苏洋陂位于莆田涵江区新县乡巩溪村。据地方文献记载,此陂在莆田城东北一带,为北宋官员郑国器组织当地居民所建。苏洋陂工程主体为一座截溪坝,长 40 米、宽 6 米。该陂汇集苏溪、凤博、吉宦三溪流与东镇、后坑、溪北三陂水流,灌溉霞溪村周边田 700 亩,是原兴化县即莆田东北部山区的核心灌溉工程②。

西塘位于仙游功建里(今仙游县鲤城街道),始建于南宋。据清代《仙游县志》记载,唐宋之际,仙游县境内民众"所赖以灌注者,塘之利居多",而仙游县城以西"有泉脉自大飞之麓涓涓而出",故南宋淳祐二年(1242)初任兴化知军的杨栋组织当地居民将原有的天然水塘加宽加深,并疏浚泉源,筑成一座蓄水平塘,因位于城西,故被当地居民称为"西塘",又称"杨公塘"。此塘"周围五百余步",灌田逾 3000 亩,是两宋时期仙游境内首屈一指的灌溉工程③。

二、南北洋平原灌溉体系初步形成

北宋时期莆田"平原四陂"的建成,无疑为当地的农业生产奠定了良好的灌溉工程建设基础。与此同时,若要将这些"截溪蓄水"工程建设带来的灌溉条件化为现实,尚需为各工程配套相应的灌溉渠系。在这一时期,莆田居民在改造旧有的灌溉渠系的同时,也通过改造天然水系或挖掘新人工水系的方式,围绕各新建工程开展了更大规模的渠系建设,进而奠定了木兰溪两岸平原灌溉体系的基础。

唐代吴兴筑延寿陂,始开木兰溪北岸平原地区的灌溉事业。此后当地居民在这一地区开凿了纵横交错的灌溉沟渠,经五代,至北宋李宏筑木兰陂时,这一灌溉体系已颇具规模,受益面积达 172 座村落,统称为北洋(表 3.3)。"北洋引延寿陂水,分大沟三:南自黄臂桥,西至琵琶槽,远及章鱼头;中自沙塘,迤逦圣墩,下宁海;北自獂塘,出吴刀,汇于魏塘,接太保庄而下"④。该沟渠体系的灌溉范围"东南及白水塘,东北及涵江,后再至金墩",而江口一带的九里洋为独立灌区,不属于北洋灌溉体系⑤。北洋渠系按照灌溉区域的方位被分为南、中、北三支,每支大沟通小沟 12～26 条不等。大小沟渠具有一定规制,一般大沟宽 14.7～17.64 米、深 2.94 米;小沟宽3.53～4.41 米、深 1.764 米⑥。

①黄仲昭.八闽通志(上册)[M].福州:福建人民出版社,1989:496.

②周瑛,黄仲昭.重刊兴化府志[M].福州:福建人民出版社,2007:1361.

③王椿.仙游县志[M]//中国地方志集成・福建府县志辑(第 18 册).上海:上海书店出版社,2000:110.

④同②1363.

⑤廖必琦.莆田县志[M].刻本.莆田:文雅堂,1926.

⑥陈池养.莆田水利志[M].台北:成文出版社,1974:201.

表 3.3　北洋渠系灌溉范围

大沟	主沟	支沟	灌区
南大沟	辰洋段沟	林埭沟、陡门西沟	林埭、西浔
	芦浦塘沟	东芦沟、乌龟头沟	东芦埭、芦浦、濠塘
	新塘沟	横塘圳口沟、猿臂沟	第二桥、叶塘、第一桥
	叶塘沟	小沟、南分沟、潘埭沟、第三段沟	林塘、章鱼头、潘埭、第三段埭
	南箕段沟	中浔头沟、西腰沟	王塘、南箕
	西浔段沟	湖中沟、小林塘沟	湖中、小林塘
	琵琶槽段沟	黄官沟、李落沟、下沟、南沟	黄官、李落、下沟、琵琶槽
	章鱼头段沟	章鱼头小沟	章鱼头
	陈塘沟	领下沟	陈塘
中大沟	濠浦塘沟	方埭沟、南分沟、濠浦下沟	方埭、南分、濠浦塘
	三步段沟	腰沟、南来沥塘沟	三步段、国欢
	漏塘沟	吴陇沟、腰沟、七弓沟、鸭笼沟、乌垾沟、南分沟	吴陇、腰沟、七弓、鸭笼、乌垾、南分
	深浦塘沟	黄圳沟、郑沟、魏塘沟、南分沟、北洋沟、陈埭沟	慈寿院、郑沟、魏塘、南分、北平、国欢、上生、陈埭
	北来沥沟	北来沥沟、宁海镇后沟、浔浦沟	北来沥、宁海、浔浦
	浔浦塘沟	洪侃屋后沟、浔浦沟、高钦屋后沟	洪侃、小浔浦、高钦
	渡头段沟	新姨沟	渡头
北大沟	猴塘沟	后疆圳沟、陈墩前沟、圳股沟、苏塘东沟	后江圳、陈墩、圳股、沥源
	竿墩塘沟	猪肝沟、竹墩沟	猪肝、竹墩
	菱浦塘沟	方埭沟、王埭沟、郑渠沟、游塘沟	古埭、方埭、慈寿、郑埭
	陈塘沟	畅山边沟、陈塘沟	畅山、陈塘

资料来源：陈池养. 莆田水利志[M]. 台北：成文出版社，1974：198-201。

北宋李宏筑木兰陂后，即与本地乡绅群体合作，着手建设木兰溪南岸平原地区灌溉系统。需要注意的是，中唐至五代莆田人烟稀少，彼时该区域内的农业生产多由具备官方性质的"屯田官"来组织。"吴兴，屯田员外郎（吴）祭之从弟，神龙中以家资筑延寿陂，溉田万余顷"，可见由作为本地"屯田员外郎"吴祭从弟的吴兴来从事围垦、筑陂、凿渠等农业开发事务，可以视作"以长官名义行之"，即属于官方行为，那么新垦田地自然也就具有了"官田"的性质①。在"官田"上开展官办农田水利事业，并不存在征收或赎买土地方面的阻碍。而北宋时期木兰溪南岸的土地则多具有私有性质，在这样的区域内从事水利建设，如何与土地所有者进行协调是无法回避的问题。

李宏就凿渠占地之事与协助建设木兰陂的本地乡绅"十四姓"代表进行了商议，"海虽有障而溪未有潴，膏液甘润尽流入海，见者惜之。李宏与十四大家商议，谓：'惟凿河可蓄水，然难毁民间之田，且犯堪舆家之忌，为之奈何？'十四大家佥曰：'水绕壶山遗谶在验，况余等私田半在陂右，毁私田以灌公田，捐家财以符古谶，谁复矫其非者？'于是各出私力，遇十四家之田即凿之"②。"十四姓""捐田开沟"的行为得到本地乡绅群体的积极响应，终使木兰溪南岸灌溉系统得以建设完成。

木兰溪南岸的沟渠系统始于回澜桥（图 3.7）。"木兰陂右回澜桥一所，初李长者创木兰陂于南岸，穿渠引水，作桥其上，以便往来"③。此桥长 7.33 米、宽 2.67 米，桥下设内外双门引水闸，溪水自回澜桥下入南岸引水渠系。该渠系由大小沟渠 116 条组成，其中干渠 7 条，支渠 109 条，共灌溉木兰溪南岸维新里、南力里、国清里等处共102 村，当地居民称其为南洋灌区，以与北洋相对应。

图 3.7　回澜桥

①张琴.莆田县志[M]//中国地方志集成·福建府县志辑(第 16 册).上海:上海书店出版社,2000:575.

②方天若.木兰水利记[M]//朱振先,顾章,余益壮,等.木兰陂集.刻本.莆田:十四家续刻,1729(清雍正七年).

③余飑,朱天龙,林尚煃.莆阳木兰水利志[M]//朱振先,顾章,余益壮,等.木兰陂集.刻本.莆田:十四家续刻,1729(清雍正七年).

南洋灌区内居民按照各乡里乃至各村的地理环境、耕地总量以及用水习惯的差别,将木兰溪南岸支渠系统分为上、中、下三段,每段沟渠依据本地用水量作建设规制的区分,其宽度、深度各有不同(表3.4)。"上段灌维新、胡公、南力三里,沟深一丈,阔一丈二尺;中段灌南力、国清、莆田三里,沟深一丈三尺,阔二丈四尺;下段莆田、连江、兴福三里,沟深一丈五尺,阔二丈七尺"[①]。

表 3.4　南洋渠系灌溉范围

类型	大沟	小沟
大沟通小沟	木兰陂下大沟	无名小沟 2 条
	沙沟洋大沟	何厝桥沟、后黄沟、溪船头沟、新沟,共 4 条
	上下渠大沟	漏头、东沟等处小沟 6 条
	罗外大沟	后亭、樟桥等处小沟 7 条
	洋城陡门前大沟	小横塘等处小沟 4 条
	林墩陡门前大沟	无名小沟 9 条
	后洋大沟	无名小沟 38 条
独立小沟	—	横塘、新塘等处小沟 3 条
	—	清浦、化龙等处小沟 17 条
	—	五龙桥等处小沟 9 条
	—	南田、企石等处小沟 4 条
	—	东山陡门等处小沟 6 条

资料来源:陈池养.莆田水利志[M].台北:成文出版社,1974:146-147。

三、各类沿渠水工建筑的设置

两宋时期,莆田居民在木兰溪下游两岸平原地带开展了较大规模的水利建设,其中除包括规模庞大的沟渠系统外,还包括沟渠沿线建成的各类引水、排水设施,主要可分为陡门和涵洞两类(图 3.8)。

陡门一般设于沟渠系统末段入河、海处,最初的建成目的为排水,以调节沟渠内部的蓄水总量,可视为水闸;北宋以后沿木兰溪入海口一带埭田渐开,陡门也具备了灌溉新开垦田地的水利功能。涵洞又可分为进水涵洞与通海涵洞两类,其中进水涵洞位于内陆地区,一般属于附近居民为从沟渠中引水入田而设,也有"过路涵"之类为使沟渠通过特殊地带而专门建成的水利设施;通海涵洞最初建成目的与沿海陡门

---

①周瑛,黄仲昭.重刊兴化府志[M].福州:福建人民出版社,2007:1362.

类似,均为排水设施,即凿开通道并利用沟渠系统与沿海滩涂的高度差异,使沟渠内水漫流进入沿海滩涂,以求调节沟渠内部水量,后随沿海埭田规模的进一步扩大,也开始具备一定灌溉功能。

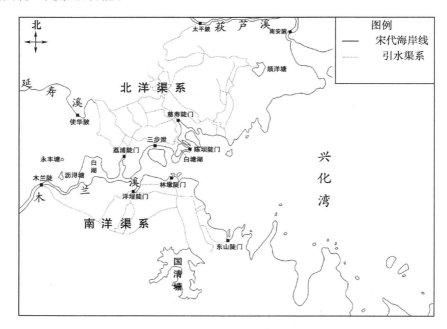

图 3.8　两宋莆田的水利设施

(资料来源:陈池养.莆田水利志[M].台北:成文出版社,1974:30-31)

北宋木兰溪下游南岸(南洋)沟渠系统末端设有名为洋城、林墩、东山的 3 座陡门,均为主持木兰陂建设的李宏组织当地居民建成。洋城陡门,又名洋埕陡门,位于国清里洋城(今莆田荔城区新度镇阳城村),其所处位置"当上流要冲","沟海高下悬绝,为南洋泄水要害"[①]。李宏筑木兰陂时于此处河岸立"泄",以求减缓渠中水势,淳熙元年(1174)时任兴化知军的潘时命人将水泄改建为陡门;该座陡门内设左右两道闸门,每门宽 2.2 米,内有深 4.7 米的闸室;每门临河、临渠一侧各设一重闸板,每门每侧各有 12 块,即整座陡门闸板共计 48 块。

林墩陡门位于连江里林墩(今莆田荔城区黄石镇桥兜村),其"要害仅次洋城"[②]。此陡门同样也设两道闸门,每门宽 1.47 米,闸室内部深 3.56 米;每门临河、临渠一侧亦设一重闸板,每门每侧各有 15 块,整座陡门闸板合计 60 块。

①陈池养.莆田水利志[M].台北:成文出版社,1974:159.

②周瑛,黄仲昭.重刊兴化府志[M].福州:福建人民出版社,2007:1366.

东山陡门又名斗南陡门,位于兴国里东山(今莆田荔城区黄石镇东山村),"地势最低,潦汇五马、天马、五侯诸山坑流入海"①。这座陡门内部仅设过水闸门1口,宽2.73米,闸室内深3.82米,内侧沿渠、外侧靠海各设12块闸板,总计24块。两宋时期分布于南洋平原各里的涵洞共计35座(表3.5)。

表3.5　南洋各里涵洞

位置	涵洞名称	总数
连江里	东角企过渡涵、遮浪水利馆边过渡涵、海边水利馆通沟涵、港西龟上埭涵、九畔埭涵、西塔庄涵、港尾埭涵、天兴埭涵、海滨辛隐埭涂厝涵、遮浪赡斋埭涵、遮浪东埭涵、芦辛埭涵、东角西边涵、东角东边涵、外府埭涵、东蔡埭涵	16
国清里	洋城后镜涵、东湖埭涵、澎尾港涵、西江埭上下涵、余埭涵、西利七埭涵、西吴埭涵、东蔡埭涵、西蔡埭涵、洋城涵	10
兴福里	胡仔埭涵、银盏五畔埭涵、鹅胫瓜藤埭涵、开山埭涵、林庄埭涵、屈卵埭涵、慈圣门口埭涵、万安石阜埭涵、罗家埭涵	9

资料来源:陈池养.莆田水利志[M].台北:成文出版社,1974:163。

北宋时期木兰溪北岸居民在原有渠系沿线建成了分别名为芦浦、陈坝、慈寿的3座陡门。芦浦陡门又名荔浦陡门,建于延兴里芦浦(今莆田荔城区拱辰街道陡门村),为北洋渠系沿海主要出水口之一。该陡门与木兰陂于同一时期建成,其内部最初设2道闸门,每道闸门宽2.67米、高4.13米。每道闸门两侧各设18块闸板,整座陡门共计72块;南宋绍兴二十八年(1158)莆田县丞冯元肃重建该陡门,增设1座过水闸;淳熙四年(1177),该陡门因长期缺乏妥善维护遭到损毁,时任兴化知军的汪作砺于西侧渠道另行择址,并按照原有样式重建②。

陈坝陡门位于孝义里洋尾(今莆田涵江区白塘镇洋尾村),又被称为西湖陡门。该陡门"独当上游要冲,上受众流而下泄之",其内部设过水闸门2座,每座宽3.09米、高3.21米,各闸门内外两侧各设12块闸板,整座陡门共计闸板48块。该陡门于南宋乾道七年(1171)由时任莆田知县的王正功组织当地居民建成,为北洋渠系主要控制闸之一。绍兴元年(1131),王氏所建陡门被洪水冲垮,新任知军赵彦励"思前人之未至,审旧址之易危",于原陡门以北按照原有形制重建1座陡门。淳熙元年(1174),时任兴化知军的潘畴协调周边居民按原有形制将该陡门重建③。

慈寿陡门,又名端明陡门,由北宋端明学士蔡襄主持建成。该陡门位于延寿里

①廖必琦.莆田县志[M].刻本.莆田:文雅堂,1926.
②周瑛,黄仲昭.重刊兴化府志[M].福州:福建人民出版社,2007:1367.
③同①.

浦尾(今莆田涵江涵西街道陡门头),内部设过水闸门 2 座,每门宽 1.04 米,闸室深 4.41 米,各闸门内外两侧各设 14 块闸板,即整座陡门闸板共有 56 块。绍兴二年 (1132),时任知军赵彦励于重修陈坝陡门后利用剩余资金将该陡门重建①。两宋时期分布于北洋各处的涵洞共计 47 座(表 3.6)。

表 3.6   北洋各里涵洞

位置	涵洞名称	总数
孝义里	渡头通沟过渡涵、镇前通沟过渡涵、墓兜埭涵、西庭埭涵、南埭涵、西湖庄前涵、西湖下浦埭涵、西湖西津埭涵、下港埭涵、圣妃埭涵、西埭涵、后宫埭涵、主管埭塘北埭涵、永新埭涵、丰年府州埭涵、大冬埭涵、吴科口埭西征埭涵、西林埭涵、流下埭涵、方埭柯新埭涵、五十分埭涵、吴塘埭涵	22
望江里	新浦沟头埭涵、桐溇埭涵、仓边埭涵、东会流水三埭涵、白墓东埭涵、臂尾白墓西埭西征涵	6
延兴里	港头前埭下埭涵、东桥埭涵、下面埭涵、下面二埭涵、仓前一埭领前二埭涵、仓前埭涵、领前埭涵、领前一埭仓后埭涵、东洋埭涵、满月埭涵、南门埭堤仔埭涵、北省埭涵、文宗埭涵、才贤埭涵、郑埭涵、薛埭涵、尚书埭涵	17
仁德里	后丁埭涵、港尾涵	2

资料来源:廖必琦.莆田县志[M].刻本.莆田:文雅堂,1926。

第三节   元代沟渠灌溉系统的发展

元代莆田的农田水利建设成果相比较于前代而言虽不具备庞大的规模,但其构思更为全面,设计也更为合理。具体而言,元代莆田的农田水利事业发展主要取得了两方面的成就。其一,万金陡门的建成以及环古莆田城郭以南渠系(图 3.9)的开凿,使木兰陂、延寿陂这两座原本相对独立的水利系统合为一体,进而使木兰溪、延寿溪、萩芦溪三大水系自南至北形成水流贯通的格局,改善了莆田水资源空间分布不均的状况,优化了该区域内的农业灌溉条件。其二,远离大河两岸的山间谷地等区域内的居民利用最新技术持续推进小型灌溉工程建设,使这些区域内的农业灌溉水平得到长足发展。

---

①周瑛,黄仲昭.重刊兴化府志[M].福州:福建人民出版社,2007:1368.

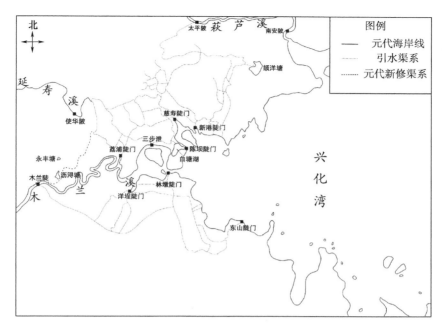

图 3.9　元代莆田的水利设施

（资料来源：陈池养.莆田水利志［M］.台北：成文出版社，1974：30-31）

一、万金陡门的建成与木兰溪北岸灌溉体系的完善

北宋木兰溪南岸灌溉渠系的建成，使西自回澜桥、东到东山陡门的农田灌溉需求得以满足，也使木兰溪北岸地区，即北洋地区灌溉水资源不足的问题日益凸显。事实上中唐至北宋初北洋地区曾陆续建成了数目庞大的灌溉设施，但水源不足的问题则限制了这些灌溉设施效能的发挥。"北洋向恃延寿陂水灌溉，水源不及百里，山内节节为陂，遇旱易涸……因溪水挟沙，正流既壅，旁流复淤，漫溢为害，水力亦绌"[①]。可见上游水源不足既易造成沟渠干涸，也使渠内泥沙堆积，加剧了沟渠淤塞的问题。进入元代，莆田社会局面日趋稳定，实施大规模水利建设的环境逐渐形成，地方官遂着手解决北洋地区的灌溉问题。

元代莆田地方官为解决北洋地区灌溉水资源不足的问题，主要采取了两项措施，其中之一即为北洋沟渠系统开辟新的水源，自木兰溪引水入北洋沟渠，以补延寿溪水量之不足。元延祐二年(1315)，兴化路总管张仲仪组织当地居民于木兰陂上游北侧河岸凿开引水圳口，并筑陡门一座，名为"万金陡门"。该陡门内有一口引水道，

---

①陈池养.莆田水利志［M］.台北：成文出版社，1974：206.

"涧一丈五尺,高一丈二尺五寸"①。引木兰溪水入沟。为连通木兰溪与北洋原有沟渠,张仲仪命人自万金陡门起开凿新沟渠(表 3.7),"环城南,历东郭,北与使华水合,为莆城腰带之水,形胜攸关"②。

表 3.7　元代北洋新开沟渠

主沟段	支沟名	灌溉区域
屿上—杭口—东埔—沟头—韭菜湾—梻桥—南门濠	谢厝沟	萧厝、谢厝
	坝下沟	万寿石坝下
	沟下沟	沟下巷之沟东沟西
	亭墩沟	梻桥、亭墩(分小沟四)
南门濠—西社—梅花亭	无名	陡门头、阔口十二家
梅花亭—霞墩—芦浦	枋尾沟	枋尾
	霞墩沟	霞墩

资料来源:廖必琦.莆田县志[M].刻本.莆田:文雅堂,1926。

　　元代莆田地方官为缓解北洋地区灌溉水资源匮乏问题所采取的另一项措施可概括为"疏导水流",即通过各类工程性手段提高水流在沟渠中的通过性。具体而言,元代莆田地方官重视南北洋地区沟渠疏浚问题,并敦促当地居民定期挖掘沟渠中淤积泥沙,并将各大小沟渠拓宽加深,以求提高单位时间内过水量,并充分利用水力防止沟渠淤塞。为缓解北洋沟渠因出水渠道不足而产生的水流漫溢问题,元代地方官极为重视排水设施的修建,先后开凿沟渠水流入溪、入海的新通道,并建设过水效率较高的排水设施,最典型的案例即皇庆年间兴化路总管郭朵儿主持建成的新港陡门。该陡门原为新港桥下水泄,后被洪水冲毁,郭朵儿遂组织当地民众将桥、泄合二为一,建成桥下陡门,将原有桥洞改建为 2 座过水闸门,每门宽 2.21 米、高 3.59米,每门内外两侧各设 14 块闸板,整座陡门共有 56 块闸板③。新港陡门以及金墩陡门、华严埭陡门等较小规模排水设施的建成,缓解了慈寿陡门、陈坝陡门等旧有设施的排水压力,初步解决了北洋沟渠"水流漫溢"的问题,使北洋地区农业灌溉条件得以改善。

二、小型灌溉工程建设

　　元代以后,莆田沿海地区围垦规模进一步扩大。为改善新垦田地水土环境,创

---

①金汝砺.万金陡门记[M]//朱振先,顾章,余益壮,等.木兰陂集.刻本.莆田:十四家续刻,1729(清雍正七年).

②廖必琦.莆田县志[M].刻本.莆田:文雅堂,1926.

③周瑛,黄仲昭.重刊兴化府志[M].福州:福建人民出版社,2007:1368.

设良好的农业生产条件,新垦区域内居民需要发展农田水利事业、建设各类灌溉工程。然而元代新垦区域多远离主干河流,不具备建设大型灌溉工程的条件,故元代新垦区域内建成的水工建筑多以小型灌溉设施为主,其中位于仙游境内枫慈溪下游、与北宋刘谔所建工程同名的太平陂具有一定代表性。为示两者区别,此处将该工程称为枫亭太平陂。

枫亭太平陂位于仙游连江里(今仙游枫亭镇霞桥村),旧名石马下陂,于元大德八年(1304)由时任崇福寺住持的全安庄组织寺内僧人与当地居民合作建成。据相关史料记载,枫亭太平陂上游的枫慈溪段曾筑有名为"三峰总坝"的拦河坝,其下游又设有名为"岩头堰"的堰闸,堰、坝间河段为蓄水区,其东西两岸各开凿圳口,修筑渠道。前述堰坝年久失修,故元代枫亭太平陂筑成,"收堰之漏流",以防"漏流不归之田而注之海"[①]。枫亭太平陂主体为一拦河坝,以长条石砌筑而成,全长200米;其上游利用原"三峰总坝"与"岩头堰"之间的引水圳口,分水灌溉枫慈溪下游两岸农田。

枫亭太平陂与北宋莆田建成的木兰陂类似,具备"拒咸阻淡"的水利功能,即该工程建成后,倒灌进入枫慈溪的海潮至其下被拦截,其上游均成为淡水区域。湄洲湾西北沿海一带新垦区域于枫亭太平陂上游河岸开凿圳口、修筑渠道,可将淡水引入新垦田地冲刷盐碱,改善土质。自元代枫亭太平陂及腊亭里陂等具备类似功能的灌溉工程建成后,大量位于沿海新开发区域的农田得以引水灌溉,以至垦熟,从而使湄洲湾西北沿岸,即枫慈溪与沧溪入海口一带成为不亚于兴化平原、江口平原的农业生产区域。

第四节　明清灌溉系统的维护与海堤建设

明代以后,莆田农田水利事业历经数百年发展,已然颇具规模。境内各区域根据本地自然条件,因地制宜地开展各类水利建设,提升了全域整体灌溉水平。但同时也应注意到,明代以后莆田的农田水利事业发展也存在一些问题。元末明初莆田的战乱导致人口大规模减少,进而导致各主要灌溉工程缺乏应有维护,这一点在本书第一章已有所提及。先前莆田地方文献多称明清时期为莆田农田水利建设的低谷阶段,虽部分符合事实,但也不应据此认为该时期莆田水利建设完全停滞。实际上,"维护"成为这一时期莆田农田水利事业发展的重点,即在区域内灌溉水资源利用程度饱和的情况下,各用水主体多尝试通过较少投入修复、改建旧有工程,以求提高水资源利用效率,同时在非必要的情况下不开展"筑新陂""凿新渠"等资金、人力投入较大的工程。与此同时,在台风气候日益频繁的局面下,明清莆田沿海堤防建

---

①王椿.仙游县志[M]//中国地方志集成·福建府县志辑(第18册).上海:上海书店出版社,2000:121.

设重新被提上日程,对海堤建设的大规模投入成为明清莆田农田水利事业发展的重要特征之一。

一、旧有农田水利设施的维护

一定区域范围内内灌溉水资源开发受资源总量、人口总量、技术水平等条件因素的限制,至一定时期即开发饱和。在灌溉水资源开发饱和之后继续进行较大规模灌溉工程建设,并不能提高资源利用效率,反而会对已有工程的利用效率产生不良影响。据此,小区域范围内的灌溉水资源开发的主题,早期多为"建设",晚期则为"修缮"。需要注意的是,凡有关灌溉水资源开发利用的活动,不论新建灌溉设施抑或修缮旧有工程,其目的均为提高区域内灌溉水资源利用效率。莆田灌溉枢纽设施多建成于宋元时期。尽管莆田各灌溉设施设计科学、布局合理、施工严谨,但技术的局限性、频发的自然灾害、历代的战乱使这些工程在进入明代以后多步入了使用寿命的晚期,损毁频率大大提高。这就使修缮灌溉设施成为明清莆田居民参与农田水利建设活动的主要方式之一。

（一）灌溉设施修缮的缘起

明清莆田府县两级地方政府并无应对水利的专项财政设置,故不仅无力新修大型灌溉设施,且在开展旧有灌溉设施修缮活动时也需借助乡绅阶层的财力、人力支持,故而灌溉设施修缮活动往往在两种情况下方能由地方官协调乡绅地主与普通民众,并调动工程灌区内乃至全境内大量资源使其能够顺利开展。一方面,在一座或数座大型灌溉工程年久失修、仅能勉强发挥部分灌溉功能的背景下,新到任地方官为求在积累政绩的同时为本地区农业生产提供保障,多有意愿组织应修工程灌区乃至全域内乡绅群体协商,以求制定计划,开展修缮活动,如明宣德六年(1431),"叶君叔文来丞是邑,父老以木兰陂久坏告,谋因其旧而修之"①。又如明弘治三年(1490),新任莆田县令王弼"初至莆,往视木兰陂。民方苦陂坏久矣,愿输田亩所入为费。公遂择郡人有智与识者司其事"②。再如清乾隆三十二年(1767),新任分巡道蔡琛会同时任莆田县令王润"亲至木兰陂,详度咨询,以陂久未修、河路淤塞命修之"③。可见修缮灌溉枢纽工程是明清莆田新任地方官的重要政治活动,地方官对发展农业生产以增加赋税、积累政绩的需求与灌溉枢纽修缮活动直接相关,这种修缮活动可以称为"大修"。另一方面,大规模自然灾害,尤其是威胁到石质截溪坝安全的洪灾、风灾发生后,区域内一座或多座灌溉设施遭到破坏,如不能及时修复就有可能威胁到区

①雷应龙.木兰陂集节要[M]//中华山水志丛刊(第 19 册).北京:线装书局,2004:264.
②周瑛,黄仲昭.重刊兴化府志[M].福州:福建人民出版社,2007:785.
③陈池养.莆田水利志[M].台北:成文出版社,1974:653.

域内农业生产、居民生活,此时官府与乡绅群体多能迅速达成协议并开展工程修缮活动。如明永乐十一年(1413),木兰陂"堤崩岸摧,下流尽泄",时任莆田县通判董彬于冬季少雨季节组织民众迅速修补坝体缺漏,有效缓解了次年三月发生的洪灾对工程的危害①。又如清康熙十九年(1680),"兴安水灾,木兰陂合三百六十涧之水,与怒涛汇,溃甚。水涠蹍展,北自万金桥视北堤,涉陂视二十八闸,坏其半;闸前送水巨石,塌者、没者不以枚;南视回澜桥、南北堤,皆坏",时任兴化府知府苏昌臣与用水成员协商,迅速筹集资金、募集人手,完成了木兰陂修缮工作②。这类官府与乡绅于灾后迅速协商制定计划并及时实施的灌溉设施修缮行为称为"抢修"。

(二)灌溉设施修缮的内容

明清莆田各灌溉工程修缮的主要内容可以分为四类。

其一,修枢纽工程。各灌溉工程枢纽设施一般为条石砌筑或大石块垒成的截溪坝。由于初建时期的技术条件限制,条石、石块的黏合问题并未得到解决,故各枢纽坝存在"屡修屡坏"的问题。明代以后历次修陂,工程负责人多改进了施工方法,提高了修复后坝体的强度。如明洪武八年(1375),莆田县通判尉迟润主持修木兰陂,采用新施工方法修补坝基、坝体损毁处,"底之穴于渗泄者实以砾石,灰灌而木扞之;两岸沦于垫臲者经纬以巨石,深植坚筑"③。又如清嘉庆十年(1805),时任莆田知县黄甲元主持修复木兰陂,"凡堤石之没于水者,缒以出之,墢于故处,有不及则采以补之,其罅漏则蛎灰以缝之"④。可见明清时期莆田从事灌溉设施修复的工匠,在修补陂坝的施工技术方面已取得了一定进展。

其二,修排水设施。明清时期这一类施工以木兰陂修缮最为典型。木兰陂工程主体为"堰坝一体",其坝顶、坝基间设有多座排水闸,初建成时为木板闸。木质闸板易腐,且每遇暴雨天气,上游洪峰以极快的速度到达木兰陂所在河段,水利管理人员难以在极短的时间内完成开闸放水的动作,故除减少闸门外,明永乐年间,时任莆田县通判董彬在主持木兰陂重修期间还与用水乡绅、熟练工匠商议,将北宋时设置的木板闸更换为石板,"复以陡门旧常置闸,以板为之,潦则纵,旱则闭,或奔流迅急而有未及纵者,于是悉易以石,举无待于纵闭,而旱以蓄,涝以泄,其法可谓至密者矣"⑤。此后若非大型洪峰到来,则无须开放闸门,"高下以水为准,潦则水淫上过,旱则水留陂中",工程安全性得以提升⑥。

---

①雷应龙.木兰陂集节要[M]//中华山水志丛刊(第19册).北京:线装书局,2004:270.
②陈池养.莆田水利志[M].台北:成文出版社,1974:643.
③黄仲昭.八闽通志(上册)[M].福州:福建人民出版社,1989:491.
④郑振满.福建宗教碑铭汇编·兴化府分册[M].福州:福建人民出版社,2008:268.
⑤陈寿祺.福建通志(第2册)[M].北京:华文书局,1968:775.
⑥周瑛,黄仲昭.重刊兴化府志[M].福州:福建人民出版社,2007:1355.

其三，修引水渠系。各工程引水渠系负责将上游所截溪水引入灌区内农田，如不能保证其通畅，则各灌溉工程效益也无法得到发挥。宋元时期各灌溉工程虽均有整修，但多数情况下以修枢纽坝为主，各工程引水渠系并未得到疏浚。明人郑岳曾描述此情形，"近闻陂多渗漉，诸沟填淤，受水颇浅……雨止则水落，田旱则沟涸，而前人之泽日以耗"[1]。可见明前期各处灌溉渠系泥沙淤积问题已比较严重，这主要与引水与输水阶段控沙手段缺失的情况有关。如木兰陂枢纽堰坝曾设一座脱沙陡门，有专人定期开启，配合挖沙工作使坝体上游一侧不至泥沙淤积。然而元末明初阶段由于相关制度缺失，该陡门曾多年无人负责启闭，大量泥沙于坝体上游一侧淤积，其中一部分又随水流入南北岸沟渠，"水源"同时也成为"沙源"；又如木兰溪南岸山林伐木也间接造成了沟渠淤沙，"壶公以下诸山樵采拔根，雨过壤圮，沙土随水入沟，沿山沟淤成地"，可见沟渠沿线环境管理不善会使沟渠在"输水"的同时"输沙"。针对以上情况，明清莆田居民主要还是在沟渠本身范围内创设解决方案，一方面是加强引水源头泥沙管控，包括拓宽引水口，加固引水闸门等，如明洪武年间修南北洋沟渠，"复南陡门板闸，而绕壶公而流者易以腴南洋之田；新甃北陡门并其板闸，而循上杭桥而流者利及于东埔、柳桥凡有田之处，其将修上杭桥道，浚北沟深之，以广其惠"[2]。另一方面是改良沟渠施工方案，提高引水技术水平，如明正统六年（1441），时任莆田知县刘玭主持修缮南安陂引水圳道，"于圳之塍左则就山为之，右则新甃石，高十二尺为之，石之内决起旧土，侧立石板，填三物土，以壮塍面，平盖石板其上，以为堤；堤之外，又甃石以为障，皆如塍之高；于石之相寻出，皆黏以蛎灰，使牢固不为潮汐所冲啮"，以技术手段在输水过程中解决了沟水渗漏、泥沙淤积的问题。

其四，修附属设施。沿渠水工建筑，如陡门、涵洞等，用以排水，避免沟渠内涝，是灌溉体系的重要组成部分。明代以后，莆田木兰溪、萩芦溪沿海区域围垦规模不断扩大，原自陡门、涵洞排出的沟渠内多余灌溉水量也被用于新垦田地，故而各陡门、涵洞由内陆旧灌溉渠系的末端转变为沿海新灌溉渠系的源头，成为衔接洋田、埭田灌溉体系的重要衔接点。明清莆田历任地方官员先后表达了对修缮陡涵体系的重视，其中数任地方官还亲自主持了几座处于关键位置的陡门修缮工作。南洋渠系水流入沟、入海多通过洋城、林墩、东山三座陡门，其中林墩陡门位于木兰溪入海口处，位置最为关键，故明清时期地方官曾多次组织居民修复该陡门，如明嘉靖二十一年（1542），新任兴化府知府周大礼主持林墩陡门修缮工程，"断绝溅，尽出其底，结砌于两门之旁；距海铺巨石，凡迅流冲激、沦伏于渊者，度其势弗可出，伐石以固其趾"[3]。又如清康熙五年（1666），莆田知县沈廷标组织居民重建林墩陡门，"伐木为

①雷应龙.木兰陂集节要[M]//中华山水志丛刊(第 19 册).北京:线装书局,2004:204.
②陈池养.莆田水利志[M].台北:成文出版社,1974:616.
③朱渊.天马山房遗稿[M].台北:台湾商务印书馆,1986:481.

椿,镶木为坎,烧蜃为灰,填石为底,周以巨颠键以高牙"①。可见该陡门历次修缮不仅在施工前制定有周密计划,且在施工过程中也遵循了一定的施工规范。北洋沟渠入沟、入海多经芦浦、陈坝、慈寿、新港四座陡门,由于北洋沟渠有木兰溪、延寿溪两处水源,故渠内蓄水量颇大,水流颇急,至渠系末段形成巨大冲击力,各处陡门均有一定程度损毁;延寿溪过使华陂下游后径直入沟,溪水中泥沙未曾得到清理,除沉积于水流经过之处,多数泥沙均淤积在各入沟海陡门内侧,长此以往均造成排水不畅,故而明清莆田多任地方官员均针对几座陡门周边环境特征提出针对性修治方案,以明宣德五年(1430)县丞叶叔文主持重修慈寿陡门为例,"命匠人剔石至底,石灰以固其址,然后鳞次栉比,累石而起",在技术手段进步的条件下,深挖基础,并采用新的黏合剂,提高了修复后陡门的耐用性。

二、新建农田水利设施

明清时期莆田农田水利事业发展的内容,以当地居民修缮旧有灌溉设施为主,但这并不代表该时期莆田不存在新修灌溉设施。明代以后,与灌溉工程建设相关的技术有所发展,部分在此前技术条件下无法建设的工程此时已不存在施工难题,而原本建设预算高昂的工程,在新技术引入的基础上得以削减成本,故而开展小规模灌溉工程建设的技术条件是存在的。与此同时,明代以后不仅沿海地区围垦规模进一步扩大,部分山区的农业开发程度也有所加深,而新垦殖区域灌溉用水来源匮乏也成为莆田地方官员与乡绅群体所面临的问题,故而这一时期当地居民在资金、人力条件有限的情况下建设各新垦区域内的小规模灌溉设施是十分必要的。明清莆田新建的小规模灌溉设施分为两类,其一为原有灌溉体系内为排除水系内部障碍、满足特定灌溉需求而新修的水工建筑,是旧灌溉体系的补充;其二为满足区域用水需求而新建成的,不附属于旧工程体系的小型灌溉设施。

(一)新设附属水工建筑

明代以后,莆田木兰溪两岸居民在灌溉用水方面面临两个问题,一是南北洋渠系缺乏足够的出水口,导致渠水漫溢,危及周边农田;二是沿海部分新垦农田需用大量淡水洗刷土壤盐分,而原有数座渠系排水设施所供应淡水早已不敷使用,同时开挖内陆渠系,私设涵、圳引水也并非长久之计。为解决以上问题,当地居民在南洋渠系末段新建成章鱼港、港利沙田2座陡门,在北洋渠系末段新建成下港、小山、新浦3座陡门以及白墓桥石闸。南洋章鱼港陡门,建成于明成化二年(1466),为1座单孔陡门,门宽1.82米、高1.63米,内设一重闸门,该陡门的建成是为了防止此处海水倒灌进入沟渠,同时也是为东湖、章江等村落沿海新垦田地提供灌溉水资源的尝试;港利

①廖必琦.莆田县志[M].刻本.莆田:文雅堂,1926.

沙田陡门,建成于清光绪十三年(1887),由条石砌筑,下设单门孔,全高 2 米,门宽 1.9 米,是为解决洋城陡门排水能力不足问题而建的[①]。北洋下港陡门坐落于宁海桥以东的三江口,临近木兰溪入海口,建成于明洪武十七年(1384),为单孔陡门[②]。小山陡门建成于明弘治年间,其闸门较宽,除用于排出沟渠中余水外还可通过舟楫,且经由陡门上游水道可达莆田城内、江口等处[③]。新浦陡门位于望江里,明万历二年(1574)由原先坐落于此的涵洞改建而成,设单孔闸门,门宽 0.97 米、高 1.47 米,共设单层闸板 5 块。白墓桥石闸建于清乾隆六年(1741),为当地居民以白墓桥桥洞为闸室,并增设闸门而筑成,门宽 2.75 米、高 0.25 米,除泄水外专用于灌溉新浦等处沿海新垦农田[④]。

如前文所述,莆田南北洋沟渠淤塞频繁,主要是由于渠水含沙量大。渠水的高含沙量自然与引水口泥沙管控不力有关,但输水过程中泥沙控制手段的缺失也对此造成一定影响。明清时期南洋渠系周边居民因渠中沙石淤积,时常面临“无水可用”的局面,故地方官为解决这一问题,最终采用了以工程手段控沙的方案。壶公山位于木兰溪南岸,宝胜溪于此发源,自西南向东北流至渠头桥接入南洋干渠,是南洋渠系水量补充的来源之一。明代以后壶公山区伴随区域内农业开发程度加深,林木采伐量逐渐上升,区域内水土流失日趋严重,其结果为宝胜溪水流含沙量明显上升,并最终造成灾难性局面,“壶公以下诸山樵采拔根,雨过壤朽,沙土随水入沟,沿山沟淤成地”,至清嘉庆十四年(1809)洪水来袭,宝胜溪“沙石随水而下,至荷包濑涌高数尺,陂水不能南下,南洋苦旱,且十日不雨,人心惶惶”[⑤]。

清道光七年(1827),乡绅陈池养组织当地居民于宝胜溪荷包濑段建成 3 座石堰,成功阻截了上游随溪水而来的沙石。上堰位于红山村河段,堰宽 2.7 米、高 1.8 米,两侧八字形翼墙各长 19.8 米;中堰坐落于王庄村、圳尾村之间河段,宽 19.4 米、高 1.9 米,两侧八字形翼墙各长 17.7 米;下堰在渠桥,底面宽 17.5 米、顶面宽 21.2 米,左侧八字形翼墙长 40.7 米、右侧八字形翼墙长 34.9 米;上堰与中堰下游一侧均铺设条石,以使水流顺畅;上堰下游一侧北岸、中堰下游北岸、中堰下游南岸均设护岸石堤,分别长 17.6 米、42.4 米、70.6 米,专用于阻挡上方山石、泥沙;上堰下游南岸、中堰上游北岸、中堰下游北岸、下堰上游北岸、下堰上游南岸各设顶冲石堤,分别长 19.4 米、88.4 米、178.8 米、164.6 米、292.3 米,用以防止水流侵蚀,加剧山体水土流失程度[⑥]。石堤的设置有一定规范,“其下以山石坦坡护脚,凡其两岸不能顶冲处所,

①林国举,姚宗森.木兰陂水利志[M].北京:方志出版社,1997:53.

②周瑛,黄仲昭.重刊兴化府志[M].福州:福建人民出版社,2007:1368.

③廖必琦.莆田县志[M].刻本.莆田:文雅堂,1926.

④陈池养.莆田水利志[M].台北:成文出版社,1974:118.

⑤同④154.

⑥林国举,姚宗森.木兰陂水利志[M].北京:方志出版社,1997:54.

皆堆积沙石搅流；下堰送水，皆以乱石坦护"①。荷包濑三堰建成后，有效阻止了沙石随水入沟渠，凡沙石随宝胜溪水而下，多被阻挡在各堰上游一侧，而水流则可自砌堰石块缝隙中流过，故三石堰的设置事实上起到了"滤网"的作用。荷包濑三堰选址合理、设计科学、施工严谨，有效解决了南洋渠系沙石淤积的问题，为其灌溉效益的正常发挥提供了保障。

（二）新建独立灌溉设施

莆田西北部山区、东南部沿海农业生产条件远逊于中部平原地带，原本并非区域内重点垦殖区域，明代以前仅有零星开发。明清莆田平原地区耕地资源日趋萎缩，当地居民多转向山区、沿海一带，或在山间河谷开发小块耕地，或于沿海地区扩大围垦面积。为保障新开垦区域用水，当地居民除修建支渠从平原灌溉体系中引水外，还依据本地可用水资源条件，建设小型灌溉设施。其中，郑雇陂、官杜陂灌溉面积最为广阔，有关这两座工程的记载也最为丰富。

郑雇陂属于典型的山区小型灌溉工程，于明天顺年间由乡绅郑球雇佣工匠并组织当地居民建成，故得此名。此工程主体横跨萩芦溪上游支流藻湖溪，为一座梯形截溪坝，高约3米，长约80米，其顶面宽4米，底宽超过10米，于涵江庄边镇萍湖村的河段将溪水截住，并使之流入南侧引水干渠。南侧引水干渠长约2000米，主要灌溉区域覆盖萍湖、前埔等村落，受益农田面积约400亩②。又据《游洋志》记载，郑球在建成郑雇陂后，又在附近村落修建了数座辅助性工程，包括位于梨坑村的曲潭陂，位于楼下村的圣忠潭陂，位于后洋村的后洋陂，使这一带的藻湖溪水得以充分利用。数座工程由自然、人工水系连为一体，灌溉效益大大增强。

官杜陂位于仙游县榜头镇赤荷村，为县域内规模最大的古代灌溉工程。该工程由官陂、杜陂两座子工程构成，其中，杜陂建于南宋淳熙三年（1176），官陂建成于明万历二十二年（1594）。两座子工程均为木兰溪支流仙水溪上用卵石堆筑的临时性截溪坝，其长度均为85米左右，官陂居于上游，杜陂在下游，相距约150米，其间河段为蓄水区。杜陂于明正德八年（1513）由仙游乡绅陈应乾主持修缮完工，而官陂则为万历年间的乡绅郑瑞星所建。郑氏在组织居民于仙水溪上垒石筑坝后，还主持开凿了长约2500米的引水渠，灌溉面积超过5000亩③。自官杜陂建设完成后，榜头一带旱地成为良田，且仙水溪流域灌溉资源也逐渐得到有效开发。

三、沿海堤防体系建设与完善

莆田沿海堤防体系始建于唐，宋元时期堤工荒废，少有整修。进入明代，莆田沿

---

①陈池养.莆田水利志[M].台北：成文出版社，1974：146.

②同①369.

③仙游县地方志编纂委员会.仙游县志[M].北京：方志出版社，1995：261.

海地区灾害性气候日趋频繁,地方官与当地居民对沿海堤防建设的重视程度也逐渐加深。明清时期兴化府、莆田县历任地方官曾多次组织当地居民修缮南洋片东角堤及北洋片杭口堤。至清代后期,木兰溪入海口两岸堤防体系已比较完善。其中,南洋片海堤全长约 33.9 千米,共分为 19 段,沿兴福里、连江里、莆田里、国清里、南匿里、胡千米、维新里的沿海一带分布;北洋海堤全长约 29 千米,共分为 18 段,沿待贤里、永丰里、望江里、延寿里、仁德里、孝义里、延兴里沿海一带分布(表 3.8)[1]。这一堤防体系满足了当地居民防御海潮的需求,为后世所沿用。

表 3.8　清代莆田南北洋海堤概况　　　　　　　　　　(单位:米)

位置	起止地点	长度	顶宽	底宽
	南洋			
兴福里	东山陡门东楼下埭—湾翁石阜埭	3313.4	3.3	16.7
	东山陡门西落仔埭—鹅朏庵连江里接界	2430.9	3.3	16.7
连江里	鹅朏庵北—东角	1678.3	3.3	19.9
	东角—遮浪	666.0	3.3	19.9
	遮浪新庄埭—十三分埭—曲湾埭—厝后埭	2534.8	3.3	19.9
	海边村遮浪头辛庄埭—港东后港西塔埭	2965.2	—	—
	埕江海边叶厝埭—陈埭尾船湾	1244.8	3.3	16.7
	港东西边—林墩陡门	666.0	2.6	9.9
	林墩陡门—港西	858.0	2.6	9.9
	港西—宁海桥南	1386.0	2.6	13.2
	宁海桥南—下江头—下埭	1798.2	2.3	9.9
莆田里	下埭以西—游埭—西江	3196.8	2.0	9.9
	西江—清浦西沟	932.4	2.0	9.9
	西沟尾—国清里洋埕	1465.2	2.0	9.9
国清里	洋埕陡门—埭仔陡门	865.8	2.6	9.9
南匿里	章鱼港—白埕	3063.6	2.6	9.9
胡千米	古山陈使埭—宁海桥头	1864.8	2.0	9.9
	熙宁桥—何厝—三涵	1598.4	2.6	6.6
维新里	后廖—郑坂	1361.9	2.0	9.9

---

[1]廖必琦.莆田县志[M].刻本.莆田:文雅堂,1926.

续表

位置	起止地点	长度	顶宽	底宽
	北洋			
待贤里	江口桥南—新丰埭	1265.4	2.6	9.9
	新墩—南隐庄陡门	1491.8	2.0	5.3
	南隐庄陡门西—永丰里下蔡东	732.6	2.0	5.3
永丰里	下蔡—下刘	932.4	3.3	6.6
望江里	余墩陡门南—洋中半路亭—桐糠	4595.4	2.0	6.6
延寿里	端明陡门—柴板桥	1065.6	2.6	6.6
	新港陡门东—港头	1065.6	2.0	6.6
仁德里	新港陡门西—利墩	566.1	1.7	3.3
	利墩—港尾	599.4	1.7	3.3
孝义里	新桥南—大西埭—后宫—下蔡—南埭—宁海桥北	3601.5	2.6	9.9
	宁海桥北—鳖扈—镇前—三步—吴塘	4321.8	2.6	9.9
	新桥南—西湖陈坝陡门	1440.6	2.6	9.9
延兴里	吴塘—东洋	675.9	1.3	3.9
	东洋—港边	815.9	1.0	4.7
	港边—南箕	1618.4	1.7	5.0
	南箕—芦浦陡门	1798.2	1.7	4.7
	芦浦陡门—月峰庄	1631.7	1.3	4.0
	月峰庄—楼前庄	845.8	2.3	6.0

资料来源:陈池养.莆田水利志[M].台北:成文出版社,1974:70-73。

明清莆田沿海堤防建设,以东角遮浪段海堤修复工程最具代表性。此堤即古镇海堤,于唐元和年间由观察使裴次元主持建成。明洪武二十年(1387),江夏侯周德兴为取石修筑平海、莆禧两座卫城,将镇海堤外堤拆除,仅余附石土堤障潮。唐代建成的镇海堤,其外侧为石堤,内侧为附石土堤。土堤结构松散,自石堤被拆毁后失去屏障,且多次因台风、涨潮被毁。自明永乐三年(1405)至嘉靖十三年(1534),此段海堤共溃决八次,沿海一带居民大受其害[1]。兴化府、莆田县均有多任地方官考虑一劳永逸地解决此问题,但尽管在此投入数目庞大的人力物力,多次兴工修筑,也并未改变其"逢潮必溃"的事实。嘉靖十三年(1534),时任兴化府知府黄一道曾主持修缮镇

---

①穆彰阿,潘锡恩.嘉庆重修一统志(第25册)[M].上海:商务印书馆,1934:266.

海堤。黄氏首先命人运来巨石,于海堤中段四个关键节点设石矶;命工匠于各石矶间搭建竹木笼架,并于笼架内部填充石块,构筑成临时性长堤以求减缓潮势;潮势减缓后,当地居民自内陆运来条石,于土堤外侧筑成长 1400 丈、高 9 尺的石堤[1]。黄一道筑成的海堤,虽设计巧妙,但仍未成功阻挡潮势,于嘉靖二十九年(1550)便被台风引发的大潮冲毁。此后,明嘉靖四十三年(1564)、万历六年(1578)、万历十六年(1588)、万历十九年(1591)、万历三十年(1602)镇海堤屡修屡坏,给沿海地区居民带来损失。清初莆田沿海居民被迫迁往内陆,镇海堤因无人管理逐渐荒废,损毁极为严重。清康熙二十年(1681)复界后,地方官曾重新组织居民翻修镇海堤,但外堤条石因筑工事均被拆毁,故此次重修仅筑成土堤一座,并未有效阻挡海潮。清雍正十三年(1735),时任兴化知府苏本洁主持修堤,于前述土堤外筑成长 1100 丈的石堤一座;此堤高 9 尺,底部宽 5 尺,顶部宽 3 尺;内侧土地也得到修缮,完工后的土堤长 1100 丈、高 1 丈,顶部宽 2 丈,底部宽 11 丈。此后至清道光六年(1826)间,海潮泛滥依旧,当地居民曾 5 次重建镇海堤。

清道光七年(1827),乡绅陈池养主持镇海堤坝重建工程(图 3.10)。陈氏吸取前人教训,并提出海堤建设需综合考虑外侧海潮以及内陆淡水河流对工程结构的影响,即内、外堤建设均需予以重视。此次陈氏筑成外侧石堤全长 3280 米、高 2.7 米,顶宽 1.18 米,底宽 1.47 米,可分为三段,其中,青龙港段长 2100 米,顶宽 1.8 米,底宽 2.9 米,高 3.5 米;东头段长 290 米,顶宽 1.18 米,底宽 1.76 米,高 2.06~2.65米;西头段长 900 米,顶宽 1.18 米,底宽 1.76 米,高 2.06~2.94 米。石堤侧截面呈梯形,自下而上共砌石 7 层,每层以条石纵横叠筑,条石间缝隙以灰浆灌注,以求结构牢固。自上空俯视可见石堤呈斜折形,自东北向西南每筑一段收进 1.18~1.47 米,形成向海凸出的尖角,此种建法可减缓海潮对堤身的冲击力。石堤内侧为附石土堤,全长与石堤相等,其中自遮浪三门港至东角慈圣门段土堤长 2350 米,顶宽 1.5米,底宽 8.82 米,高 14.7 米。陈池养根据实地勘测发现,东角遮浪一带海滨地势低洼,每遇木兰溪上游暴雨,水至南洋渠系漫溢,最终据汇集到此处,故内外堤除需承受海潮冲击外,还有被内侧洪水毁坏的可能。故而陈池养在内堤向内陆约 250 米处筑成埠水内堤一道,专用于防止木兰溪洪水对海堤造成影响。此堤长度与内、外堤等同,顶宽 2.9 米,底宽 5.9 米,内部用夯土筑成,外侧以瓦砾覆面,以增加结构强度[2]。陈池养此次新筑的镇海堤经久耐用,此次修缮工程也堪称一次成功的水利实践。

①廖必琦.莆田县志[M].刻本.莆田:文雅堂,1926.
②陈池养.莆田水利志[M].台北:成文出版社,1974:399.

图 3.10　清代重修镇海堤

　　木兰溪河口以北的北洋片海堤,以杭口段最为关键。此堤全长 450 千米,其中石筑堤段长 80 米,其余均为夯土修筑。该堤坐落于木兰陂下游的木兰溪感潮河段北岸,虽属于内水,但每逢台风、大潮,海水均上涌至木兰陂下,而杭口一带为北洋引水渠与木兰溪河道最接近处,海水一旦冲毁该堤并自南向北漫溢,便很快涌入北洋沟渠,导致渠水不能用以灌溉,故此堤历来为北洋地区堤防关键区段,且明清时期府县地方官对此堤段修筑均极为重视。明正德十三年(1518)夏秋之际,台风来袭,海潮上涌,冲毁杭口堤,"汇而川,沦而渊,溪崩于海;而田溢于潮汐者之淤,耕者、舟者俱病"[1]。时任兴化府知府冯驯"发赎金,聚徒囚,佣知水材",迅速组织起人力物力,待潮水退去后将该堤修缮如旧,并在原堤基础上加高、加厚,使之足以抵挡上游洪水、下游涌潮的冲击,后当地居民将杭口段海堤改称"冯公堤"。清乾隆五年(1740)至嘉庆十年(1805),该堤段先后重修四次。清道光四年(1824),陈池养主持重修冯公堤,将该堤段改为与南洋镇海堤相似的土石混合堤,即于土堤段内外垒砌条石,筑成斜面,再于外侧铺砌碎石,以求提高混合堤结构强度。自此,杭口(冯公)堤再未发生较大损毁,木兰溪北岸居民安全得到保障。

①雷应龙.木兰陂集节要[M]//中华山水志丛刊(第 19 册).北京:线装书局,2004:281.

第五节　本章小结

纵观莆田农田水利工程体系建设历程，可分为四个阶段。

中唐至五代是莆田农田水利建设的萌芽阶段。这一时期境内新移民在军屯体系下参与了公共性质的水利建设，同时延寿陂的建成也标志着"截溪引水"取代"凿塘蓄水"成为莆田水利建设的主题，人工河网的开凿使北洋平原具备了良好的灌溉条件。

两宋时期是莆田农田水利建设快速发展的阶段。本时期莆田人口迅速增长，多座大型灌溉工程建设的同时进行成为可能。这一时期莆田居民在陈洪进、刘谔等地方官员以及钱四娘、李宏等民间水利专家带领下，于木兰溪、延寿溪、萩芦溪流域修筑了多座大型截溪灌溉工程，构建了输水范围覆盖全域的"截溪蓄水—凿渠引水"式农业灌溉体系，使兴化平原、江口平原一带居民受益。同时，山间河谷地带的居民在改进唐代技术的基础上继续推进小型蓄引水工程建设，因地制宜发展灌溉事业。

元代是莆田农田水利建设的鼎盛阶段。这一时期南自东山、北至江口的灌溉渠系因木兰溪北岸万金陡门的建成得以贯通，兴化平原、江口平原两个独立的灌溉体系自此连为一体，每逢水旱灾害可经贯通其间的沟渠调配灌溉水资源。沿海地区围垦规模再次扩大，新垦区域内中小型灌溉工程的建设使当地初步具备农业灌溉条件。

明清时期为莆田农田水利建设成果巩固阶段。这一时期莆田地方政府及乡绅阶层尽力调拨人力、物力，修缮旧有灌溉工程体系，保证对境内灌溉水资源的充分利用。这一时期灌溉工程建设技术有所发展，山区、沿海新开发地区居民多利用新技术建成若干中小型灌溉设施，保证此类区域灌溉水资源得到有效开发。明清时期莆田官民重视海堤建设，在府县地方官的主持下，当地居民运用最新水利技术多次修复南北洋重要堤段，使沿海乃至内陆地区的农业生产得到有效保障。

第四章　唐至清末莆田农田水利
管理制度演变历史

　　一定区域范围内古代农田水利管理制度在不同历史时期的发展状态,与本时期农田水利工程体系的发展程度息息相关,可以认为农田水利管理制度是农田水利工程体系在制度性层面的延伸,即特定时期某区域农田水利管理制度演变成果,除受到该时期区域内自然、社会条件的限制外,也不可能独立于本时期农田水利工程建设成果而独立存在。具体而言,在不同阶段,区域内官民各方基于其自身利益诉求,往往采取不同的手段来实现对各农田水利设施,乃至该设施受益区域的管理;小区域内部官员与乡绅、乡绅群体内部,乃至跨越分区,甚至整个区域内部的官员、乡绅阶层,为实现对同一或同数座农田水利的利益诉求,往往会达成妥协,具体表现为官府为解决民间水利争端而制定禁约榜文,以及民间在长期残酷斗争及妥协中逐步形成的乡规民约、用水习惯,这些成文或不成文的规则使区域内较大范围的用水协作成为可能。事实上,古代官方为实现对特定农田水利工程受益区域内居民的管理,往往需要着眼于保障居民核心利益,既对农田水利工程实施管理,同时也需要建立一套能够实现对该工程所创造利益进行合理分配的制度,并需要强制推行该制度,这便是官办农田水利及其管理制度的由来。与此同时,在官方力量离场的情况下,特定工程受益区域内居民保护该工程,并对参与工程修缮、用水分配等事务的各方利益进行分配,往往需要在宗族协商的基础上建立有广泛约束力的乡规民约,并建立具备执法权、财政权的组织,以求监督成员并保证规约的推行,在此基础上民办农田水利及其管理制度便得以诞生。莆田各灌溉工程同样也具备官办、民办性质的区分,但官办与民办之间的界限往往并不明确,如官办工程的具体管理往往需要乡绅来执行,民间水利纠纷有时也需要官府来协调解决;不论官办还是民办工程,在一方力量离场的情况下,另一方往往迅速介入,并最终实现管理主体的部分转变。莆田沿海堤防体系作为具备公益性质的农田水利工程,其管理难以由民间组织独立承担,故而唐代以后莆田海堤管理往往由地方政府直接负责,并将耕种沿海埭田的居民编为"堤户",命其以里甲为单位承担修缮海堤的任务。综上所述,研究历史时期莆田农田水利管理制度,需对灌溉工程与堤防工程分别进行考察,同时对于灌溉制度的分析也需从管理组织、修葺制度以及用水制度这三个层面来进行。

第一节 灌溉工程管理组织的变革过程

唐五代时期莆田的灌溉工程,根据其所服务的耕作区域权属性质的不同,管理模式也有较大差别。服务于军屯体系下的灌溉工程,如唐元和年间裴次元主持建成的"红泉堰",由当地军屯组织直接负责管理,并无专门管理组织。民众自发建成的小型灌溉设施,如永丰塘、沥浔塘等,服务区域规模小,同样不设管理组织,而是依托于民众在长期引水灌溉过程中形成的用水习惯来维持。专门性灌溉工程管理组织及其制度的建立始于北宋。

一、宋元时期灌溉工程管理组织及其运作方式

北宋前期莆田建成的若干大型灌溉工程,其管理主体虽有官办与民办之分,但管理制度的推行、工程修缮的组织均需通过工程管理组织来进行。官办与民办工程管理组织虽由不同权力主体创建,但其组织结构具备一定相似性,即各工程组织结构均呈现为"树状",且各树状管理结构均由高级管理者、中层管理者以及基层水利劳动者三个管理层级构成。

(一)官办工程管理组织及其运作方式

宋元时期莆田各官办灌溉工程,其管理组织均由地方官牵头成立。以太平陂为例,北宋嘉祐年间,兴化军知军刘谔为修建该工程,曾向周边民众募资,附近被称为"八姓"的乡绅群体捐输最多;太平陂筑成后,"八姓"又协助官府将原用于灌溉的"三塘"垦为农田("三塘"即位于萩芦溪流域的太和塘、东塘、屯前塘,均开凿于唐代)。"废三塘为田,分太和田以偿。谔之陂作,籍其余及东塘、屯前田为陂之修防",故而"八姓"在"取偿"之时便掌握了大部分塘田。熙宁年间,在府县地方官的主持下,太平陂管理组织得以建立,设"陂首一人,甲头二人,长工二人",其中"陂首"作为太平陂管理组织的总负责人,掌管组织人事、财务,并承担与官府以及灌溉内用水成员沟通的职责,由"八姓"家主轮流充任;甲头、长工自灌区内用水成员中遴选,负责太平陂具体的修缮事务,即"陂首"为每位甲头安排巡视时间与路线,逢上工日,当值甲头带领长工于陂首、圳口等枢纽设施周边巡视,遇损坏处即登记修理[1]。

太平陂管理组织的构成于南宋绍定年间发生了变化,起因为"八姓"势力逐渐衰落,"陂事选主于八姓,皆有私田于陂,知护田则知爱陂矣。百年之间,八姓盛衰不

---

①黄仲昭.八闽通志(上册)[M].福州:福建人民出版社,1989:495.

常,于是有私田尽去而视陂田为券内,置陂患为度外者"①。在"八姓"已不能履行水利管理职责的情况下,时任兴化军知军曾用虎命莆田县丞陈子颐修缮太平陂,并在此之后重建太平陂管理组织。南宋时期,位于莆田城北的囊山寺在兴教里辖境内拥有大片"寺田",是太平陂灌区内重要用水成员,且该寺与官府保持了良好的关系,是代表官府管理重要灌溉工程的合适人选。故而曾用虎此次重建管理组织,以囊山寺僧众取代了"八姓"的位置,"按其籍,陂岁得谷一百六十九石,钱四十一千,各有奇。以田属囊山寺陂正一人,干一人,以庵僧充甲首、长工各二人,岁给钱谷一如旧约"(据《中国历代粮食亩产研究》,明朝1石米约重153.5斤,明朝1斤约为594.6克),此前太平陂管理组织的参与者为灌区内用水成员,来自于不同家族,在与农田水利相关的诸多事务中常难以达成一致意见。曾用虎改革管理组织后,内部成员均来自于囊山寺,于灌溉用水方面没有利益冲突的潜在可能,故能齐心协力承办管理事项,故而太平陂水利管理实际效果也在此后得到改善②。

(二)民办工程管理组织及其运作方式

宋元时期莆田民办灌溉工程管理组织的结构与官办工程相似。以木兰陂为例,北宋元丰年间木兰陂建成后,李宏与"十四姓"乡绅曾协商订立管理制度,"陂置役人,正一,副一,甲头一,水手二,小工八。柱倾则支,闸坝则易,圳壅则疏,围缺则补。岁各有酬劳田食钱若干,具有定例"③。此处可见民办灌溉工程木兰陂管理组织也由自上而下三个管理层级构成,其中,"陂正副"即管理组织首脑,负责统筹农田水利管理事务,"照请水南大田户十四姓位置,行陂司之事,以田之高下为输差之先后,每年二人坐陂,提督水利,报事神祈";"甲头"为陂司内中层管理人员,"世以小工杨姓者为之,所以随正副上下巡视,取租督役者也";"水手"与"小工"均为李宏修陂时"随带使令之人"后裔,负责"启闭陂门",其中水手"以小工内能习晓水势之有力者为之,每遇洪水启闭以泄水",其地位、待遇略优于小工④。

木兰陂管理组织由参与工程建设的乡绅自行成立,最初并未与官府进行沟通。然而该组织在随后数次木兰陂修缮工程中发挥的重要作用也让地方官认识到该组织存在的价值。北宋宣和元年(1119),兴化军知军詹时升考察木兰陂及陂司,命人协助"十四姓"厘清陂司财务,明确人事制度,并制定榜文张贴于灌区内各村⑤。自此,木兰陂民间管理制度得到官府认可,地方官对于民间力量主导管理的大型灌溉

①郑振满.福建宗教碑铭汇编·兴化府分册[M].福州:福建人民出版社,2008:41.
②刘克庄.后村先生大全集[M].成都:四川大学出版社,2008:2276.
③周瑛,黄仲昭.重刊兴化府志[M].福州:福建人民出版社,2007:1354.
④雷应龙.木兰陂集节要[M]//中华山水志丛刊(第19册).北京:线装书局,2004:230.
⑤詹时升.莆阳木兰陂集序[M]//朱振先,顾章,余益壮,等.木兰陂集.刻本.莆田:十四家续刻,1729(清雍正七年).

工程建设也开始持信任态度。与此同时,正是这种与管理者之间建立的"互信"关系使得宋元时期莆田地方官对于木兰陂司内部权力结构稳定性极为重视,乃至出现了官府对该组织内部人事、财政变动加以干涉的案例。南宋绍兴二十一年(1151),莆田县丞陈弥作考察陂司运行状况,重新审定陂司管理条例,命时任陂正副再定制度,"革四弊,定五例",明确"十四姓"家主为官府唯一承认有资格出任"陂正副"的人选,以此来消除"寄庄户"管理陂司造成的不良影响。

南宋庆元五年(1199),时任兴化知军的钱孜考察木兰陂水利,协助整治了陂司内部人事制度的又一次混乱,"岁月深远,所差正副多非籍内有田之家,或挟势形以越次,或贿赂以冒充,或借砧基以代名,或结党与以妄举","所充之人略不以水利为急","命十四姓输差正副各要正身,遇有升降,合申官",在历任地方官的坚持下,"陂正副"的职位于陂司运转周期中基本由"十四姓"家主担任,同时内部人事结构的稳定也使该组织工作效率得到保障①。

(三)管理组织的财政设置

根据上文可知,宋元时期莆田官办、民办灌溉工程管理组织,其内部结构均具备"层次性"特征,即表现为自上而下递进的管理模式。与此同时,官办、民办灌溉工程管理组织,在运营经费来源方面具备一致性,即各工程管理组织建立之前,均须事先置办"陂田",并雇佣农夫耕种,或拨予参与管理的用水成员耕种。以太平陂为例,"熙宁中,官令分太和田偿谞之陂作,而籍贯其余及东塘、屯前塘田为陂之修防计"②;"陂首、甲头各有食田,长工食直给与陂首"③。又如木兰陂,"以旧潴水横塘、陈塘、许塘、新塘、唐坑塘凡五,给为民田,而截其三,及大孤屿、白水等田,为谷共二百九十三石,二坊一角,白地、夫工、子头等钱共三百七十七贯二百六十二文足,号陂司财谷"④。

"陂田"的置办,是各工程管理组织得以建立的基础,该类固定资产的收益用途主要有三。其一,劳务费用。用水成员因投身于工程管理组织工作,一般可获得佃种"食田"的资格以应付日常开支,且每年可从管理组织财政结余中支取钱谷以为报酬。其二,施工费用。各工程日常修缮以及部分"大修""抢修"工程,其人工、材料费用可由管理组织财政结余支付;其三,祭祀费用。如木兰陂功臣祭祀庙宇"协应庙",太平陂功臣祭祀庙宇"太和庙",其日常管理以及举办大型祭祀活动的费用均由各工程管理组织承担。

---

①周瑛,黄仲昭.重刊兴化府志[M].福州:福建人民出版社,2007:1355.

②廖必琦.莆田县志[M].刻本.莆田:文雅堂,1926.

③黄仲昭.八闽通志(上册)[M].福州:福建人民出版社,1989:495.

④雷应龙.木兰陂集节要[M]//中华山水志丛刊(第 19 册).北京:线装书局,2004:230.

二、明清时期灌溉工程管理组织及其运作方式

明代以后,莆田各灌溉工程管理组织的构建模式,相比较于宋元时期而言,有了较大的变化。就官办工程而言,明代以前,兴化军、莆田县尚有针对农田水利建设方面的专项财政、人事设置,故而境内各官办工程管理组织的成立离不开地方官的推动,且尽管这些组织均由乡绅群体、寺庙僧人等有产阶层运作,但地方官府仍通过具有官方身份的农田水利专业人士对其工作加以指导,因此,宋元时期莆田官办灌溉工程管理组织参与群体规模小,其官方性质也比较浓厚。元末明初莆田人口规模大幅度减少,且直至清中期以前也未曾得到恢复,这就使莆田县乃至兴化府的赋税大大减少。在此情形下,地方政府在农田水利事业中的资金投入也就无从谈起,甚至对于官办灌溉工程的管理制度建设也不能给予关注。随着此前参与农田水利管理的乡绅势力逐渐衰落,原有的工程管理组织也纷纷解体。各官办工程日常管理制度的缺失,导致各灌区内部灌溉水资源紧张,而地方官在干预无力的情况下命各灌区用水成员自行解决灌溉工程日常管理问题。这就使莆田各官办灌溉工程管理参与群体规模的扩大成为可能。

(一)官办工程管理组织及其运作方式

明中期以后,莆田各官办灌溉工程灌区用水成员在国家力量离场的情况下,纷纷订立章程以重新构建工程管理制度。重建后的官办灌溉工程管理组织,以成员"用水权利"与"修缮义务"相对等这一原则为基础,即凡灌区内用水成员均需参与工程修缮管理。为实现这一原则,这一时期各工程管理制度与里甲制度相结合,即各灌区以里甲划分用水片区并参与水利劳动,故而工程管理组织根据管理实现模式的不同可分为三类。

其一,"长甲制"管理组织构建模式。采取"长—甲"结构组建灌溉工程管理组织的典型案例为明天顺二年(1458)由致仕乡宦方逴建立的使华陂管理组织,该组织"设长一人,方氏子孙世司之;甲二十余人,田产饶者分为之;又田几亩具田丁一人,合数十人统于甲。春事将及,长报之甲,部署田丁各持锄箕从事。其田丁匿不出,及出而偷惰不如法,有罚"①。据此可知,"长甲制"模式下的官办工程管理组织,一般以有实力的家族为领导核心,将灌区内用水成员按照地理位置编为参与水利劳动的基本单位"甲",并根据其产业规模(用水量)确定其应当分摊的水利劳动任务量,具体表现为该户用水成员应出"田丁"数额;每甲统辖数十名田丁,于每年固定时间参与特定工程水利劳动,在不误农时的基础上以"岁修"劳动代替了灌溉工程日产管理;采取"长甲制"模式的工程管理组织在结构上略显松散,故而需要针对用水成员建立

---

①廖必琦.莆田县志[M].刻本.莆田:文雅堂,1926.

有约束力的奖惩制度，如对于拒绝或消极参与水利劳动的成员采取"罚金""削减用水量"等惩罚措施。在用水成员参与水利劳动力度足够的情况下，该制度及对应组织对于特定工程管理的实现有所助益。

其二，"圳甲制"管理组织构建模式。采取"圳—甲"结构来组建灌溉工程管理机构的典型案例为明万历三十六年（1608），太平陂灌区内用水成员吴景秀等根据新修订的《分坐港界公约》成立的管理组织。根据该条约，太平陂以引水圳道上游水瓣为界，分为上、下二圳，各自一条支渠引水灌溉；上圳渠道管理者按照各地所使用引水口位置将用水成员划分为十三甲，下圳渠道设 7 座小型截溪坝蓄水，分为 8 个蓄水区，故其用水成员被分为八甲；上圳成员因其灌溉用水量大，被分配修理的"港汊"也较多，即上圳十三甲分修 7 座临时坝，与此同时下圳八甲仅分修 1 座港汊；签约后，各甲"认过应修处所，砌筑栏障，务使水源充足，凡涝溢漂梁，照甲分自买偿；砌筑不坚至坏，共鸣官击之"①。根据上文可知，此次在公约体系下成立的管理组织，是在分配灌溉水资源的基础上分摊了工程修缮任务，而以"甲"为单位的各个用水成员群体，其负责修缮的区域多为本处田地"水源"，如不能在塌坏时及时修治，便会造成自身用水不便，故而在此情况下，各用水成员均能对自身应承担的水利劳动义务予以重视。需要注意的是，上圳十三甲、下圳八甲处于灌溉体系的"用水段"而非"引水段"，故此次管理制度的建立仅解决了渠系管理问题，并未解决源头处太平陂截溪坝工程修缮管理缺失的问题；同时，各甲处于同一渠系的上下游，若各甲在缺乏组织核心的情况下未能构建有效的用水协作方式（如上游某甲未及时疏浚淤塞的渠道导致其下游数甲用水难以为继），必然会在用水问题层面引发各甲之间的矛盾，这正是"圳甲制"模式的管理组织在运行过程中所表现出的不成熟的一面，同时农田水利管理成员内部矛盾的出现也表明了地方官介入管理事务并发挥一定核心作用的重要性。

其三，"公正—能干制"管理组织构建模式。采取"公正—能干"结构来组建灌溉工程管理组织的典型案例为清中期以后逐步建成的南安陂管理组织。清雍正五年（1727），兴化知府沈起元主持南安陂重修时，曾简要描述了江口南安陂灌区居民每年为修缮南安陂而举办的临时性水利集会，"旧例，江口十五乡各举一甲首，亩岁出谷一斤备修筑"②。这种名为"董事会"的农田水利管理组织在此时尚为每年举办一次的临时性会议，其中参与会议的 15 名"甲首"来自于灌区内 15 个乡镇，代表了各处用水成员的利益，故而这种临时性机构已经具备成为普遍约束性水利管理机构的可能。清光绪十五年（1889）南安陂重修后，15 乡代表协商制定的《南安陂善后章程》表明临时性的水利集会在此次重修前已经演变为常设性机构，"南安陂向设公正、副正各一人，十五甲各举能干一人。遇修陂时，集甲经管田若干亩，应配捐钱若干千，责

---

①陈池养.莆田水利志［M］.台北:成文出版社,1974:261.

②廖必琦.莆田县志［M］.刻本.莆田:文雅堂,1926.

成各甲能干按户查收,不得退隐。圳道淤积泥沙,向由各甲民夫按段分修。至陂头挑沙石小工,旧例视每甲田额若干,派出民夫多少,均责成各能干就甲内匀配供役,不得推赖。如何甲能干身故,即由该甲内衿耆公举接充,毋许互推,致误共事"①。负责南安陂管理的常设机构属于典型的"公正—能干制"管理模式,即该组织并非如圳甲制管理组织一般,属于松散的议事性管理机构,而是拥有公正与副正这两名具备决断权的管理机构首脑;然而管理机构首脑的权利又是由用水成员群体代表,即十五甲"能干"赋予的,故而一般性农田水利事务尚需公正、甲首协商后办理,甲首的最终决定权只有在争议较大时方能使用;甲首除参与管理机构事务商议外,其最重要的任务是征收"水费";用水成员缴纳水费的模式有两种,一种为根据田产丰饶程度缴纳货币作为灌溉工程修缮管理费,另一种为以服劳役的形式参与水利劳动。由此可见,"公正—能干制"管理组织构建模式结合了"长甲制"与"圳甲制"的特点,既避免了管理权力过于集中导致决策错误无法挽回,也避免了管理权力过于分散导致灌区内用水协作难以建立的窘境,是一种高效的管理模式。

(二)民办工程管理组织及其运作方式

明代以后莆田民办灌溉工程木兰陂的管理模式,相较于宋元时期也出现了较大变化。与官办工程相同,宋元时期木兰陂管理机构"陂司"在这一时期解体,"入国朝来,陂司已废"②。此后不论当地官府抑或灌区内乡绅,均未再考虑过重建该组织乃至任何形式的常设性管理组织。木兰陂陂司的解体,与以"十四姓"为代表的南洋乡绅群体势力衰退关系密切,但木兰陂灌区日益扩大造成的复杂农田水利管理形势所带来的影响也不容忽视。元代郭朵儿、张仲仪开万金陡门并引木兰陂水灌溉北洋平原,明清木兰溪入海口南北两侧埭田渐开,导致木兰陂灌区规模扩大了数倍。在此基础上,灌区内新旧用水成员之间关系的协调,修缮维护所需人力与资金的统筹乃至"水费"的征收,这一系列问题在灌区内普遍用水协作不能建立的情况下,其解决方案也就无从谈起。而原有管理组织内乡绅群体并不能代表新用水成员利益,新用水成员也缺乏派出自身代表去加入旧管理组织的动机与能力,故而灌区内普遍用水协作的建立遥遥无期。明代木兰陂陂司解体后,灌区内各处渠道管理沿用旧有用水习惯,严重依赖本地用水成员的自觉性,其成效不一。

就木兰陂工程枢纽部分的管理来看,尽管轮任陂正副的"十四姓"乡绅以及世袭甲头的杨氏家族已不再履行农田水利管理职责,但原本负责巡视陂头、疏浚圳口、启闭闸门的"水手""小工"尚存,故地方官委派专人对其进行管理,使29座泄水堰闸尚能按时启闭,以免洪水来袭造成巨大破坏,"今陂田入官,陂司、甲头俱废,正副止祭

---

①郑振满.福建宗教碑铭汇编·兴化府分册[M].福州:福建人民出版社,2008:348.

②周瑛、黄仲昭.重刊兴化府志[M].福州:福建人民出版社,2007:1355.

赛之事,官立水利老人,专主巡视;小工于农作时月一至府县点名,以示诚谕"①。"水利老人"属于"里老",为明代以后基层里甲组织内部常设的职位,协助里长、里正处理水利事务;地方政府于木兰陂灌区设水利老人,表明地方官对于木兰陂这一莆田最重要的农田水利枢纽仍予以高度重视,试图在官府人力、财力有限的情况下以最小的投入达到保持灌溉工程良好运行状态的目的,事实也证明这一尝试起到了部分效果。尽管水利老人与小工的合作模式略显薄弱,无法完全实现常设性农田水利管理机构的功能,但仍能在其职权范围内发挥一定作用,其管理成效不容忽视②。

第二节　灌溉工程修葺制度的发展过程

灌溉工程修葺是水利管理体制当中重要的一个环节。与日常管理不同,灌溉工程的修葺不可能频繁兴办,亦非定期举办,而是在某一工程年久失修或突发性自然灾害致使某工程严重损毁后,由官府与乡绅合办的一种工程性活动,故而根据某次工程修葺活动的起因,也可将其分为大修与抢修两类。一般而言,大修或抢修并非由负责各灌溉工程日常管理的官办或民办组织领导,而是由地方官与乡绅群体商议组建的临时性机构来负责。官办与民办灌溉工程,在修葺主持者选拔、修葺资金筹集、修葺人力募集等制度性内容方面,有着不同的演变路径。

一、宋元时期灌溉工程修葺制度

宋元时期,莆田官民对于灌溉工程建设均予以重视,"莆为郡,无长江大河以收旁近余润,昔人往往作陂坝延纳山涧之水,或筑池塘以潴平地之水,使民有所灌溉,为利博矣"③。"仙邑地势高腾,西北急趋东南,干旱多而涨溢少,故其资水利尤亟。中闲截之为陂,壅之为堰,潴之浚之为塘、为池、为泉、为井,大之为湖,小之为坑、为圳、为窟,无非经营疏凿,以广其利"④。如前文所述,按照明清莆田地方志对前朝文献转录的内容,宋元时期兴化府(路)境内 3 县共建成大小灌溉设施近 700 座,其修葺制度各不相同。小型灌溉设施,受益区域不过数十户人家乃至数座村落,其日常维护由用水民众自行负责,即便遇灾后修缮也有自用水习惯发展而来的旧例可循;中型、大型灌溉设施,受益区域达数十座村落乃至于数乡里,一般有官设或民间成立的组织负责日常管理,遇大修或灾后抢修时,不论该工程为官办、民办,多为地方官与

①雷应龙.木兰陂集节要[M]//中华山水志丛刊(第 19 册).北京:线装书局,2004:231.
②王兴亚.明代行政管理制度[M].郑州:中州古籍出版社,1999:308.
③周瑛、黄仲昭.重刊兴化府志[M].福州:福建人民出版社,2007:1352.
④王椿.仙游县志[M]//中国地方志集成·福建府县志辑(第 18 册).上海:上海书店出版社,2000:109.

乡绅进行商议,并协调灌区内用水成员共同参与。尽管这一时期官办工程修葺时,地方官多请求灌区内有名望、有实力的乡绅协助,同时民办工程修葺也需要官府派员参与协调,但从府县志书以及相关水利资料所反映的实际情况看,官办、民办工程修葺制度在具体实施细节方面尚有较大差别。

表4.1反映了宋元时期莆田多处官办灌溉工程修葺活动的部分细节性内容。根据该表格内容可知,宋元时期莆田官办灌溉工程修葺活动承办的主体为地方政府,即兴化军(兴化路)与莆田、仙游、兴化3县官府。就实际操办修葺事务的官员而言,除地方文献中明确记载某工程某次修葺由县丞、通判等"次官"主办外,多数工程历次修葺往往被视作府县主官之政绩,而这恰与实际情况相悖。如绍定五年(1232)重修太平陂,往往被视为时任知军曾用虎的功劳,且后世地方文献也如此记载,而刘克庄在其所作《重修太平陂记》中,对于此次修葺活动的实际负责人却另有叙述:"然沈石于渊,石微罅则址颠;激水入港,水暴决则岸颓;农失膏润,官莫顾省。(曾)公闻而慨然,召莆田丞陈公告曰:'陂塘非若职乎?'丞曰:'谨受教。'起去。"[1]据此段对话可知,此次太平陂修葺实际负责者应为莆田县丞陈子颐,而后人却误记为知军曾用虎。实际上这一时期地方政府在农田水利事业方面恰有专门的人事设置,故而将通判、县丞等主管经济、水利事务的官员视为官办灌溉工程修葺的负责人是合理的推断。

表 4.1　宋元时期莆田官办灌溉工程重修情况一览

时间	工程	主持者(官职)	详情	资金来源
南宋绍兴元年(1131)	陈坝陡门	赵彦砺(知军)	按原制重建	官府出资
南宋绍兴二年(1132)	慈寿陡门	赵彦砺(知军)	于原址重建	官府出资
南宋绍兴十五年(1145)	南安陂	王康功(县丞)	修陂及圳、沄	官府出资
南宋绍兴二十八年(1158)	芦浦陡门	冯元肃(县丞)	于旧基上重造	官府出资
南宋淳熙元年(1174)	陈坝陡门	潘时(知军)	按原制重建	官府出资
南宋淳熙四年(1177)	芦浦陡门	汪作砺(知军)	于旧址西侧重建	官府出资
南宋宝庆三年(1227)	濠塘泄	陈振孙(通判)	掘地而加深之	官府出资
南宋绍定五年(1232)	太平陂	陈子颐(县丞)	修陂并修堤岸	官府出资
元延祐年间	芦浦陡门	谢元(县尉)	更换闸板	官府出资

资料来源:陈池养.莆田水利志[M].台北:成文出版社,1974:156-166。

通判的设置始于唐代,但其初设时并非一正式官职。北宋以后,通判一职始分知州、知军职能,掌握部分行政权,同时也负责监察主官、协理经济事务;所谓经济事务,又包括征收税赋、管理常平仓、整理户籍、劝课农桑、经营官田、规划农田水利等,

---

①刘克庄.后村先生大全集[M].成都:四川大学出版社,2008:2275.

其中对军、州内部农田水利事业的管辖权是该职务所被赋予的最重要行政职能之一①。县丞于西汉时期开始设置,最初为一县副长官,"丞属文书,典知仓狱"②。北宋初期,县丞的职位曾一度被废止,后熙宁年间为推行新法又被恢复,并被赋予数项职能,即常平免役、农田水利、坑冶赋税、提点刑狱、奉檄办差③。故所谓北宋地方政府内部针对农田水利事业的专项人事设置,也就是通判、县丞及他们所领导的与地方农田水利建设相关的专门性机构。与此同时,在有官府派员主管官办灌溉工程修葺的情况下,工程管理组织的职能相对被弱化了。事实上,各官办工程管理组织承接日常管理事务,并置办产业,以其收益应对日常管理开销,其职权相对有限,且管理范围也仅局限于工程枢纽及其周边,无法成为凌驾于灌区之上、具备普遍管辖权限的组织;遇大修、抢修时,工程规模浩大且任务繁重,仅凭管理组织内部乡绅群体之力无法承担该职责,且管理组织的财力也无法负担此类施工的物料与人力开销。故而宋元时期官办工程修葺活动举办是一种政府行为,通判、县丞等府县一级负责管理农田水利事业的官员携建设资金至某工程灌区,并召集用水成员,制定施工计划与规章,分派建设任务,监督工匠与民夫施工,最后参与验收,是这一时期莆田举办官办工程修葺活动较为常见的流程。

表 4.2 反映了宋元时期莆田部分民办灌溉工程修葺活动举办的细节性内容。根据该表可知,宋元时期莆田民办灌溉工程修葺活动中,地方官员往往扮演了重要角色,然而其在不同规模民办灌溉工程修葺活动中参与力度明显不同。就洋城埕门这样的中小型灌溉设施而言,其最初为沟渠排水设施,即便埭田规模的扩大使之具备了灌溉功能,工程受益地区规模也极为有限,如洋城埕门灌区内仅有 12 座村落,其管理水平无法与木兰陂这样的大型民办灌溉工程相比,故而灌区内居民应对工程损毁的准备工作也略显不足,在工程年久失修或洪涝灾害发生导致工程严重损毁的情况下自然需要地方政府的全面介入。故而主管农田水利的地方官全方位介入小型民办灌溉工程修葺事务,提供建设所需资金并全权管理,同时对于施工计划的制定具有决定权,灌区内用水成员处于从属、配合的地位,被动参与工程修葺活动。与此同时,宋元时期如木兰陂这样规模较大的民办灌溉设施,一般由用水成员组建机构负责修缮管理。这类机构具备应对修葺事务的财政设置,其财政实力不容小觑,在举办工程修葺活动时也能够提供足够资金支持,并能调动灌区内用水成员参与建设,其充分参与灌溉工程修葺活动具有必要性。主管农田水利的官员虽也参与木兰陂修葺活动,但一般并不参与工程计划的制定以及实际施工过程,同时也不需为修葺活动提供额外的资金。相比较于小型灌溉工程的用水成员往往只能被动参与建设

①李康. 略论宋代通判职能及其演变[J]. 郑州航空工业管理学院学报(社会科学版),2015,34(4):68.

②范晔. 后汉书(第 12 册)[M]. 北京:中华书局,1965:3623.

③陆敏珍. 宋代县丞初探[J]. 史学月刊,2003(11):31.

而言,大型灌溉工程管理组织及用水成员往往在修葺活动中具备超出农田水利主管官员的话语权,其参与形式往往是主动的。

表 4.2　宋元时期莆田部分民办灌溉工程重修情况一览

时间	工程	主持者(官职)	详情	资金来源
南宋绍兴二年(1132)	洋城水泄	赵彦砺(知军)	按原制重建	官府出资
南宋绍兴二十八年(1158)	木兰陂	冯元肃(县丞)	命陂司修北岸堤	陂司财谷
南宋淳熙元年(1174)	洋城陡门	潘畤(知军)	改水泄为陡门	官府出资
南宋淳熙二年(1175)	木兰陂	潘畤(知军)	修陂门	陂司财谷
南宋庆元二年(1196)	木兰陂	林恂如(陂正)	修陂与南北岸堤	陂司财谷
南宋嘉熙二年(1238)	东山陡门	陈子颐(县丞)	按原制重建	官府出资
元(后)至元五年(1339)	木兰陂	八的儿(总管)	拆陂门3座	官府出资
元至正二年(1342)	洋城陡门	曲出(总管)	按原制重建	官府出资

资料来源:陈池养.莆田水利志[M].台北:成文出版社,1974:156-166。

二、明清时期灌溉工程修葺制度

明代以后,莆田灌溉工程修葺活动举办形式相较于宋元时期而言,有比较大的变化,表现为官办与民办工程修葺形式的"逆转"。具体而言,在官办工程修葺活动中,乡绅阶层的参与程度逐渐加深,且最终具备了一定话语权;与此同时,随着以木兰陂为代表的民办大型灌溉设施管理组织解体,官府开始承接民办灌溉工程修葺活动的组织,但用水成员在此类活动中仍发挥重要作用。这一时期官办与民办工程在修葺实现过程中的区别,尤其是承办主体还是资金筹集方面的差异开始减小,"官民合办"的灌溉工程修葺组织形式逐渐成为主流。

表 4.3 反映了明代莆田官办灌溉工程重修施工的基本情况。根据该表内容可知,明代官府在官办工程管理方面所投入的精力,相比较于宋元时期而言,已然大大减少。这与明代地方政府层面与农田水利相关的财政与人事设置缺失有关,"夫吾闽水利,无专官簿书,期会所不及,故吏得苟且以逃其责,自非体国爱民"①。然而官办灌溉工程管理权限的让渡是渐进性的。与前文所述明代官办灌溉工程日常管理制度不同,以乡绅为代表的各工程用水成员群体在明中期以前虽重建了日常管理组织,但地方官仍部分掌控了工程修葺活动主导权。尽管多次修葺活动也由致仕乡宦组织,但在多数情况下,乡绅群体及其所组建的工程管理组织在修葺活动举办过程中往往处于从属地位,即便商讨出施工计划,也要向本次修葺主管官员请示。这一

---

①朱澔.天马山房遗稿[M].台北:台湾商务印书馆,1986:485.

时期以乡绅群体为代表的用水成员参与工程修葺管理的主动性虽有所提高,但仍需注意到其参与本灌区内水利劳动也还受被动因素牵制。

表 4.3　明代莆田官办灌溉工程重修情况一览

时间	工程名称	负责人(官职)	详情	资金来源
明永乐五年(1407)	使华陂	董彬(通判)	修陂并更名	官府出资
明永乐八年(1410)	芦浦陡门	陈宏滨	改三门为二门	民间募资
明宣德五年(1430)	慈寿陡门	叶叔文(知县)	命黄得宾董事	民间募资
明正统六年(1441)	陈坝陡门	刘玭(知县)	按田丁多寡摊派任务	按亩摊派
明正统七年(1442)	南安陂	刘玭(知县)	合上下二陂圳为一	民间募资
明天顺二年(1458)	使华陂	方迤	修陂并重建管理制度	民间募资
明成化八年(1472)	南安陂	潘琴(知府)	迁山下沄笕于旧处	官府出资
明弘治二年(1489)	陈坝陡门	丁镛(知府)	命用水三姓修复	民间募资
明正德十二年(1517)	芦浦陡门	雷应龙(知县)	于延福里鸠金重修	民间募资
明嘉靖四十三年(1564)	太平陂	莫天赋(知县)	修陂并修圳	民间募资
明万历十五年(1587)	使华陂	吴日强	捐金倡修	民间募资
明万历三十九年(1611)	芦浦陡门	陈命龙	更换闸板	民间募资

资料来源:张琴.莆田县志[M]//中国地方志集成·福建府县志辑(第 17 册).上海:上海书店出版社,2000:35-42。

　　值得注意的是,这一时期地方政府虽掌握官办工程修葺活动主导权,可以否决用水成员群体或专业工匠所商定的施工计划、资金预算,但一旦细节确定,主管官员也就退居监督位置并不再干涉具体施工,而是由地方主官所指定的乡绅代表组建"董事会"负责施工管理。参与修葺董事会的乡绅,多具备"耆干"身份。所谓耆干,与前文所述"水利老人"类似,是明代以后为实现里甲内部治理所设的基层管理职位,多由德高望重的老年乡绅担任,其最初设置目的是教化民众,而随着时间推进其职能已远远超出教化的范围,具备了半官方身份,常被地方官委以差使①。由耆干组建的董事会负责官办灌溉工程修葺,既彰显了地方政府在农田水利事业中的存在感,又使用水群体的意志可以得到充分贯彻,堪称两全其美的制度。

　　与此同时,这一时期莆田官办工程修葺所需资金的筹集方式相比前代而言也有所变化。宋元时期官办工程修葺所需资金一般为"帑金",即负责监督施工的水利主管官员所携带的官方资金,同时资金使用也受到该官员监督,参与施工的工程管理组织乃至乡绅群体在工程预算方面自主性较小。有明一代,莆田官办工程修葺资金

①张艳芳.明代交通设施管理研究[M].天津:天津人民出版社,2009:93.

筹集制度尚处于变化过程中,调用官帑、民间募资均为常见的资金筹集方式。宋元时期,莆田地方官为修葺官办灌溉工程所调动的官帑往往来源于地方政府应对农田水利事务的专项财政设置,而明代以后由于地方财政紧张,水利专项资金也就无从谈起,故而此时为灌溉工程修葺调动官帑往往要从其他项目如"罚锾"中挪用。而地方官为农田水利事业所能调集的政府资金毕竟有限,故而时常需要借助民力,即自民间"募资"。一般来说,地方官为募资,往往首先以身作则,"捐金为倡",如弘治十一年(1498)推官詹瓘为筹集重建芦浦陡门所需资金即"捐俸六十两为倡",此后灌区内乡绅方纷纷解囊①。由此可见,民间募资这一资金筹集方式,相比较于调拨官帑而言,虽能够筹集到更多资金,且该方式灵活性也更强,但筹资制度的缺乏也导致该方式不具有稳定性。同样作为从民间募资的方式之一,正统六年(1441)莆田知县刘玭为重修陈坝陡门而采取的"按亩摊派",即由用水成员根据财产多寡分摊相应修葺费用的资金筹集模式,不失为一种更为合理的制度。该制度在民办灌溉工程的修葺过程中已然得到广泛推行,而直到清代方才在官办灌溉工程修葺活动中得到较大范围推广。

表4.4反映了清代莆田官办灌溉工程重修的部分细节。根据该表可以看出,相比较于明代而言,清代莆田官办灌溉工程修葺实现方式发生了较大改变。具体而言,这一时期多数的官办工程修葺由乡绅或乡绅群体来主办,即便是由地方官来主办,也会任命数名乡绅为"董事",并给予其更大的管理权限。需要注意的是,上一节所介绍的"圳甲型"以及"公正—能干型"灌溉工程管理组织作为承办官办设施修葺的主体登上舞台。如前所述,这些组织是由特定工程灌区内用水成员为实现特定工程日常管理的推行而成立的,其主要职责是负责建立并维护灌溉工程日常管理制度,灌溉工程修葺似非其主业。然而该类组织主办工程修葺也有其合理之处,即类似于太平陂上下圳二十一甲、南安陂十五甲这类组织,其实现工程日常管理的方式往往也并非日日巡护,而更类似于"岁修"。如十五甲管理南安陂,在光绪十六年(1890)管理章程明确以前,往往"各甲举一甲首,每亩出谷一斤,每岁一修筑"即为日常管理的全部内容②。这种"岁修"形式的日常管理,其任务量庞大,需要主办组织具备调动较大规模资金与人力,并实现较大范围内对用水成员进行协调的能力。而如类似于太平陂上下圳二十一甲、南安陂十五甲的管理组织具备了这样的能力,并能够举办"岁修",则其作为官办工程大修、抢修等类型的修葺活动主办者便也具备了合理性。综上所述,工程管理组织真正成为权力主体是这一时期官办灌溉工程修葺举办过程中的重要变化之一,乡绅群体已然能够主动参与灌区内水利劳动。

---

①廖必琦.莆田县志[M].刻本.莆田:文雅堂,1926.
②陈池养.莆田水利志[M].台北:成文出版社,1974:727.

表 4.4　清代莆田官办灌溉工程重修情况一览

时间	工程名称	负责人(官职)	详情	资金来源
清雍正五年(1727)	南安陂	余廷梁	得水田每工出十六文	按亩摊派
清雍正七年(1729)	芦浦陡门	陈汝亨	得水田亩业佃对半摊修	按亩摊派
清雍正十年(1732)	延寿八字陂	苏本洁(知府)	用白金三百	官府出资
清乾隆元年(1736)	芦浦陡门	苏本洁(知府)	命乡绅陈栋董其事	官府出资
清乾隆十三年(1748)	太平陂	上圳十三甲	循例各修,均沾水利	按亩摊派
清道光二年(1822)	太平陂	上下圳二十一甲	按地亩统计合修	按亩摊派
清道光三年(1823)	南安陂	十五甲	用水十五甲出资重修	按亩摊派
清光绪十六年(1890)	南安陂	施启宗(知府)	命十五甲郭连城等修	按亩摊派

资料来源:张琴.莆田县志[M]//中国地方志集成·福建府县志辑(第 17 册).上海:上海书店出版社,2000:
　　　　　35-42。

　　同时应注意到,"按亩摊派"制度成为这一时期官办灌溉工程修葺资金筹集的主要方式。如前所述,该制度起源于明代,且早在明代民办灌溉工程修葺资金筹集过程中已有应用,但直到清代该制度方能在官办灌溉工程修葺资金筹集过程中推行。这是由于"按亩摊派"是根据用水成员田产的多寡来决定该户成员应分摊的修葺资金,以用水成员家庭单位"丁口"的数目来决定该户成员应服差役,事实上就是根据"用水量"来确定"水利劳动量"。这就需要管理组织对于灌区内用水成员建立足够程度的认知,能够在监督其履行水利劳动义务的同时协调不同成员间的关系,以求灌区内成员所谓"普遍用水协作"的实现。然而用水协作的实现建立在相同或相近用水习惯的基础之上,而用水习惯的建立往往需要较长的过程。莆田各官办灌溉工程灌区内虽较早建立了管理组织,但早期管理组织与用水成员间脱节严重。与此同时,明初各工程管理组织解体后,在较长的时期内既缺乏日常管理,也无修葺制度,灌区内用水成员在无须履行水利劳动义务的情况下也就很难达成用水习惯的一致,所谓"用水协作"也就无从谈起。故而在各官办工程管理组织重新成立后,方才能将用水成员组织到一起,使其逐步建立起相似的用水习惯,达成用水协作,并使"用水权益与水利劳动的统一"这一观念深入人心。进入清代,莆田各官办工程灌区内用水协作已初步建立,用水成员已具备履行所谓"水利劳动义务"的概念,"按亩摊派"制度的推行也就具备了恰当的时机。

　　如前所述,"按亩摊派"是一种制度化的民间募资方式。水利管理人员在举办灌溉工程修葺之前如何进行摊派,针对不同人群应如何确定其应负担份额,如何在保证公平的同时确保资金筹集、人力募集的效率,是该制度真正推行之前地方政府与用水乡绅群体需要明确的问题。根据表4.4可知,地亩是衡量用水成员摊派资金、人力总额的标准,这实际上把用水成员所应分摊水利劳动份额与成员财产多寡画上等号。清雍正五年(1727),余廷梁等十五甲成员修南安陂,将本次总计划施工量划分为若干"工",并核定内、外塛田用水成员地亩总额,内塛田每成员为其每亩农田向每"工"支付16文钱,外塛田用水成员则只需为其每亩农田向每"工"支付8文钱①。雍正七年(1729),陈汝亨修芦浦陡门,要求田主、佃户各分摊本次修葺资金的一半②。由以上案例可知,清代官办工程灌区内管理人员在举办修葺活动时为推行按亩摊派的制度,已就本地实际情况改变了该制度施行的具体模式,即并非简单地将工程所需资金人力总额平均分摊到每一个用水成员,而是要结合成员实际用水情况以及负担能力,灵活地征收,如沿海内、外塛田引水便利程度不一,导致内塛所能获取灌溉水资源总量远超外塛,故而在修葺所需资金方面,内塛应分摊更多份额;佃种田地的农户财力拮据,无法负担全部修葺资金份额,要求其与田主各出一半实际上可以使征收过程更为顺利。"按亩摊派"的顺利推行,表明清代各官办工程灌区内乡绅参与农田水利事业的主动性已远超明代,且官员、乡绅在修葺活动中所应扮演角色及其所应承担任务均已有制度规定。实际上,清代莆田各官办工程灌区内用水乡绅在修葺活动中已然具备一定自主权,不再受农田水利主管官员的过度制约,官府与民众在官办灌溉设施修葺过程中的全面合作成为现实。

　　表4.5反映了明代莆田民办灌溉工程重修活动的部分细节。根据该表可知,明代莆田各民办灌溉工程修葺方式相比较于宋元时期而言,差异巨大。就小型民办灌溉工程即南洋多座陡门而言,明代以前其灌区内用水成员群体实力孱弱,缺乏组织足够人员、资金投入农田水利建设的能力,故而该时期小型民办灌溉工程修葺往往由本地主管农田水利的官员负责操办;进入明代,虽该类工程修葺多数情况下仍由官府出资并派员督办,但乡绅群体主办此类工程修葺活动的情况亦不鲜见。明宣德七年(1432),南洋林墩陡门坏,时任县丞的叶叔文因办理木兰陂修葺善后事务分身乏术,便报请上级,命当地耆老陈暲晦督办此次修葺;作为当地"水利老人",陈暲晦充分利用地方官赋予的权利,在灌区内按田亩摊派修葺所需资金,凭借所筹资金按时完工,这是"按亩摊派"的修葺资金筹集方式在莆田较早应用案例之一③。这种情况的出现,与明代以后沿海一带"塛田渐开"的局面有关。沿海地区新垦田地用水量大,而沿海一带能够提供大量淡水的设施往往是南北洋陡门,故而有明一代各陡门周边地区吸引了大量垦荒者,形成了规模可观的聚落,使各陡门灌区内用水成员群体实力大大增强,且使其具备了参与农田水利建设的能力,故而地方官又将此类修

①廖必琦.莆田县志[M].刻本.莆田:文雅堂,1926.
②陈池养.莆田水利志[M].台北:成文出版社,1974:209.
③周瑛、黄仲昭.重刊兴化府志[M].福州:福建人民出版社,2007:1366.

葺交由灌区内有名望与实力的乡绅,并由其负责施工人员募集以及资金筹集。民办小规模灌溉设施修葺举办过程中的实例,易见此类修葺活动中“官民合办”因素的增强,但官员主办在此类修葺活动中仍占据主流地位的事实仍可以说明地方官对于此类小型灌溉设施灌区内用水成员群体的实力存在一定程度的质疑,故而民间力量为获得此类工程修葺主导权限尚需加以尝试。

表 4.5 明代莆田民办灌溉工程重修情况一览

时间	工程名称	负责人(官职)	详情	资金来源
明洪武八年(1375)	木兰陂	尉迟润(通判)	修堤,修陡门,浚渠	民间募资
明永乐十一年(1413)	木兰陂	董彬(通判)	改木闸为石闸	按亩摊派
明宣德六年(1431)	木兰陂	叶叔文(县丞)	撤旧堤之石改筑	按亩摊派
明宣德七年(1432)	林墩陡门	叶叔文(县丞)	命耆老陈暲晦修	按亩摊派
明景泰三年(1452)	洋城陡门	张澜(知府)	撤旧址,设三门	官府出资
明天顺七年(1463)	木兰陂	王常(知县)	命耆干陈书宣董役	按亩摊派
明弘治三年(1490)	洋城陡门	王弼(知府)	委耆干杨宗重修之	按亩摊派
明弘治三年(1490)	木兰陂	王弼(知府)	命郡人林叔孟司事	按亩摊派
明嘉靖二十年(1541)	林墩陡门	周大礼(知府)	命主簿邱彬董其事	官府出资
明嘉靖二十二年(1543)	木兰陂	周大礼(知府)	召邑民余希夷董事	官府出资
明嘉靖三十三年(1554)	木兰陂	许爚(知县)	以南厢民林寿六修之	官府出资
明嘉靖三十五年(1556)	木兰陂	何惟慜(知县)	以南日民吴日征督事	官府出资
明隆庆二年(1568)	木兰陂	钱谷(同知)	委郡幕刘梅董役	民间募资
明万历元年(1573)	洋城陡门	吕一静(知府)	扶正柱石	官府出资
明万历八年(1580)	木兰陂	许培之(通判)	召惠安穷民应役	民间募资

资料来源:廖必琦.莆田县志[M].刻本.莆田:文雅堂,1926。

与此同时,这一时期以木兰陂为代表的大型民办灌溉工程修葺活动举办形式由于原有管理组织“陂司”的解体也发生了一定程度的变化。宋元时期木兰陂修葺活动虽名义上由主管农田水利的官员督办,但实际施工过程始终由陂正、副掌控。以“十四姓”乡绅为代表的陂司管理者对于木兰陂灌区内部情况,尤其是工程建设与管理要点、灌区内用水成员信息掌握比较全面,故而能够承担木兰陂修葺管理职责。然而当陂司解体后,灌区内始终未能有全方位掌握以上信息并对本地用水习惯有所了解的成员牵头重新构建用水协作,故而本地主管农田水利的官员,除在有名望的乡绅群体内部选拔“水利老人”监督世袭的管理人员“小工”,以保障工程日常管理能够顺利进行外,最初还需亲自参与组织木兰陂大修、抢修,如洪武八年(1375)兴化府通判尉迟润主办木兰陂大修,"与书佐黄子正往宿陂上专督之,而身亲三两日一临,观以视其成无何。知事程君、照磨路君先后至,询陂之故,叹曰:'公汲汲于利民如此,虽古之循吏,治不过如此'"①。可见此时木兰陂修葺事务牵扯了地方官大量精力。根据表4.5可知,明中期以后,地方官于木兰陂灌区内举办工程大修、抢修时多采取"董役制"修葺管理模式,即"择民之有财力者董其役",这就表明地方官在木兰陂修葺管理方式上有了新的思路②。"董役制"与官办工程修葺所采取的管理模式相似,同样也是由主管官员指派一名或数名有财产、有名望的"耆干"负责制定修缮计划、召集应役民夫、雇佣工匠、监督施工过程。这些参与修葺的"耆干"具备官府认可的主管基层事务身份,主要代表与之关系密切的部分用水成员利益,故而其所谓对农田水利事业的有效管理是以对灌区内用水习惯的初步认知为基础的,相对而言比较可靠。

然而需要注意到,尽管明代木兰陂灌区内实践了"董役制"工程修葺管理模式,但该制度构建的基础并不牢固。尽管董役"耆干"具备官方背景,但实际出任者品德资质往往良莠不齐,故而地方官对于具备该身份的乡绅并无足够信任基础。与此同时,官民之间沟通途径的缺失往往也导致官民所掌握信息不对称,加深了官民之间的"猜忌鸿沟"。"后因为利,估浮于检落之多,靡费于日用之旷,即造作如法,官民犹病,况未必如法耶。嘉靖甲寅岁,岸尝小坏,前令选川许侯知其弊,以南厢民林寿六修之,要工毕给直。是上以不尽力疑其民,民以不给直疑其上"③。官民之间缺乏信任必然导致修葺工作效率的降低,反映在木兰陂修葺管理事务中,表现为明代后期地方官更倾向于亲自参与木兰陂修葺施工管理,或委派亲信"董役",乃至于将木兰陂修葺活动视为地方政府主办的大型公共水利事业,绕开了本地乡绅势力,并以"用工代赈"为名自外地招募工匠、民夫参与建设。如此一来,明代莆田地方政府与乡绅群体在木兰陂修葺管理事务中不仅未建立有效合作机制,反而因修葺资金控制权争端加深了彼此之间的隔阂,均不愿在施工过程中投入全部的精力,故而这一时期木兰陂"屡修屡坏"也就不难理解了。

明代木兰陂修葺资金筹集制度,相比较于宋元时期也发生了一些变化。明初陂司解体后,其所管理的陂田逐渐荒废。为保证木兰陂日常管理、修葺施工有稳定的资金来源,本地农田水利主管官员将陂田"收寄入官",纳入了官田体系当中,"派佃耕种,税其粮谷",如遇修陂,则由官府直接调拨款项。然而明代木兰陂修葺工程量多极为庞大,地方政府财政结余多难以应付,且也无法自其他款项中过多挪用,故而

①雷应龙.木兰陂集节要[M]//中华山水志丛刊(第19册).北京:线装书局,2004:231.
②陈池养.莆田水利志[M].台北:成文出版社,1974:630.
③同①289.

民间募资渠道再次被重启,"往有修筑,税及饮水之田,小则给公赎"[①]。明代木兰陂修葺资金筹集过程中所谓"民间募资"的方式,随后迅速向"按亩摊派"制度转变,"明天顺甲申,始验田输粟;弘治壬子陂坏,输田亩所入庀工,遂为定制"[②]。如前所述,明代莆田地方政府与乡绅群体在木兰陂修葺事务中的协作状态并非良好,但在修葺资金征集方面,由于灌区内各地用水需求基本能够得到满足,且参与"董役"的耆干在对基层用水成员群体建立有效控制的同时也对修葺资金分配具备一定话语权,故而这一时期"按亩摊派"制度的推行似乎并未遇见过多阻碍。同时也需注意到,这一时期木兰陂灌区内用水成员虽对于修葺资金的"摊派"无较大异议,但对于如何摊派即如何根据成员财力的实际情况判断应承担份额似乎并未完全达成共识,故而"按亩摊派"的制度细节尚有待完善。

　　表 4.6 反映了清代莆田民办灌溉工程修葺管理的部分细节。根据该表内容可知,随着木兰溪入海口南侧沿海一带农业开发日趋完善,各沿海小型民办灌溉设施修葺管理制度基本固定下来,即以"官督民办"的模式为主,实质上是在地方官介入的情况下由灌区内耆干组织民众自行筹资并开展施工。小型民办灌溉设施多由原排水设施改造,受益区域不过数村至十数村,用水成员群体规模小,然而其多处于南洋渠系末段关键位置,一旦排水功能受到损害便会影响上游灌溉系统,故而地方官参与督办此类工程修葺仍有其必要性。

表 4.6　清代莆田民办灌溉工程重修情况一览

时间	工程名称	主持者(官职)	详情	资金来源
清顺治八年(1651)	木兰陂	朱国藩(知府)	参军洪儒董事	按亩摊派
清康熙五年(1666)	林墩陡门	沈廷标(知县)	命邑人周谷等董事	按亩摊派
清康熙六年(1667)	木兰陂	沈廷标(知县)	资取诸受水之田	按亩摊派
清康熙十九年(1680)	木兰陂	苏昌臣(知府)	命乡绅监工	按亩摊派
清雍正五年(1727)	木兰陂	沈起元(知府)	得水田亩出钱十之七	按亩摊派
清乾隆二年(1737)	木兰陂	陈玉友(知府)	南北洋得水田出资	按亩摊派
清乾隆十三年(1748)	洋城陡门	灏善(知府)	更换闸板	官府出资
清乾隆十七年(1752)	木兰陂	王文昭(知县)	循旧例照亩匀派	按亩摊派
清乾隆三十二年(1767)	木兰陂	蔡琛(分巡道)	陂、岸、闸均修复	民间募资
清乾隆四十一年(1776)	木兰陂	谢维祺(知府)	查例按田兴修	按亩摊派

①陈池养.莆田水利志[M].台北:成文出版社,1974:630.
②雷应龙.木兰陂集节要[M]//中华山水志丛刊(第 19 册).北京:线装书局,2004:296.

续表

时间	工程名称	主持者(官职)	详情	资金来源
清乾隆四十三年(1778)	木兰陂	福昌(知县)	捐俸并命典吏徐焕修	民间募资
清嘉庆十年(1805)	木兰陂	黄甲元(知县)	出罚锾修陂及万金桥	官府出资
清道光五年(1825)	木兰陂	陈池养	修陂浚渠	按亩摊派
清道光九年(1829)	洋城陡门	陈池养	照得水村庄按田凑资	按亩摊派

资料来源:廖必琦.莆田县志[M].刻本.莆田:文雅堂,1926。

张琴.莆田县志[M]//中国地方志集成·福建府县志辑(第17册).上海:上海书店出版社,2000:
35-42。

　　清代木兰陂修葺管理模式相比较于明代而言有一定变化。地方政府与乡绅群体在修葺事务中的合作机制最终建立起来,即在修葺管理事务中,官、绅均有一定程度的话语权,且能够在实际施工中各司其职。明代乡绅群体的代表"耆干"参与施工管理时,其职权分派并无制度约束,清代以后地方官在选拔乡绅参与灌溉工程修葺时,往往根据本次具体施工任务的需要确定员额,使参与者能够各尽所能,如清康熙十九年(1680)兴化知府苏昌臣主持木兰陂大修,"单骑视工","集绅士三老,议出司收纳四人,监收二人,监匠与工九人,物料二人,出入登记二人,支给具领赴库"[①]。参与施工管理的乡绅原本仅具备"董事"身份,如今其应司其职俱已有所规定,且明代地方官为办理修葺事务而临时组建"董事会"职能并不完备,而类似于苏昌臣所组建的施工管理组织,财务管理岗位、物资管理岗位、施工监督岗位均由"耆干"充任,其功能已然完备,且工作效率也有所提高。

　　清代木兰陂修葺以"按亩摊派"为主要征收模式。相比较于明代而言,这一时期修葺资金的征收除效率有所提高且征收量大大增加外,征收制度的细节也显得更为完善。明代曾有将内陆、沿海引水便利程度导致的实际用水量差异以及佃户的负担能力纳入征收标准的先例,而清代以后农田水利管理人员则将这些考察标准纳为常态化制度,使修葺摊派资金的征收成为用水成员可以接受的额外负担。同样以康熙十九年(1680)兴化知府苏昌臣修木兰陂为例,此次为修陂向受水田亩摊派资金,先以"得水田计亩,全得输金二分二厘,半得者减,主佃均输"为则,后苏氏以"兵荒农苦"为由,改为"田主输八,佃输二",同时"改金输钱四百",也减免了先前参与修缮北洋杭口堤的十四乡应摊派份额,最终自"得水田业九万九百八十有奇"筹得"宋钱七十三万四千有奇",在减轻引水困难成员以及佃户身份成员负担的基础上仍旧完成了应征额度[②]。同时当官府财政较为宽裕时,也并非将全部修葺资金负担强加于用

---

①廖必琦.莆田县志[M].刻本.莆田:文雅堂,1926.

②陈池养.莆田水利志[M].台北:成文出版社,1974:646.

水群体,如清雍正五年(1727)兴化知府沈起元主持修陂,命董役乡绅林时迈征收修葺资金,其中仅将 70% 的资金摊派于"得水田亩",其余资金中 2/3 由官绅自愿捐助,剩余 1/3 由地方政府财政结余支付①。这一方式将用水成员收支情况与官府财政状况纳入综合考虑,既不过度增加灌区民众负担,也不致府县财政捉襟见肘,具有普适性。综合考量清代"董役制"的正规化以及"按亩摊派"模式的合理化,可知这一时期莆田地方政府与木兰陂灌区用水成员在工程修葺事务方面已构建了较为完善的合作机制,同时木兰陂工程管理中的"民办"色彩逐渐淡化,但也并未成为一座完全的"官办"工程。事实上用"官民合办"来形容这一时期的木兰陂修葺管理制度是最为合理的。

第三节 灌溉用水分配规则的演化过程

分水制度,即灌溉水资源的分配原则,是特定工程灌区内农田水利法规的重要组成部分,其制定的主要目的是平息民间用水争端,实质上是为了解决灌区内部成员"水权"的实现途径问题。中国古代的"水权"通常指个人或团体享有对国家水资源的使用权和收益权②。一般来说,灌区内用水成员为实现"水权",需要向官府或工程管理组织申请,并缴纳"水费"或参与水利劳动,即可以享有用水资格。然而自然水系受上游区域降水影响导致径流量波动造成该流域内部灌溉工程所能引水、蓄水量不断波动。每至工程引水、蓄水量减小时,灌区内成员的用水需求不能得到完全满足。如此时缺乏一定制度对有限水资源的分配做出规定,便有可能导致用水成员间矛盾滋生,进而动摇基层社会的稳定。故而明确的灌溉用水分配制度的建立既能够满足用水居民保障自身权益的诉求,也能够协助官府维持稳定的社会局面。就莆田一地而言,自北宋至清代,官府与乡绅群体对于用水分配规则的建立与完善十分重视,其中对于地方政府而言,掌握灌溉水资源分配权利有助于其加强对基层社会的控制,便于其对基层社会施加影响;对于乡绅阶层而言,参与灌溉水资源分配规则制定,将更多可用水资源向自身倾斜,既能够控制重要的生产资料,发展自身实力,也有助于提高在乡族组织内部的地位。构建合理的灌溉用水分配原则,实质上需要解决两个问题,即如何实现灌区内用水成员"利益均沾",以及如何协调解决成员间用水争端。就古代莆田的实际情况来看,灌溉水资源难以公平分配以及灌溉用水矛盾问题的解决,在内陆地区以及沿海地区,一般可以采取不同的措施,故而为掌握该地区灌溉用水分配原则的演化,需要对不同用水地域的实际问题分别加以研究。

---

①雷应龙.木兰陂集节要[M]//中华山水志丛刊(第 19 册).北京:线装书局,2004:300.

②田东奎.中国近代水权纠纷解决机制研究[M].北京:中国政法大学出版社,2006:30.

一、内陆地区分水制度与用水纠纷

农业灌溉用水意义上的莆田内陆地区是指内堤以内的耕作区域,一般被称为"洋田"。北宋时期莆田人口规模尚小,耕地面积也并不广阔,同时大规模农田水利建设又为较早开发的平原地带提供了充足的灌溉用水资源,故而官府与民间在制定灌溉用水分配规则之时尚有足够的回旋余地,能够较为充分地照顾各方利益。明代以后,随着莆田各灌区内部耕地面积逐渐扩大,灌溉水资源需求量直线上升。与此同时,自然环境现状以及水利技术条件使得莆田水资源开发已趋饱和。这就导致新旧用水成员之间矛盾日益凸显,各灌区内部用水纠纷案件数量迅速增加。地方官以及各工程管理组织负责人为协调灌区用水成员间矛盾而疲于奔命,表明农田水利法规制定者在新形势下必须要改革原有灌溉水资源分配制度,并采取各种措施解决用水纠纷。

(一)灌区与沟系:宋元时期灌溉水资源分配原则

宋元时期的灌溉水资源分配原则,一般因"灌区"和"沟系"的具体用水情况而有所区别。具体而言,特定灌溉工程建设之前,其受益区域便是固定的,即该工程具备"灌区共有财产"的性质,旁处居民一般不得私自开凿沟圳从该工程蓄水段引水,否则视为侵犯本灌区利益,灌区内用水成员均有保持"排他性用水"的义务。与此同时,特定工程灌区内部水资源的分配受引水沟渠走向的影响,即截溪蓄水工程建设之初便开渠引水,使工程所蓄积水资源得以沿沟渠流向灌区内各处;然而各工程灌区内一般分布着数目庞大的用水村落,于每村与工程枢纽之间均开凿一条引水渠是不现实的;故而各灌区内部成员引水采取了"干渠—支渠—村落引水设施"的方式,即于截溪坝上游一侧开凿引水圳口,新开凿引水干渠或将原有自然水系改造成主干渠道,并在干渠流经水系交汇、交通要道的位置设支渠引水口,并修建支渠将水流引向各"村落群",沿支渠各村落再自行修筑圳道、涵洞、轮车等引水设施,将渠水引入田间地头以资灌溉。

宋元时期兴化府(路)3县被划分为南洋、北洋、九里洋3个大型灌区,以及分布在仙游县、兴化县和莆田县西北部山间河谷一带围绕数百座中小型灌溉工程构建的若干小型灌区。大型灌区一般由一座核心工程、若干附属工程以及遍布灌区的大小沟渠组成,一切农田水利事务围绕核心工程运转;南洋灌区以木兰陂为核心,北洋灌区以延寿—使华陂为中心,九里洋灌区以南安陂为中心,各灌区之间相互独立,无须开凿沟渠连通。山间小型灌区内部一般包含数座位于同一自然水系上下游或在地理位置上极为接近的小型灌溉设施,各灌溉设施之间一般由自然或人工水系连通,以求灌溉水资源可以在各工程蓄水区域间互相调剂。由此可见,宋元时期莆田并不存在跨区域、大范围的用水协作,用水局面呈现为大小灌区内部水资源的自我消化,即在灌区内部方能构建紧密的用水协作。对于某一灌区内部成员间来说,用水一般受沟系内部原则的约束,在以用水村落为基本单位的基础上,位于同一条支渠上下游的村落往往可以构建本支渠流域范围内的用水协作，即建立所谓"支渠村落群"；自同一干渠引水的支渠村落群往往可以构建更大范围的用水协作，即建成"干渠村落群"；多个"干渠村落群"合作，最终共同构建全灌区范围内的用水协作。据此可知，灌区内部存在自下而上构建的用水协作机制，而灌区内的分水制度也正是建立在这种递进关系的基础之上。

通常同一灌区内所有干渠，同一干渠沿线所有支渠，同一支渠沿线所有村落，其用水均需要遵循"自上而下"的排列顺序，即各干渠、各支渠、各村落均需根据其在灌区内、干渠系统内、支渠系统内所处地理位置依次引水灌溉。沟渠系统内灌溉水资源分配遵循"利益均沾"的原则，力图使灌区内成员所获得的水量相等，但每一灌区用水总量的衡量是比较困难的。莆田自西北向东南倾斜的地形决定了同一灌区内与海岸线距离越近，沟渠流速越缓，单位时间内水流量越小，居民引水便利程度也就越低。以木兰陂灌区为例，为保障各支渠沿线村落能够获得等额水量，北宋当地居民开凿南洋沟渠时即将沟系分为三段，各段沟渠的宽度、深度均有不同限制条件，一般在上游水流湍急处缩小沟渠横截面积，在下游水流较缓处则将之扩大，"上段沟深一丈，阔一丈二尺；中段沟深一丈三尺，阔二丈四尺；下段沟深一丈五尺，阔二丈七尺"[1]。在考虑到流速的情况下，单位时间内流经三类沟渠的水量基本一致，进而灌溉水资源分配层面的"利益均沾"也就能够实现。而同一支渠系统上下游村落一般以"分时引灌""分区引灌"为准则，即各村商议后平分渠段，各渠段间均筑坝设闸，在用水时间内闭闸蓄水，引灌农田；用水时间结束后即开闸放水，以资下游。以太平陂为例，太平陂下圳各村沿渠道"节节为坝"，每村分得一坝；各坝夜间闭板，蓄水溉田，天明启板，使渠水下流，灌梧塘、漏头田地；后梧塘人认为天明启板导致用水时间不足，故改为鸡鸣启坝。在水源充足的情况下，"分时分区"引水制度不失为一项有效的支渠内部灌溉制度。

（二）"三七分水"与源头置闸：明清解决用水纠纷的制度创新

明代以后，莆田内陆地区用水纠纷案件日益增加，这是该地区内部社会经济发展不平衡的必然结果。一方面，原本人烟稀少的区域开发程度日益加深，用水量稳步增长，挤占了其他部分区域所应享有的灌溉水资源。尽管用水份额被占区域居民屡次向官府申诉，但新开发区域用水成员并不愿将重要的生产资料拱手让人。双方在用水问题层面的分歧逐渐加大的同时，地方官平息用水纠纷的难度也与日俱增。另一方面，各灌区内用水成员的增加往往意味着旧有用水习惯被打破，而在用水协作重新建立之前，部分用水成员往往未能形成权责统一的意识，不愿主动参与工程修葺管理。就沟系内部而言，上游成员放弃修缮管理职责，导致沟渠淤塞，往往直接

---

[1]廖必琦.莆田县志[M].刻本.莆田：文雅堂，1926.

导致下游成员无水可用。此时下游成员通常会寻求地方政府的支持,而地方官也仅能对不履行修缮义务的成员进行申斥,却并不能对所有成员的用水行为进行持续而有效的监督,故而不能从根本上解决问题。

实际上,根本性解决用水纠纷的关键在于消除地区内部差异,平衡地区内部发展,建立统一的用水习惯以及普遍的用水协作。这就远远超出了农田水利管理者的职权范围。对于明清莆田地方官而言,为各灌区成员重新构建"利益均沾"的用水原则是解决用水纠纷较为可靠的途径。利益均沾的关键在于消除引水便利程度的不同所造成的区域间可用灌溉水资源总量差,就同一灌区而言,主要是针对用水成员田产高下远近订立合理的分配法则;就邻近灌区间而言,主要是鼓励灌区内、灌区间成员用水资源调剂,同时禁止跨灌区盗窃、霸占用水资源的行为。"利益均沾"一般由官府制定规则来保障,并由专门建成的分水闸来实现。

明清时期莆田地方官往往采取"三七分水"的原则平衡用水纠纷双方的利益。"三七分水"是一个统称,并非指解决所有用水纠纷均需要将区域灌溉水资源等分为10份,一方得7份,另一方得3份,而是根据对矛盾双方灌溉面积、地形地势以及水资源位置进行综合考察后制定能够在满足双方需求的同时遵循公平原则的分水比例,并通过制定用水规章、创建分水设施对其加以实现[①]。

为解决同一干渠系统内不同支渠系统因引水便利条件差异引发的用水争端,农田水利管理者往往需要仔细考察矛盾双方的实际用水情况,如明万历三十二年(1604),莆田知县蔡善继为协调南洋渠头桥一带用水纠纷,就对该地的灌溉用水情况做了详细考察,"木兰之水,至渠头桥分二支,一顺流而南,下坂、山屏、东沟、水南诸村受其灌溉;一折流而东,新度、珠坝、樟桥、洋城诸村仰给焉"。经考察后,蔡氏认为南、东两支渠系统用水形势不一,"水流下坂等处者狭而浅,其势顺而疾;流新度等处者深而阔,其势曲而迟",造成了此处水流"东注者三,南注者一";尽管下坂等处乡民对水量分配多有争议,但蔡氏认为"东田待命倍于南,且彼直而驶,此曲而迟,彼待济者少,此待济者多,实足相当",故针对用水分配问题不能采取"一刀切"的方式;事实上,东支、南支的实际用水比例并不能到达3∶1,究其原因,"南下者直而易达,东流者曲而易淤",阻塞沟渠的泥沙导致东支渠道越往下游,沿线村落用水困难越为严重。此次,蔡善继除敦促东支沿线村落加强渠道修葺管理外,还命两处居民于干渠分水口建设闸门,其中"南广四丈五尺,东广五丈五尺,令二水并流,势均力敌",将用水比例控制在合理的范围内,使东支渠、南支渠沿线居民用水需求均能得到满足,便使两处"相安无事"(图 4.1)[②]。

①张俊峰.油锅捞钱与三七分水:明清时期汾河流域的水冲突与水文化[J].中国社会经济史研究,2009(4):40-50.

②廖必琦.莆田县志[M].刻本.莆田:文雅堂,1926.

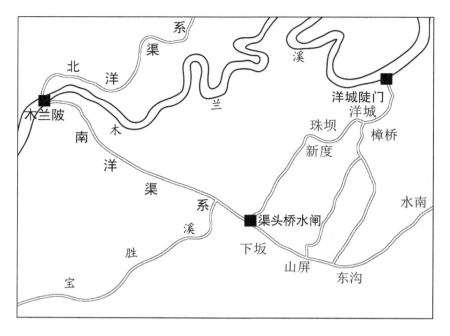

图 4.1　渠头桥分水示意图

　　"三七分水"的原则,往往也适用于同一灌区内不同干渠系统用水成员群体间的纠纷案件。以北洋地区为例,该区域灌溉事业发展向来在延寿陂水利系统的基础上进行。吴兴建延寿陂时所开长生港、儿戏陂在宋元时期被改造为北洋水利系统内的两条主干渠道,其中长生港灌溉区域主要包括东厢、延兴里、仁德里、孝义里等处,儿戏陂则专溉尊贤里诸村①。延寿陂水自分水处进入长生港的水量占据总水流量的8～9 成,而儿戏陂受益诸村所能引溉水量仅占总量 1～2 成,这就引发了两条干渠用水成员群体间的争议。明代以后,儿戏陂渠道沿线居民凭借"上游引水"的优势,将延寿陂分水处长生港沟道引水口堵塞,"使水专注儿戏陂诸里",虽减少了长生港系统引水量,但如非极端干旱天气并不会使水流断绝。明成化十二年(1476)莆田大旱,长生港渠道因上游引水口阻塞无水可用,该地用水成员与儿戏陂用水成员间矛盾激化,发生大规模冲突。时任分巡佥事陈轼听取民意,协调争端,命兴化卫指挥佥事丁远将位于长生港上游水口的阻塞物拆除,将上游总输水量定为 10 份,其中长生港得 8 份,儿戏陂得 2 份;改造 2 处沟渠引水口宽深,规定各处用水时间,使用水比例得以实现,"复决长生港,置闸其中,每启一昼夜泄溉诸里田,复闭一昼夜蓄注儿戏

---

　　①周瑛,黄仲昭.重刊兴化府志[M].福州:福建人民出版社,2007:1358.

陂","各命里耆一人司启闭,复以他里之无与水利者一人总之"①。长生港所灌东厢以及延兴三里用水面积大,用水成员多,需水量高;儿戏陂所灌尊贤里用水面积小,用水成员少,需水量低。然而儿戏陂灌区位于海拔较高处,引水便利程度较长生港灌区更低。地方官推行"三七分水"制度解决两地间用水纠纷,既考虑到用水量差距,也考虑了地理位置差异,使两条主干渠系内部用水成员群体利益均能够得到充分保障。新建灌溉设施内部不同干渠系统间对"三七分水"原则的应用当以均惠陂为例。该工程位于文赋里西淙瀑布泉下,于明成化年间由时任福建按察司副使刘乔主持建成。刘乔建陂时参考别处案例,并充分听取当地居民意见,了解到"下阜田多水少,西浦田少水多",故而对分别流向下阜、西浦的两条引水干渠的宽度、深度重新规划,使"下阜田得水六分九厘,西浦田得水三分一厘"②。这样就在实现"利益均沾"的同时加强了灌溉设施分水的公平性,故而当地居民以"均惠"二字命名了该工程(图 4.2)。

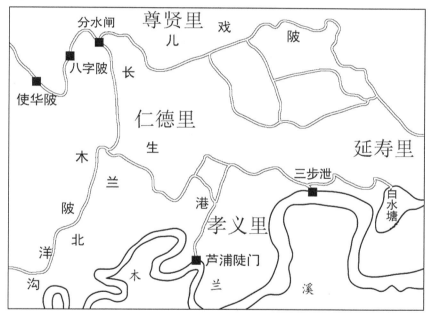

图 4.2 延寿陂分水示意图

不同灌区用水群体成员间的纠纷同样可以应用"三七分水"原则来解决,其中牵涉比对灌区间用水实际情况、考察此前灌溉历史、推测灌区间用水协作建立可能性等问题,需要地方官为之投入更多精力,完善原有体制。以尊贤里淡头、白杜等村为

①陈池养.莆田水利志[M].台北:成文出版社,1974:691.
②黄仲昭.八闽通志(上册)[M].福州:福建人民出版社,1989:492.

例,此区域灌溉水源有两处,西南侧白杜等村引使华陂所蓄之水灌溉,东北侧淡头等村则引灌洞湖所蓄之水。洞湖在淡头村以东,为一处小型灌溉工程,引枫溪之水入人工开挖的水塘,灌溉淡头、溪安等处农田,设上浦、下浦两座陡门泄水。洞湖与使华陂距离极近,但灌溉能力有所不同,"使华陂源远不竭,枫溪流仅数十里,遇旱不足",故而洞湖灌区用水成员有向使华陂灌区买水之议;事实上,使华陂本身灌溉能力也并不能完全满足本灌区,"使华陂灌田不及四千亩,旱有余润,然至沟渠皆涸,即泻尽全流,只救水头数村,于下洋无济",故而"陂水灌至淡头西境,离东境十余丈,不敢开通,缘地势西高东低故也"。明万历三十一年(1603),莆田知县蔡善继协调淡头、白杜等村用水矛盾,充分考虑两地水资源实际情况,规定了"余润相济"的灌区间用水协调法则,"岁或乏水,淡头告诸官,酌彼之有余以济其竭,如使华不足,不得强借启争,司陂者亦不得徇私擅放";对于多雨季节的"余润"则按"三七分水"原则进行分配,淡头等村分得一定比例,留存一部分于使华陂灌区以备不足;由此可知,在灌区间协调分配"余润"之时,使用"三七分水"的原则可以达到"互利"的效果;同时,在"三七分水"原则之上建立起来的余润分配制度,同样也是灌区间用水协作初步建立的标志之一①。

二、沿海与内陆地区之间的用水纠纷与解决措施

沿海与内陆灌区用水成员之间的纠纷出现于明代,主要表现为"埭田"与"洋田"居民的用水争端。"莆中洋田,依山附海,由高趋卑,尽处为沟,沟外为堤,田土高低已争二尺,以水准之则,固可知此堤即今之居民往来内堤是也。海民又于堤外海地开为埭田,渐开渐广,有一埭、二埭、三埭之名,外复为堤,以障海浪……埭田低于洋田,亦复不等,或二三尺,或三四尺。为埭愈多,其地愈下,沮如斥卤,利饮清泉,故为埭田者或大决官沟,开渠以达;或深凭沟底,为涵以通,仰吞沟水;拍满汪洋,则于外堤私立陡门,多设涵实,以注于海"②。内堤即唐代所筑海堤。北宋以后,沿海一带居民以唐海堤为起点开展围垦,至明代已垦至今日海岸线附近。为防止新垦田地上作物被海水淹没,当地居民又沿新海岸线修筑堤坝,旧堤在内,新堤在外,故称唐代所筑为内堤,明代所筑为外堤。内堤以内农田称为"洋田",内外堤之间农田称为"埭田"。埭田区域远离淡水河流,且区域内缺乏天然水源,同时凿井也无法获得灌溉用水。故而埭田居民往往只能从内堤以内区域获取灌溉水资源,除直接引灌陡门、涵洞所出沟渠余水外,通常是在临近内堤的沟渠设置引水口,将渠水沿涵洞、圳道引过内堤,直至埭田;或直接将渠岸凿开,修筑新渠引水,穿过内堤直达埭田。不论何种

---

①廖必琦.莆田县志[M].刻本.莆田:文雅堂,1926.
②朱澜.天马山房遗稿[M].台北:台湾商务印书馆,1986:497.

方式,均对洋田水利系统造成破坏。"自东山至宁海,自宁海至木兰,私陡门凡几处,私木涵凡几口,百孔千疮,不可胜计;昼夜不息,旱潦不休,则其所费何啻一陡门之水哉! 假如一处陡门尽抉闸板以泄众流,则沟浍皆盈,涸可立待"①。埭田居民毫无节制地从沟渠中引水,事实上已经对洋田居民的水权造成损害,"近闻沿海民之为埭田者,私设涵实什佰于旧,故雨止则水落,天旱则沟涸,而前人之泽日以耗矣",这便是埭田、洋田居民矛盾的焦点②。

埭田与洋田居民的用水纠纷,实际上仍可视为区域间灌溉水资源分布不平衡问题。明清莆田已存灌溉设施多建成于两宋时期,故而主要分布于内陆地区;内堤以外的地区除陡门、涵洞等渠系出水口外,一般无可直接引灌的自然或人工水源。通常为缓解紧张的用水局面,地方政府与用水成员会尝试开发新的灌溉设施,但从水量丰沛的河流上游开凿新渠至埭田工作量过大;与此同时,地方政府财力有限,埭田人口规模过小,不论官民均无力在当地开展大型蓄水工程建设。即便若干小型农田水利设施最终建成,其灌溉能力也不足以使全域受益,故而从工程层面解决埭田用水问题有一定困难。区域间灌溉水资源的差异,反映到现实中,实际上就是区域间农田水利工程建设投入力度的差异。故而不完善埭田区域的灌溉工程体系,就不可能解决埭田与洋田灌溉水资源分布失衡的问题。在无法组织当地居民新建灌溉设施的情况下,兴化府、莆田县对于埭田、洋田居民间的用水纠纷所能采取的措施,只剩下制度建设一项,即针对埭田、洋田居民用水分配问题作制度设计。

明清莆田地方官应对洋田、埭田成员用水纠纷的制度设计之一为清理民间私设涵洞。所谓私设涵洞,是元代以后埭田居民为自内陆沟渠引水而在未向官府报备、未与洋田居民商议的情况下私自铺设的涵洞。私设涵洞本是埭田居民为达成灌溉目的而设,但其引水量未曾加以限制,故而最终导致洋田水量不足,以东山陡门附近东张澄口埭涵洞为例,此处原有长堤,因海堤向内陆一侧为土筑,其结构强度难以抵御上游洪水冲击,故设涵洞若干口,以补陡门泄水之不足。"滨海立泄,以杀霖潦。后陡门作,泄遂寝废。每大水,海堤决溃,乃设涵实数十处,以助陡门之不迅,而东山居一焉⋯⋯元季以势力塍东张澄口,海地为田者相踵,然以斥卤岁不可登。明初,县民林用震、李仲章皆以直得之,而用震居多,遂垣石外护,圳流中饶,连亘数里之埭,而微深广东山涵实,以取余溉之益;又计其砺壳之利,而以通舟为便"③。林姓、李姓豪绅的行为打破了埭田、洋田间原有的灌溉秩序,致使"内渠常涸,外圳浩涌,鱼鳖充牣,贾楫商帆,往来络绎。数年之间,民食公赋皆乏。是以种蛏妨五谷,害万民也"④。

①陈池养.莆田水利志[M].台北:成文出版社,1974:675.
②雷应龙.木兰陂集节要[M]//中华山水志丛刊(第19册).北京:线装书局,2004:204.
③陈稔.立东山水则序[M]//朱振先,顾章,余益壮,等.木兰陂集.刻本.莆田:十四家续刻,1729(清雍正七年).
④同②.

明代莆田地方官为制止此类行为，多次将该涵洞升高、拆毁，但仍未能阻止该处私设涵洞的增加。明万历三十年(1602)，莆田知县张联奎勘察兴福里沿海农田水利，发现此处私设涵洞数目极为庞大，沟渠中水流早已漏泄殆尽，"先至东山陡门，闸夫放闸与洋田平，水亦不泄，取竹投之，底量八尺，则陡门应以八尺为则"，"西有私涵，水泄甚易；又转而东不百步，所称苍埭，中有空地，与陡门连，设木涵二口，尤泄甚"，"半里而西，见海中有禾田，自古车水以灌。今一田二涵，水且浩浩以出，以田为路而放之东"①。内堤沿线涵洞设置过于密集导致埭田蓄水量有余而洋田无水可用，故张联奎将多数海民私设涵洞堵塞、毁弃，留存私涵引水能力仅能供埭田居民灌溉，不足以使其从事水产养殖业，同时更多水量则被存蓄于沟渠之中以供洋田居民引灌。地方官此类行为，与埭田、洋田经济价值的差异性有关，"埭田虽多，不抵洋田千分之一。新开海荡之地，多不起科，旧受粮者亦只多少备数以拟今日契勘之患，利充数家，膏此万姓；饫此灾畬薄赋不科之地，而害数万亩井税之田，则其公私轻重，大有所分矣"②。埭田耕种面积相对于洋田而言更为狭小，且地方政府自其上不能获得足够的赋税收入，故而在分水规则制定时对洋田居民利益有所偏重，是可以理解的。为保证此后民间私设涵洞的行为能够禁绝，明代莆田地方官还在东张澄口一带选拔了名为"公正"的巡查人员，"今举公正八名，四名在陡门，四名在涵洞，四季轮管，一切非古涵洞尽行堵塞"③。"公正"具备地方官赋予的监察权力，一定程度上使"禁私涵"的制度得以延续。

清代莆田地方官沿用了明代的做法，对南北洋沿海一带民间私设涵洞开展了大规模清理。如清乾隆六年(1741)，时任兴化知府的范昌治考察木兰溪入海口一带南北岸埭田，对明代以来民间私设涵洞"酌去留，严泄放"。范氏认为，洋田、埭田居民均为编户齐民，且经统计田亩、户口后均一体纳税，不应根据田地多寡而在分水制度构建方面有所偏颇，"南北洋虽有洋田、埭田之分，而民勤土厚，悉成沃壤。第洋高埭低，河沟复多纡曲，农民各筑堤以分疆界，即各设涵以通水道"；为此，他对于各埭涵洞的去留做了不同决定，如港尾厝边涵这样灌溉面积超过千亩的私涵，一旦拆毁便会导致数埭无水可用，故而只能加以改筑而不应强行拆除；对于东角遮浪一带由民间私建，并借名冒充古代官涵的坊夹边、东角厝边、第三洋三座木涵，则因此处已有芦莘埭官涵供水，故私设石涵应立即拆毁④。范昌治对于埭田居民私设涵洞的关键性态度在于"区分管理"，即对于某埭所设官、私涵所引沟水恰仅供灌溉农田，则将其一并保留；对于某埭官、私涵洞所供水量远超灌溉所需，则拆除私涵，使埭田、洋田所

①廖必琦.莆田县志[M].刻本.莆田:文雅堂,1926.

②朱潮.天马山房遗稿[M].台北:台湾商务印书馆,1986:497.

③同①.

④陈池养.莆田水利志[M].台北:成文出版社,1974:236.

蓄水量恢复平衡状态。而针对保留下来的官、私涵洞,还需在重订用水量的基础上对之加以改建,这便牵涉到明清莆田地方官应对洋田、塂田居民农田水利纠纷的另一项制度设计——"厘定水则"。

所谓"厘定水则"是指对留存官、私涵洞的过水能力加以限制,使塂田引水总量一定,不至于对洋田用水造成影响。明清莆田地方官"厘定水则"一般有两种方式,一种为在涵洞出水口设水闸。以东山水则的建设为例,此处本为前文所述豪绅林用震、李仲章所开塂田引水涵,为控制其引水量,莆田县丞叶彦辉曾于明洪武十二年(1379)于此设水则闸,"长十余丈,四周砌以石,高广各二尺六寸,以石为闸首,通圆窍,设夫守之",后此闸为林用震所毁,适逢钦差官冯楫至此,组织洋田居民将其重建,"底崇六寸,置闸其上,攻石厚七寸,阔二尺,长如涵之广有奇,而冒于闸,端植木柱于旁",水则闸板上方有小孔,枯水之时,沟渠水位小孔高度,则被留蓄于洋田;丰水之时,沟水自小孔漫溢而出,此时方可开闸放水,灌溉塂田[1]。由此可知,所谓"水则闸"是衡量沟渠水量的工具,即以此方式"厘定水则"是以沟渠蓄水量来判定用水顺序,实际上将塂田、洋田的用水时间区分开来,即枯水时仅由洋田用水,丰水时塂田、洋田共同用水,虽在用水量方面对洋田居民有所偏颇,但仍不失其合理性。

以设水闸的方式来实现"厘定水则"一般仅适用于宽度、深度足够,且引水总量较高的涵洞。对于孔径及引水量均有限的涵洞,明清地方官一般采取另一种方式即"抬高涵底",就是自涵洞底部向上方叠筑砖块,降低其过水能力,使单位时间内涵洞过水量减少,从而达到平衡塂田、洋田可用灌溉水资源总量的目的。清乾隆六年(1741),兴化知府范昌治将清理后留存的南北洋官、私涵洞底部一律改高一寸至四寸,使其与一般季节沟渠水面相平,避免涵底过低导致旱季沟水外流[2]。乾隆二十五年(1760),兴化知府宫兆麟以东山水则涵为范例,重新制定南洋内堤沿线通沟过水涵高低尺寸标准(表4.7),并且对塂田圳道入海口,即"通海出水涵"的高下尺寸也做了一番规定。此后,凡丰水季节,沟渠中水自通沟过水涵入塂田圳道,待塂田处蓄满后,余水自通海出水涵排入海中;旱季沟水为水则闸、高涵底所阻,为洋田所引灌,塂田则将通海出水涵暂时封闭,并使用丰水季节所蓄之水灌溉,塂田与洋田水资源匮乏问题得到缓解[3]。

①陈稔.立东山水则序[M]//朱振先,顾章,余益壮,等.木兰陂集.刻本.莆田:十四家续刻,1729(清雍正七年).

②廖必琦.莆田县志[M].刻本.莆田:文雅堂,1926.

③陈池养.莆田水利志[M].台北:成文出版社,1974:170.

表 4.7　清乾隆二十五年(1760)南洋涵洞高低尺寸条例

涵洞类型	涵洞名称	尺寸
通沟过水涵 (六处,每处涵底与东山水则齐平)	坊夹边石涵	高九寸,宽七寸
	东角企石涵	高九寸,宽八寸
	郭埭石涵	高八寸,宽七寸
	芦莘埭石涵	高八寸,宽七寸
	港尾后海滨石涵	高一尺六寸,宽一尺八寸
	余埭木涵	高八寸,宽七寸
通海出水涵 (八处,每处涵底低埭田七寸)	东角东石涵	高二尺九寸,宽二尺二寸
	东角西石涵	高二尺九寸,宽二尺二寸
	邹曾徐木涵	高九寸,宽七寸
	慈圣门木涵	高八寸,宽七寸
	遮浪赡齐埭木涵	高八寸,宽六寸
	港尾埭木涵	高九寸,宽八寸
	海滨天兴埭木涵	高八寸,宽七寸
	新隐埭木涵	高七寸,宽六寸

资料来源:陈池养.莆田水利志[M].台北:成文出版社,1974:169-172。

　　明清清理涵洞、厘定水则这两项措施的推进,使埭田、洋田居民所拥有的灌溉水资源达到微妙的平衡,其用水纠纷也初步得以平息。随着埭田逐渐垦熟,其用水量也恢复到正常状态,埭田区域内的用水成员也开始具备与洋田地区相似的用水习惯。在此情况下,埭田与洋田用水成员群体之间也出现了建立广域用水协作的可能性。

第四节　沿海堤防管理体制的构建过程

　　莆田沿海堤防建设始于唐代。唐代所建海堤,为当时莆田军屯水利体系的一部分,由主办军屯的官员组织屯田居民兴建,其管理模式与其时所建灌溉工程相比并无特殊性。北宋以后,莆田农业开发区域逐渐向沿海地区拓展,旧时所筑海堤,此时已位于内陆,故而其后当地居民将之称为内堤。新开垦区域紧邻海滨,如无海堤拦障,遇潮涌、台风时必遭受较大损失。然而北宋至清代莆田地方政府发展农田水利事业的重点在于灌溉工程建设与管理,对于堤防建设并未曾投入较多精力,故而这一时期莆田沿海堤防兴修与管理模式可以用"官民合办"来描述。地方政府虽为地方兴修管理主体,但具体到堤段的建设,往往由埭田地区耕作居民负责施工,官府在海堤建设管理过程中对乡绅群体的力量有一定依赖性。

一、海堤兴修管理主体构成

莆田沿海地方兴修管理的主体为地方政府与沿海居民。通常地方官为海堤建设或修葺工作的主持者,负责与上级官府交接,同时也负责为施工调拨官府资金。沿海地区居民一般被编入"堤户"参与海堤兴修管理。"堤户"是地方政府为筹办海堤建设管理专门设置的户口类型,通常部分埭田居民被编为堤户,并纳入"堤甲"进行管理,"海堤皆照埭编甲,每甲管堤户十名,每堤照见种田亩,分定丈尺修筑"①。堤甲为海堤建设管理施工的基本单位,一般以一埭为一甲,每埭出10户编入堤户,由其组成本埭海堤建设管理人员。各堤甲所应负责堤段长度与其所属埭田内所开垦数量有关,一般某埭堤甲应修堤段长度与本埭开垦农田数量成正比。由此可见,尽管海堤并非具有灌溉功能,但其为埭田提供的保护作用恰恰使埭田垦殖者被视为海堤"利户",而地方政府要求埭田居民参加海堤修缮管理应当也是出于此考量。

"堤户"与"堤甲"的设置应当起源于北宋时北洋地区的农田水利管理体系。"延寿陂无岁收财谷,即其地而分为埭者十有一,为段者十。职埭者曰塘长,职段者曰委段,各分莅其堤,陂长实兼营之。所溉田以种计者万余顷,而外埭之田不与焉。凡佃种至硕者,出夫二三五斛者半之。堤岸之有补灌,水泄之有开塞,沟洫之有浚治,塘长、委段各率其二。故凡塘之吏,必择占产之高有田于其间者充之"②。埭、段作为基层管理组织,最初并非专为海堤管理而设,而是地方官为实现沿海一带堤防管理、排水管理、沟渠管理等多重功能而要求该地区乡绅群体专门组建的综合性水利管理组织,但不可否认海堤建设管理仍属于此类组织所肩负的最具关键性水利任务之一。以濠塘段海堤为例,南宋嘉定五年(1212)、九年(1216)两度修葺,均为官府提供资金,由濠塘段负责施工③。元代万金陡门以及木兰陂通北洋沟渠建成后,北洋沟渠与排水设施管理被纳入到南北洋灌区水利协作整体当中,故埭、塘的作用仅余下海堤管理,同时塘长、委段也成为早期民间海堤修缮施工的主要负责人。

明代以后,埭田居民除在地方政府的安排下被编入堤甲参与官办海堤修葺管理,在条件允许的情况下还往往自行举办海堤建设工程,这与本时期官府农田水利建设能力不足有关。如前所述,唐代莆田沿海所筑堤防在明代以后已成为"内堤",为埭田和洋田的分界线,而此时外堤的建设情况却颇为复杂。地方政府所能调动资

---

①廖必琦.莆田县志[M].刻本.莆田:文雅堂,1926.

②黄仲昭.八闽通志(上册)[M].福州:福建人民出版社,1989:495.

③陈池养.莆田水利志[M].台北:成文出版社,1974:392.

金、人力有限,而莆田南北洋沿海一带应修堤段却十分漫长。故而地方政府仅对镇海堤、杭口堤等重要堤段的修治工作加以掌控,对于其他次要堤段的修治则往往交由沿海居民兴办。沿海居民自行举办海堤建设仍以"堤甲"为施工组织单位,各堤通常仅负责本堤所邻接海岸线堤防修治。如明万历三十七年(1609)所筑南洋浚水港堤,即为居于堤内堤田的乡绅周如磐捐助,由此堤居民参与建设而成;又如南洋埕口堤,为堤内堤田居民141 户共同参与修筑,而建设资金则由官府提供①。事实上,明清时期海堤建设的情况表明,官府与堤田居民均为海堤兴建管理活动的重要参与者;就参与主体性程度而言,堤田居民往往可以和地方官相提并论,故而用"官民合办"来描述莆田海堤建设管理活动的性质是比较准确的。

二、海堤兴修管理章程制定

清道光以前莆田的海堤建设虽具备较高的频率,但自其实际内容来看并不能发现所谓的"长远性建设目光"。事实上,就北宋以后莆田镇海堤的修葺管理情况(表4.8)来看,地方官对于海堤建设的态度往往是"随圮随修",并未曾从气候与灾害、施工过程控制等方面分析该处堤防损毁频繁的原因。

表 4.8 北宋至清代镇海堤修葺管理概况

时间	主持者	修缮概况
南宋嘉定五年(1212)	陈宓	先后重修三次
元至元二十八年(1291)	张孝思	修南洋海堤
明洪武三十年(1397)	林汝楫、董彬	修土堤
明永乐三年(1405)	林孟达	得勘合后筑土堤
明永乐四年(1406)	黄元礼	修土堤
明成化六年(1470)	兴化府知府	增高土堤
明成化十六年(1480)	刘澄	起民夫筑土堤
明成化二十三年(1487)	兴化府知府	筑土堤
明弘治三年(1490)	朱梅	堤工食人稻一石
明弘治五年(1492)	谢养	凿渠泄水后筑土堤
明嘉靖十三年(1534)	黄一道	重筑石堤并筑石矶四座
明嘉靖二十九年(1550)	张渊	重修土堤、石堤

①廖必琦.莆田县志[M].刻本.莆田:文雅堂,1926.

续表

时间	主持者	修缮概况
明嘉靖四十三年(1564)	莫天赋	用石交砌石堤
明万历六年(1578)	郭尚书	增设石矶
明万历十六年(1588)	孙继有	修成480丈石堤
明万历十九年(1591)	孙继有	加筑石堤
明万历三十年(1602)	李茂功	增设石矶
清雍正十三年(1735)	苏本洁	筑石堤、石涵
清乾隆四十五年(1780)	沿海乡民	移高筑堤并设西涵
清乾隆五十五年(1790)	沿海乡民	移高筑堤改设东涵
清道光七年(1827)	王廷葵、陈池养	修内外堤并订立修葺制度

资料来源:陈池养.莆田水利志[M].台北:成文出版社,1974:394-398。

由表4.8可知,历代以地方官为主的海堤管理者针对镇海堤修葺管理所秉持的"随圮随修"观念最终导致该堤段"屡修屡坏"。就明清时期的情况而言,自明洪武三十年(1397)林汝楫与董彬重筑,至清道光七年(1827)陈池养重修之前的430年时间内,镇海堤共计修整、重筑22次,平均约每19.5年便需要组织开展一次修葺。事实上,每次重修之间的间隔长短不一,最长间隔如明万历三十年(1602)莆田县知县李茂功添设镇海堤石矶至清雍正十三年(1735)兴化府知府苏本洁重砌土石堤与石涵,133年内当地官民均未曾大规模整修;这事实上与该时期频繁的战乱以及清初"迁界"政策有关,然而长期修治工作的缺失却事实上给此后镇海堤修葺管理工作带来困难,清雍正年以后该堤段修缮频次明显有所提高。而在明万历六年(1578)至万历三十年(1602)仅24年间便有四次大规模重修,平均每6年进行一次;这事实上与本时期沿海一带频繁的灾害性气候有密切关系,但修葺规划工作缺失带来的影响也不容忽视。实际上,以地方官为主的农田水利管理者如能够在开展镇海堤修治工作以前做好施工计划,在修治工作进行时做好过程控制,在修治工作完成后进行施工总结,此堤段在这数百年间的修治频率断然不会如此之高。

清道光七年(1827),致仕乡宦陈池养主持镇海堤重修工作,曾制定多项施工章程,始开莆田海堤建设管理制度化之先河。陈池养与其余修堤负责人在施工前曾对镇海堤周边区域气候、地形、水情进行调查,在获得背景信息的基础上制定了工程建设规划。他指出在长约1114丈的应修堤段中,东侧100丈、西侧300丈堤段所处地势较高,且并非迎潮段,故其建设标准可略低于中段;同时为减缓内侧埭田水流对堤身侵蚀,应将东、西涵洞拓宽加深,提高单位时间过水量。为使本次砌筑石堤达到工程设计目标,陈池养与陆我嵩等修堤负责人会商,共同制定了《石堤砌筑章程》,规定本次所修外堤应分六层,除底层外,第二至第六层均由双层条石砌筑,其中下层采用顺砌法,上层采用丁砌法;自底层至顶层,每层砌筑宽度以 5 尺向内递减。此外在软基地段需用竹络盛装石块做成长条形石笼,并以丁顺结合的排列方式铺砌于底,使海堤建设基础牢靠。陈、陆等人制定的砌筑章程,虽参考了浙江海塘建设案例,但仍根据莆田沿海一带实际情况做了适当调整。为保障石堤砌筑能够顺利进行,陈池养等修堤负责人参照此前案例,并试筑海堤样板,对堤工用石、堤工物料进行预算,并制定计划书。此外,为加快建设速度,陈池养还专门制定了对于船夫运石到达施工地点的奖励章程,对运输石材到达频次较高的船夫采取嘉奖政策,以求提高船夫分运石料的积极性。建设完成后,陈、陆等人还对本次施工经验做了总结,并对今后的修缮管理工作进行了规划。此次镇海堤修葺,前有施工规划,中有过程管理,后有经验总结,是一次规划较为妥善、施工较为严谨的海堤建设工程,对莆田沿海其余堤段的修葺管理具有重要参考价值。

第五节　本章小结

一定范围内古代农田水利管理制度,是对历史上该区域农田水利管理者在从事灌溉工程与堤防工程修缮管理以及灌溉水资源分配制度构建过程中所获得的制度性成果的总结。由本章内容可知,一定区域内农田水利管理的目的在于保障成员水权,即灌溉工程管理组织的设立及其工作的推进,实质上是为了保障特定灌溉工程良好的运行状态,并以此来保证灌区内成员能够获得相应灌溉水资源;区域分水制度的建立,实质上是为了保证该区域内用水成员不仅能够享有用水资格,而且能够在各自享有的份额方面达成公平一致;尽管海堤工程本身不创造灌溉效益,但其本身具有保护沿海地区居民以使其生产与生活不遭到台风、潮涌等灾害侵扰的功能,实际上间接性保障了沿海一带特殊用水区域内居民水权的实现。从这一角度来看,"水权"的实现,是贯穿于一定区域内古代农田水利管理制度演变全过程的重要问题。

就莆田一地而言,各工程灌区内成员水权保障的问题出现于北宋。就灌溉工程管理组织建设来看,民办灌溉工程管理组织的设立是居民水权保障意识构建的表现,而官办灌溉工程管理机构的设置,可以视作地方政府对于居民水权诉求的响应。明代以后莆田官民在灌溉工程修缮管理中的合作,实质上应当理解为在官、民农田水利建设实力均出现下降趋势时,为保障用水、实现水权而互相让渡一部分权力,即官府与乡绅群体在灌溉工程管理层面的互相退让与妥协。而对于灌溉用水制度的构建来说,国家机器在其发展过程中发挥了核心作用。究其原因,官府对于用水成员而言始终是中立的第三方,其参与用水协调的目的在于维持区域内农业生产的顺利进行,以此实现赋税增长的目的,同时也要保障基层社会的稳定。故而地方官参与灌溉水资源分配制度的构建以及用水纠纷的协调,一般能够秉持公正原则,在进行评判的过程中能够注意到用水成员乃至纠纷双方之间"利益均沾"的诉求,并以此为目的实现灌区内乃至灌区间统一用水习惯的构建,间接促进了用水协作的达成。

莆田沿海地区堤防建设与用水问题,是该地区农业生产水平发展到一定程度后出现的特殊性问题。埭田居民作为沿海地区用水成员,同时作为海堤建设的主要参与者,必然要具备一定的组织性。实际上地方政府在将沿海居民编入"堤甲",并对其开圳渠、筑涵洞自内洋沟道引水的行为做出限制时,间接导致若干具备有限水权以及高度协作能力的沿海垦殖组织"埭"的形成。埭民一方面肩负海堤修缮管理职责,另一方面要和内陆洋田地区居民争夺有限的灌溉水资源,故而该群体内部较早地形成了具有较高水平的用水协作,成员所能享有的灌溉水资源份额直接与其参与海堤建设劳动量挂钩。各类名为圳、坝、埭的具备农田水利管理与用水分配双重职能的地域性组织在明代以后出现,可以视为一种构建在水权实现基础上的基层自治发展趋势。

第五章　唐至清末莆田农田水利体系的历史特征

　　一定区域范围内古代农田水利体系的历史特征是对该农田水利体系工程建设与管理制度特性的总体描述。实际上，区域内水利事业发展的工程性、制度能够成为"区域性古代农田水利体系"的分析对象，自然应表现出其区别于同一历史时期具备近似自然社会环境的区域内水利事业发展的特征，而该特征在较长历史时期内的发展脉络亦应纳入考察范畴。具体而言，作为一定区域内古代农田水利体系分析对象的工程性水利建设成果，是否在技术应用上具备一定独特性，其中特定技术的应用是否包含有适应当地环境的思考；历史上该区域内的水利管理制度演变的背后，透露了何种权力结构的变化过程，又意味着该区域内哪些利益团体在水利乃至用水权利层面所进行的利益交锋，这些问题均需要对该古代农田水利体系的特征进行分析，进而获得解答。莆田自唐代以来水利建设成果表明，该地区的水利建设遵循了"从易到难"的技术应用规律，但历代各工程的组织者并未刻意追求最先进的技术引入，而是依靠对施工环境的把握以及对建设目的的构思来因地制宜地进行技术运用；莆田自北宋以来各水利工程管理的事实表明"官"与"民"均为水利管理各个层面中的参与者，尽管早期尚能做到水利管理中的官民各办，但官民合办却是明代以后各工程管理模式发展的共同趋向，从这一变化趋势中大可分析出"水利共同体"这一工程管理中重要民间角色实力的盛衰。故而针对莆田古代农田水利体系历史特征的分析应从工程技术应用与管理制度演变根源这两个方面来进行，并最终回到针对古代农田水利体系"科学性"的思考之中。

第一节　农田水利体系的技术变迁特征

　　技术是提高特定小区域范围内农业生产力的基础性条件之一，为达到一定生产水平以满足区域内个体的需要，生产者必须具备与之相适应的技术手段，以求改变该区域经济生活的实际情况。技术变迁则是个体为提高资源利用效率而采用的各类实施方法和组织手段，是对各类促进技术进步的方法的综合，通常反映为一种数字意义上的变化①。农田水利技术变迁贯穿了历史时期特定区域内农田水利事业发展的全过程,是对历史时期特定区域内农田水利建设技术手段变化及其诱因的描述。通常来说,特定灌区内农田水利事业在进入一定历史发展阶段,为达成某一建设目的,应采取何种技术手段取决于自然环境与社会经济条件,但同时也取决于个体本身。事实上,个体为达到其实现水权的目的,引入外来水利技术或根据本地自然与社会条件创造技术,往往要建立在本时期的物质与人力基础上,即跨越式的技术应用有较高难度,而过于落后的技术往往导致建设目的无法完成,故而技术应用往往要以先前建设经验以及邻近地区的建设成果,乃至建设者的认知成果为参考。同时也要注意到,对于区域内农田水利事业而言,评判某一技术是否先进,其标准往往是本地化的,"先进"的程度与该技术的应用对于本灌区成员用水需求实现程度有关。就莆田一地的情况来看,技术的进步往往并非水利建设者总结经验的目的,技术的应用也往往并非取决于该技术是否先进。水利建设者总结经验的目的通常是扩大技术库存,即为后来者提供足够的技术选择;水利技术的选择取决于该技术在费效比一定、符合本建设地域需求的同时能够对水资源达到何种开发程度,如旧技术的应用能够在该建设地域取得成功的同时节省人力物力资源,那么新技术通常便会被闲置。这就使莆田农田水利工程体系建设中的技术应用反映出其不同于周边地域的特征。

一、农田水利技术萌芽阶段

唐五代时期为莆田农田水利技术的萌芽阶段。这一时期莆田农田水利建设有两个主题,即"与海争地"和"与海争水"。所谓"与海争地",即将原为"海荡"之处垦为农田;所谓"与海争水",就是要将原本直趋入海的溪水截住,使之流入垦区的沟圳,以求在灌溉新垦农田的同时冲刷垦区土壤中的盐分。

(一)筑堤围垦

《山海经》中称"闽在海中"。远古时期莆田的平原地区尚在海中。根据地质发掘所得相关资料,今日莆田平原为海相沉积地形,即便在西周时期,海水尚且淹没今莆田市区、仙游县沿海的大部分区域②。其时海水涨潮时可直达所谓"广业里诸山",即今日西北部山区一带。彼时的兴化平原尚为一海湾,其南部以壶公山命名,称"壶山洋";其北部则被称为"颉洋",后唐代建成的灌溉设施颉洋塘便是以地为名;今日位于莆田市区的九华山,其时还设有停泊船只的设施,称"澳柄"。隋代以前,莆田沿海一带受木兰溪、延寿溪、萩芦溪等河流冲击—堆积影响,多出现沙洲,沙洲之上则

---

①贝尔.后工业社会的来临——对社会预测的一项探索[M].高铦,译.台北:桂冠图书有限公司,1989:235.
②林汀水.从地学观点看莆田平原的围垦[J].中国社会经济史研究,1983(1):49-58.

多生蒲草,称为"蒲田"。这些沙洲到隋唐时期逐渐成为连片的沼泽,被称为"斥卤",而"斥卤"的形成说明此时沿海地区居民从事围垦活动的基础条件已然具备。

元代王祯《农书》中将围垦之田称为"涂田","涂田,《书》云:'淮海唯扬州,厥土唯涂泥。'大抵水种皆须涂泥。然濒海之地,复有此等田法。其潮水所泛,沙泥积于岛屿,或垫溺盘曲,其顷亩多少不等,上有咸草丛生,候有潮来,渐惹涂泥。初种水稗,斥卤既尽,可为稼田,所谓:'泻斥卤兮生稻粱。'沿边海岸筑壁,或数里椿橛,以抵潮泛"[①]。根据王祯的论述,被称为"涂田"的围垦是一种较为高效的沿海农业开发形制。河流入海口一带往往以湾种小屿为中心形成沙洲,其上生"咸草"即前文所述蒲草。长期受潮流冲击导致沙洲之上堆积"涂泥",于涂泥之上种植"水稗"可去"斥卤",即有效改善土壤盐碱化的问题。而王祯同时也提及沿海居民从事围垦应注意的首要问题,即阻绝海潮与垦区的接触,为此必须要沿垦区外围兴修海堤。

福建沿海岸线曲折,多岛屿、港湾,潮高浪大,故而对于海堤建设有较高的安全系数要求,如砌筑不牢,遭遇台风等灾害性天气往往容易功亏一篑,为此,工程建设主持者对于海堤建设材料的选择往往慎之又慎。与此同时,莆田乃至福建沿海地区向内陆不远即重峦叠嶂,山间石材丰富。由于山海之间河网密布,使用船只将山间石材运往沿海一带并不困难。石砌海堤相比土砌海堤而言结构强度更高,不易被海潮冲毁,如在砌筑缝隙间灌注灰浆则更为牢固,同时石材相比于夯土而言也更耐海水侵蚀。故而石材众多、取材便利的条件使莆田沿海一带耐海潮冲蚀的石砌海堤应运而生[②]。唐代莆田大规模海堤建设活动有两次,即前文所述唐神龙年间吴兴于北洋"塍海为田"、元和年间裴次元筑东角堤并围海造田。据悉吴兴于杜塘一带筑堤所垦面积可达2000亩,而裴次元在南洋沿海一带所垦田地面积更达到了3500亩,可见其为围垦所筑海堤必然有一定规模。由于本时期包括海堤建设在内的围垦活动属于"军屯"的一部分,事实上可以充分利用当地人力物力,故而其最终获得成功也并非偶然。尽管如此,吴、裴二人主持的筑堤垦田活动,在中国古代农田水利事业发展历程中也具有开创性的地位,其在围垦过程中所积累的技术经验不仅在当时为周边地区所借鉴,即便在后世也能够提供重要的参考价值。

莆田筑堤围垦活动在福建沿海地区并非孤例,实际上唐代也是福建沿海各州县开展围海造田、"与海争地"的重要阶段。各地区在开展筑堤垦田的过程中充分发挥人力物力,其建设成果也各具特色。唐大和年间,闽县令李茸在今福州沿海一带筑堤垦田,"濒海可田之地,唐太和中,闽令李茸筑石堤,跨闽与长乐东界,以障咸卤,垦田已多"[③]。李茸所筑海堤横跨两县岸线,规模庞大,其内围垦滩涂规模也可想而知。

---

① 王祯. 农书[M]. 王毓瑚,校. 北京:中国农业出版社,1981:192.

② 周定成. 福建古代围垦技术的进步[M]//周济. 八闽科学技术史迹. 厦门:厦门大学出版社,1993:212.

③ 余祜. 福州府志[M]. 福州:海风出版社,2001:62.

实际上单纯的筑堤并不能使滩涂变良田,为达成围垦目的,需进行综合性水利修治,李茸在闽、长乐两县筑海堤时便考虑到这一点,"闽县东五里有海堤,大和三年(829)令李茸筑,先是,每六月潮水咸卤,禾苗多死,堤成,潴溪水殖稻,其地三百户皆良田","长乐东十里有海堤,大和七年(833)令李茸筑,立十陡门以御潮,旱则潴水,雨则泄水,遂成良田"[①]。海堤筑成后,其内滩涂尚为盐水所浸,无法耕种,为此要引溪水冲刷盐分;而垦区蓄水过多既不利于作物生长,也容易从内侧侵蚀海堤,故而在堤防沿线需要置放足够的排水设施。由此可见,唐初于莆田沿海一带出现的筑堤围垦技术,其后开始向周边地区传播,而周边地区在此基础上也发展出具有本地特色的围垦—灌溉综合性技术。可以说,唐初莆田一地围垦活动及其技术积累对于周边地区举办类似活动是颇具启发性的。

(二)凿塘蓄水

在低技术条件下,凿塘蓄水是新开发区域在从自然水体中引水以外的合理选择。中国古代农学家视凿塘为无河流经过的平原、洼地蓄水灌溉的不二法门,"水塘即污池。因地形坳下,用之潴蓄水潦,或修筑圳堰,以备灌溉田亩,兼可蓄育鱼鳖、栽种莲芡,俱各获利累倍。大凡陆地平田,别无溪涧、井泉以溉田者,救旱之法,非塘不可。夫江淮之间,在在有之,然官民异属,各为永业,岁收产利,诚用水之至便者"[②]。水塘以蓄水为主要功能,以水产养殖为次要功能。周边居民于塘沿开凿圳口、设置闸门、修筑沟渠,使塘水可以流向田间地头。

唐代莆田南北洋围垦区域居民最初以凿塘蓄水作为获取灌溉水资源的手段,这受到了当时的技术条件以及当地环境因素的影响。就技术条件来看,此时莆田军屯体系下所管辖的人口尚未达到一定规模,虽然这些开拓者们受到军屯组织的约束,但薄弱的人力资源条件决定了军屯体系不具备大型工程开发能力,故而此时的农田水利建设主持者并未形成改造自然河流的意识;与此同时,这一时期所积累的工程技术手段决定了从事如截断溪流以使之改道,乃至开发大规模人工水系这样的工程必须具备充足的劳动力条件,故而以区域内小型军屯组织为主题开凿蓄水平塘成为这一时期军屯体系下围垦区域居民实现灌溉目的的唯一选择。就当地自然环境看,莆田沿海乃至山间河谷地带有不少能够开展凿塘工程的地区,尤其是南洋一带数个大型天然淡水湖泊的存在决定其稍加改造便可引灌,而在无大型湖泊的地区除改造中小型湖泊、水潭外,也可以将内陆山间水流引入人工改造后的洼地积蓄,由此可知唐代莆田南北洋一带开展凿塘工程基础条件也比较完备。

前文对唐代莆田开凿的蓄水平塘已进行阐述,现对以平塘开凿为基础的灌溉方

---

①欧阳修,宋祁.新唐书(第 4 册)[M].北京:中华书局,1975:1064.

②袁黄.宝坻劝农书[M].郑守森,校.北京:中国农业出版社,2000:19.

式进行论述。如前所述,唐代凿平塘有在天然湖泊基础上改造和完全人工开凿两种
方式。根据表 5.1 所反映的内容,如横塘、国清塘、沥浔塘、颉洋塘这样灌溉面积超过
百亩的蓄水平塘通常由自然水体直接改造而来。如横塘"周回二十里"、国清塘"周
回三十里"、颉洋塘"周回十里",水域面积广阔,难以完全由人力开凿[①]。又如沥浔塘
虽仅"周回一里",但有自然水系流入,"考沥浔塘古有峋居中,蔡宅、下林二水汇入,
周绕峋外;后峋筑田,乃塞北向峋外之水,唯南向水入",使得该处蓄水量有所保障[②]。
这样的自然水体如能善加利用,必能在节省人力物力的同时为灌区提供足够引灌的
水资源。而如诸泉塘"周回三里"以至被称为"小塘",以及永丰塘"周回一里",且灌
溉区域多不达百顷的平塘,多为于低洼区域由人工开凿[③]。

表 5.1　唐六塘建成时间与灌溉面积

名称	建成时间	灌溉面积(公顷)
横塘	唐贞观五年(631)	200
国清塘	唐贞观元年(627)	500
诸泉塘	唐贞观元年(627)	40 余
永丰塘	唐贞观年间	100
沥浔塘	唐贞观元年(627)	140
颉洋塘	唐贞观五年(631)	200

资料来源:周瑛,黄仲昭.重刊兴化府志[M].福州:福建人民出版社,2007:1357。

在"凿塘"的基础上于各塘沿岸修建引水设施则能够增加灌溉引水的便利性,如
国清塘沿岸置"三十六股"即 36 座圳口、闸门组合设施,将塘水导入 36 条沟渠灌溉周
边区域;又如永丰塘"东西各有陡门",以陡门启闭控制进入沟渠的水流量;再如颉洋
塘置"陡门一,内外洋沟圳大小一十七",可知环塘水工建筑的设置乃至引水渠系的
开凿基本与凿塘时间同步[④]。需要注意的是,唐初所凿蓄水平塘一般处于山区与平
原交界之处,其原因有二。一方面,莆田军屯体系下的用水居民开展蓄水平塘建设
时,沿海围垦规模尚小,并无足够面积为平塘开凿工程提供施工区域,故而平塘仅能
开凿于内陆地区;另一方面,蓄水平塘既要供应沿海新开发区域灌溉用水,也要供应
内陆开发成熟区域灌溉用水,处于山区、平原交界位置可以节省沿海与内陆地区凿
渠工作量,提高灌溉用水便利性。

同筑堤围垦技术的传播类似,唐初莆田居民实践的凿塘灌溉技术作为适应沿海

①周瑛,黄仲昭.重刊兴化府志[M].福州:福建人民出版社,2007:1360.
②廖必琦.莆田县志[M].刻本.莆田:文雅堂,1926.
③同①1357.
④同②.

围垦区域环境的水利技术,迅速为周边地区所借鉴。如连江县有东塘湖,初凿于隋开皇十二年(592),后被豪民侵垦为田,唐咸通初年为保障沿海一带新垦田地灌溉用水,复开为湖,"水深一丈四尺,灌七里民田四百余顷",为保障管理又设有"产钱二十余贯",由附近"水利人户"管收[1]。又如唐代泉州晋江有东湖,为其时沿海垦区规模最大的平塘灌溉设施,"郡境诸湖,此为最大。唐席相为守时已尝设醴于东湖,以待欧阳詹",又有尚书塘,"与东湖仅隔东门仁凤街一街,东湖在街之南,尚书塘在街之北,唐贞元五年(789),刺史赵昌品开此塘,名曰'当稔',后召为尚书,而民思之,更名曰尚书塘。其水亦由清源诸坑而下,以桥通入东塘,旧图经构,周回二十里"[2]。尚书塘与东湖仅一桥之隔,虽各为独立的水利系统,但无雨季节亦能互相调剂水量。

唐代福建沿海一带开凿的蓄水平塘于当时乃至后世都颇具影响。一方面,在灌溉工程建设技术尚不发达的时期,利用自然水体改造或根据地形、水流等因素于低洼地带凿成蓄水平塘,沿塘设圳、闸等水工设施,开凿沟渠引水入田,能够满足"涂田"以及内陆农田灌溉用水需求;另一方面,当技术条件乃至人力物力条件能够满足大型灌溉工程建设需求时,先前开凿的蓄水平塘还可被重新垦为农田,以应对人口增长后耕地紧张的局面,且相比于滩涂垦田而言,湖区垦田易垦熟,产量高,所需人力相对较少,故而唐初凿塘灌溉技术得以自莆田向周边地区迅速传播。

(三)截溪导流

凿塘灌溉技术虽能在短时间内满足部分新垦地区灌溉用水需求,不过如需在该地区建立长久的灌溉供水机制,唯有依靠大型灌溉设施。唐初莆田居民受技术条件以及人力物力规模限制,尚未具备建设大型灌溉设施的能力。随着军屯体系所管辖的人口规模进一步增长,莆田农田水利建设所能调集的劳动力数量也有所增加,同时伴随着农田水利建设技术的发展,为沿海一带新垦农田修筑大规模灌溉设施成为可能。就沿海垦区的实际情况看,灌溉农田并非用水的唯一目的。海堤的修筑虽隔断了滩涂与海水的接触,但滩涂内部海水排空后,其土壤中盐分含量居高不下。为冲洗新围垦区域土壤中的盐分,需要大量用水。然而唐初所凿平塘蓄水量有限,且开渠导流将塘水引入海田,水流冲刷力度不足以将盐分清除。为实现"引淡治盐"的目的,必须从水量丰沛、水势磅礴的自然水系中引水。

就此时北洋垦区的情况看,截延寿溪水入垦区冲刷盐分似乎是唯一的选择。首先,唐代木兰溪虽为莆田径流量最大、流域面积最广阔的水系,但其自杭口河段起水面渐宽,水势汹涌,难以筑坝截留;且木兰溪下游入海段为感潮河段,溪水难以引灌,"引淡治盐"也就无从提起。其次,萩芦溪于江口一带入海,虽水面相对狭窄,且在平

---

①梁克家.三山志[M]//宋元方志丛刊(第8册).北京:中华书局,1990:7909.

②阳思谦.泉州府志(第2册)[M].影印本.泉州:泉州志编纂委员会,1985:4.

原地区水势相对平缓,但距离北洋主垦区距离过远,且中有山脉阻断,难以开凿渠圳,即便引水成功,也难以使水流蓄积足够冲击力。最后,延寿溪上游为"常泰里莒溪","受仙邑九鲤湖之水,与南萩芦溪合,又汇常泰里诸水为渔沧溪",至杜塘一带已汇集多条支流,水量充足①。延寿溪上游在山间高海拔地区,下游至平原地带,上下游落差较大,水流冲击力足够;且唐代延寿溪入海口处宽度有限,建设截溪工程障碍较小,故而吴兴最终选择于杜塘一带延寿溪河段建设截溪导流工程,其选址具备一定科学性。

"延寿溪,西附山,东距海,南北皆通浦"②。"浦"原为水滨或河流入海口之意,用于溪流则指入海前分叉的港道。实际上兴化湾北部沙洲逐渐形成后,延寿溪入海已不存在宽阔的水面,而是"通浦",即流经杜塘河段后经下游分叉的港道入海。吴兴截溪导流的目的在于将水流引入主干河道,以便于后期农田水利规划。由此看来,长生港与儿戏陂两条港道应先于截溪工程而存在。据记载,儿戏陂"在延寿陂上东边。吴兴虑时水为患,于杜塘溪口别分一派通浦,壅沙为塍,遏水入洋",长生港"即延寿陂口中港也。吴兴虑时水为患,于漏塘上开港通溪,港内深八尺,广五丈,其口深四尺,接溪,以大水为则,务欲开拔溪源"③。所谓截溪,并非将溪流于入海口处彻底堵塞,而是要"堵疏兼济",即将预备入海的港汊拓宽加深,使其余港汊堵塞后,剩余水道足以应付上游来水。故而吴兴在改造长生港、儿戏陂两条港汊,将之拓宽加深,使其能够承载水流之后,方将其余港汊堵塞,使溪水专由上述港汊入海。

实际上,儿戏陂位于"高仰处",灌溉内陆农田,应视作相对独立的灌溉系统;同时长生港作为"灌溉全洋"的主干水道,必然要于沿线开凿沟渠,故吴兴"筑长堤于杜塘,遏大流南入沙塘坂,酾为巨沟者三,南沟、中沟、北沟广五丈或六丈,并深一丈,折巨沟为股沟五十有九,广一丈二尺,或一丈五尺,横经直灌,所以蓄水……滨海之地,环为六十泄,所以杀水也"④。由此,当地居民在北洋垦区完成了"有蓄有泄"的大规模灌溉体系建设。唐宋时期莆田被称为"陂"的灌溉设施,通常应包括"叠石截流"的水坝,后人因未曾目睹坝体遗迹,对延寿陂工程多有附会。清代陈池养认为延寿陂之所以在无石坝的情况下也能够被称为"陂",是因为该工程"筑堤障溪,分流入沟溉田,障而能蓄",即对于沿海围垦区域来说,只要能够"蓄水分流,入沟溉田",均可以称为有价值的灌溉设施。事实上,吴兴筑成延寿陂后,北洋一带得以引水冲刷土壤盐分,迅速将新田垦熟,并使得该地区农业生产得到长足发展,故后人有"其利几及莆田之半"的观点。

---

①陈池养.莆田水利志[M].台北:成文出版社,1974:46.

②黄仲昭.八闽通志(上册)[M].福州:福建人民出版社,1989:493.

③同①187.

④同②493.

　　延寿陂属于在特殊的地理水系环境下,为实现在灌溉的同时达成"引淡治盐"的目的,由具备长远眼光的军屯管理者主持建成的大型灌溉工程。就莆田的情况看,这一时期沿海地区军屯体系管理者为实现农田灌溉与治盐的目的,在工程手段选择方面往往能做到不拘一格,如唐元和年间观察使裴次元围垦南洋,便将流经黄石一带的水道用长堤截断,于堤中设堰闸,定时开闸放水,灌溉农田,冲刷土壤,至水力不足时闭闸蓄水,被称为"红泉堰"。此工程采取"漫灌"的形式,使大片新垦区域受益,同样可视为技术创新。就福建沿海地区整体来看,唐中期以后"引淡治盐"类工程在各垦区的建设均较为普遍,如福清沿海曾筑天宝陂,"开圳长七百余丈,溉田种千余石",为"叠石成陂,循圳导流"的传统陂圳工程[1]。又如晋江六里陂,"在郡城南关外,自二十七都至三十五都永靖、和风、永福、永禄、沙塘、聚仁六里,内积山至源流,外隔海之潮汐,纳清泄卤,环数千里,内无田不资灌溉",属于渠圳、陡门相结合的工程[2]。再如晋江天水淮,"在通淮门外。城之南有田曰南洋,唐守赵棨以田多咸坏,乃凿渠而拥抱之,疏三十六涵旁,导江流入淮渠"[3]。天水淮是以凿渠疏涵的方式将流水引入"淮"即以堤障护的新垦区域,属于无坝引水。由此可见,唐中期以后福建沿海各垦区开展"引淡治盐"的时间虽略有先后之分,但其实现方式却多有不同,故而并不存在该技术的所谓"起源"与"传播"。事实上,包括莆田沿海在内的各垦区管理者创造性地使用技术改造耕作环境,最终也丰富了围垦与灌溉技术储备,实际上对后来者也产生了影响。

二、农田水利技术高速发展阶段

　　宋元时期为莆田农田水利建设技术高速发展的阶段。这一时期莆田农田水利建设同样也有两个主题,即"截溪蓄水"和"凿渠引水"。所谓"截溪蓄水"是指在特定河段修筑截溪坝,使上游河段形成库区,以便引灌;而"凿渠引水"则是指在筑成截溪坝的上游一侧或两侧开凿圳口,修筑渠系,使溪水得以引入农田。在"陂""圳""渠"等设施建成的基础上,各工程周边受益区域逐渐形成"灌区"。

(一)截溪蓄水

　　宋元时期莆田"截溪蓄水"往往通过"筑陂"来进行。元代王祯在《农书》中对"陂"的形制提出了自己的看法,"陂塘。《说文》曰,陂,野池也。塘,犹堰也。陂必有塘,故曰'陂塘'。《周礼》'以潴蓄水,以防止水';说者谓,潴者,蓄流水之陂也;防者,蓄旁之堤也。今之陂塘,即与上同……其各溉田,大则数千顷,小则数百顷,后世故

　　①余祐.福州府志[M].福州:海风出版社,2001:154.

　　②黄任,郭庚武.泉州府志[M]//中国地方志集成·福建府县志辑(第22册).上海:上海书店出版社,2000:170.

　　③阳思谦.泉州府志(第2册)[M].影印本.泉州:泉州志编纂委员会,1985:11.

迹犹存,因以为利。今人有能别度地形,亦效此制,足溉田亩数千万;比作田围,特省工费,又可畜育鱼鳖,栽种菱藕之类"①。据此,筑陂相比较凿塘,工费既省,效率又高,其建设关键在于"有蓄有防",既需要建有截水坝,又要在其上游设蓄水区,为此,建设者在筑陂形制方面往往可以"别度地形",灵活选择。

就莆田"平原四陂"的建设来看,筑陂者在根据建设地区地形、水流的差异选择工程形制这一问题方面采取了不同思路。如南安陂、太平陂、使华陂虽均属于滚水坝,但南安陂、使华陂枢纽工程为浆砌条石滚水坝,而太平陂枢纽工程则为大溪石垒砌滚水坝,后者与前两者建设方式不一,外在表现也不尽相同;南安陂、太平陂上游水流均由坝顶漫溢而过,使华陂上游水流则自坝顶的溢流缺口泄出,后者与前两者泄洪方式不一致,但这并不能否认三者同属"滚水坝"。滚水坝又被称为溢流坝,水流通常从此种坝顶部滚流而过,故而其坝顶、坝面极易因水流冲刷、震动而松动。以往建设滚水坝,均要求将其坝面按照一定形制铺设,使水流通畅的同时坝体不至受其影响过于严重,同时建设者对于筑坝材料的选择也极为严格,即便初期筑为土坝,后期也要改筑石坝②。通常滚水坝被用于拦蓄水量稍小的溪流,以壅高水位并汇集水量的方式为灌区居民供水③。

就莆田以滚水坝作为枢纽的大型灌溉工程而言,其选址均经过慎重考虑。通常这些滚水坝上游均布设圳口,开凿沟渠,故坝体选址均位于岩基或较为稳定的原状土基河段。需要注意的是,各坝多位于溪流回转处,因此处水流较缓,易于建设,同时也不会使坝体直面"顶冲"。为抵挡上游来水冲击,工程建设者多将各坝筑成弧形,即坝体中央段向下游凸出,如此一来坝体受力均匀,同时也更为经久耐用。实际上以截溪坝作为灌溉工程枢纽,在宋元时期的莆田是非常普遍的。"莒溪受九鲤湖之水,合南萩芦溪,汇常泰里诸水入渔沧溪,其上随溪逐节为陂……且古称蓄水曰陂,莆之陂多矣。类叠石堰溪,遏水趋灌,遇溪可截为之……太平陂在莲花石下,左趾石,右架梁,草木拦障,上有浮面流,缘下有南安陂,如以石叠溪筑高,则南安水源绝矣"④。清代陈池养以"节节为陂"描述宋元时期莆田的筑陂活动,是指其时处于同一流域内的居民于溪流上下游之间筑成多座截溪坝,并开圳导流入渠。事实上这一做法并未导致溪源枯竭。延寿溪、萩芦溪上游在莆田西北山区,此处无雨季短,且上下游落差大,故位于下游的使华陂、太平陂、南安陂灌区并无水源枯竭之虞。实际上"节节为陂"作为一种筑坝方式,其成功关键在于上下游居民间的协作,即上游需使

①王祯.农书[M].王毓瑚,校.北京:中国农业出版社,1981:325.
②李鹏年,刘子扬,陈锵仪.清代六部成语词典[M].天津:天津人民出版社,1990:436.
③中国水利水电勘测设计协会.水利水电工程专业案例:水土保持篇[M].郑州:黄河水利出版社,2015:348.
④陈池养.莆田水利志[M].台北:成文出版社,1974:253.

下游"得沾余润",如太平陂截溪坝北段上部以草木拦障,使水流得以从缝隙中渗出部分,即便在旱季,下游的南安陂也能够依靠"余润"灌溉。

作为同样建成于北宋时期的截溪灌溉工程,木兰陂枢纽设施的形制与前述三陂有所不同,这主要缘于其形制为"复合型"。木兰陂枢纽设施由截溪坝、导流堤与进水闸组成,如将进水闸视作渠系工程的组成部分则仅为截溪坝与导流堤。而木兰陂截溪坝同样由两部分组成,即溢流闸和滚水坝。溢流闸在南端,旱时闭闸蓄水,雨季开闸放水;滚水坝在北端,与北导流堤合为一体,相比溢流闸墩顶略高,旱时阻挡溪水趋下,逢雨季洪峰来临,溢流闸排洪量不足时,则水可自北侧滚水坝漫过。相比较前述三座以滚水坝为枢纽的灌溉设施,李宏在建设木兰陂时增加了溢流闸与导流堤的设置,其中溢流闸为"伐石作柱,依柱作防,分三十二门;每门用版为闸,暴涨放闸减水",其建设目的主要是增加泄洪能力[1]。木兰溪上游支流多,水量大,至木兰陂处水势湍急,且木兰陂下游即为感潮河段,逢信时潮水上涌至此,从下游一侧冲击坝身。故而以坝体有限的结构强度,既要"蓄洪",又要"阻潮",必然要改动设计以使某方面增强。而导流堤的设置则是为了避免水流对于两侧河岸的冲击。须知木兰陂南北岸引水干渠上游段与溪流平行,且距离不远,如溪水自河岸漫溢而出,便会直趋入渠,导致沟渠中充斥咸水,就此必然要增加导流堤的设置。综上所述,木兰陂枢纽工程建设形制之所以不同于其余三陂,关键在于其所处建设环境有所区别,实质上也受到了一定时期农田水利建设技术水平的限制。

采用恰当的坝基构筑方式,有助于增强坝身抗冲击能力。为此,李宏将桥梁建设中所用的"筏型基础"建设方式引入木兰陂建设当中。此法首见于北宋皇祐五年(1053)蔡襄筑万安桥。据蔡襄自述,此桥"址于渊,酾水为四十七道,梁空以行。其长三千六百尺,广丈有五尺,翼以扶栏,如其长之较而两之"[2]。又据后人记载,此桥"俗名洛阳,在迎恩门东二十里,长江限之,桥逾数千尺……时凿石伐木,激浪以涨舟,悬机以弦纤……址石所累,蛎辄封之"[3]。万安桥建设河段为软基河床,如不对其进行改造,便难以抵挡流水与海潮冲击,为此蔡襄命人驾船沿预备筑桥基址中线抛掷大石块,并向两侧各展开一定宽度,堆建出石质桥基,此法称"筏型基础"。实际上,木兰陂建设段河床也有类似的情况,故需要引入适当的方法改善基础构建环境。李宏命人于筑坝位置上下游修筑围堰,并将上下围堰中溪水排空;之后采取"换砂法"改善软土地基,即于预备建坝位置向下掘进,并向两侧延伸,以求清理软质土壤;此后于新掘成横跨南北两岸的长槽中铺设细沙,于细沙之上交叉铺设干燥的松木,再于松木之上以巨石钩锁结砌。如此一来,以"筏型基础"构筑方

---

①周瑛,黄仲昭.重刊兴化府志[M].福州:福建人民出版社,2007:1353.

②蔡襄.蔡襄集[M].上海:上海古籍出版社,1996:498.

③周亮工.闽小纪[M].福州:福建人民出版社,1985:10.

式修成的坝基极为牢固,于其上筑成的堰闸等水工设施也不易为流水、海潮冲毁。科学的基础构造方式与科学的选址,保证了枢纽坝能够在拦障溪水的同时阻截下游涌潮,使李宏所筑木兰陂成为同时具备"防洪""阻潮""灌溉"三大功能的综合性水利设施。

宋元时期莆田沿海的围垦活动在唐五代开发的基础上仍在继续进行,故而这一时期莆田新建成的灌溉设施同样可以视作"垦区水利"的一部分。其中,南安陂、木兰陂这两座工程规模庞大,距离河流入海口不远,且其灌溉区域多为晚唐至五代新开发区域,可以想象这些地区对于淡水资源的需求程度。对于南安陂、木兰陂这样以大型滚水(堰)坝作为枢纽设施的灌溉工程而言,建设者对于其功能的考虑往往是多方面的。截溪坝的建设,使上游洪峰至此被拦截,并沿引水圳口流入渠系,灌溉农田;同时上潮的海潮至截溪坝被拦截,坝体上游水流不至于混入海水,导致咸淡不分,难以引灌;截溪坝的存在保证了水源的稳定,使渠系流经的垦区各处用水均能保障无虞。唐代延寿陂的建设使北洋地区拥有了大型灌溉设施,此地新围垦的滩涂可直接引沟水冲刷盐分,灌溉农田;北宋南安陂、木兰陂的建成使江口以及南洋一带新围垦区域也能享受到沟渠灌溉的便利。可以说,截溪灌溉工程的建设是本时期莆田沿海围垦规模得以进一步扩大的关键。

以滚水堰坝为枢纽的大型灌溉工程,在宋元时期的福建沿海一带并不少见。实际上,这一时期各府军州县地方官均能意识到截溪引水技术对于围垦事业发展的巨大推动作用,并为此做了大量工作。以晋江清洋陂为例,"此陂在府南。其地陂八十有二,此陂最大,邑南诸洋俱受溉焉……自南安县之九溪,至府西南之高溪,凡三十六水合流,数百里而为陂。自陂而下,为拱塘、苏塘,萦回复十余里,所溉田千有八百顷。宋熙宁初筑。淳熙七年(1180)累石为埒,以防霖溢,且为三垛以泄水。长一百八十丈,广二丈有咫",由此可知该陂枢纽工程同样为截溪滚水坝一座,筑于高溪之上,旱季截溪水入沟渠,洪峰来临水从坝顶胸墙之上三座溢流缺口泄出,旱有蓄,涝有泄[1]。又有留公陂,位于晋江以北的爱育里,"宋右使、留公元刚筑。纵六十步,横一百三十步,深视横十之一……堤埒高广望之,入长城,今宿呼陈三坝",此陂专溉晋江以北沿海埭田[2]。再有福清祥符陂,位于福清新丰里,原址有唐天宝年间所置天宝陂,后被废弃;北宋大中祥符年间,时任知县的郎简"相土可田者得五十顷而余,相水可潴者得三十里而余",于此处"截江而堤,浚达而渠之,引源于石湖之岭,导而界江,潴奔杀悍",筑成新陂,灌溉遵义、永福、永东、永西、文兴五里农田,以年号为名称"祥符陂",此前福清沿海"土益卤,海益患,其田下下,不蕃粟稷",祥符陂筑成后"转瘠卸

①顾祖禹.读史方舆纪要[M].贺次君,施和金,校.北京:中华书局,2005:4521.
②朱升元.晋江县志[M].台北:成文出版社,1967:34.

卤,田化而上"①。宋元时期,福建沿海地区多座截溪引灌工程的建设,使该区域围垦效率进一步提高,农业用地规模大幅度增长,农业生产也得到了长足发展,而滚水坝建设技术的引入在其中起到关键性作用。

(二)凿渠引水

渠系建设,是将滚水坝所蓄"霖涝"引至用水区域,实现变害为利的关键性步骤。宋元时期莆田以某一工程为水源所开沟渠,往往组成渠系,其内部有干渠、支渠之分,其覆盖区域又被称为灌区。引水渠通常又被称为沟或圳,如南安陂南侧大圳至游垅村分上、下两圳,下圳至分水瓣又分中、下两沟,可知南安陂有两干渠(圳)、两支渠(沟)②。又如太平陂南侧有内圳,"引水南注,沿山砌石,磬折二十余里分上、下二圳",故知内圳为干渠,上、下圳为两支渠③。再如木兰陂灌区有"大沟七,小沟一百有九",其中,"大沟皆旧海港,小沟为人力所开",即表明干渠是由南洋围垦后遗留的滩涂间港汊改造,故能纵横密布,连接各处,而小沟的建设仅为补大沟输水不及之区域④。通常枢纽坝上游引水口通入干渠,干渠又接通数条支渠,支渠于灌区中蜿蜒密布,至下游或汇为一渠,重新入沟或流入海中,或分别入海。故而干渠—支渠的体系呈树状分布,使各工程灌区基本得到覆盖。

沿渠附属设施是凿渠时为将渠水引入农田或将渠水排入溪海之中而修建的水工设施。莆田各工程灌区沿渠附属设施主要包括进水设施、分水设施和排水设施。进水设施是在干渠水源处建成的,以实现在源头控制沟渠水量为目的的水工建筑,通常为水闸;"水闸、开闭水门也。间有地形高下,水陆不均,则必跨据津要,高筑堤坝汇水;前立陡门,甃石为壁,叠木作障,以备启闭。如遇旱涸,则撤水灌田,民赖其利……实水利之总揆也"⑤。水闸设于沟渠之首,平时紧闭,遇旱开闸放水入渠,以资灌溉,是沟渠水利的关键环节;如木兰陂这样规模庞大的灌溉设施,其上游南、北均设有水闸,南水闸称"回澜桥",引水入南洋沟渠,建成于北宋;北水闸称"万金陡门",引水入北洋沟渠,建成于元代。分水设施主要建于干渠、支渠分流处,用以分配流入下游各沟之水;宋元时期此种设置多建于南安陂、太平陂,如南安陂大圳分流入上、下二圳之处设有"硬瓣","内开两门,各高三尺,阔二尺五寸",大圳水流经此二门分流入上圳、下圳;下圳又设有"分瓣","阔一丈零八寸五,分水入中、下二沟";太平陂内圳流至小山一带,"有分水石瓣,分上、下二圳";这些被称为"水瓣""硬瓣""分瓣"的设施,专用以保障不同沟系分水公平性。排水设施建于沟渠末段临近溪、海之处,

①郑善夫.少谷集[M].台北:台湾商务印书馆,1986:157.

②周瑛,黄仲昭.重刊兴化府志[M].福州:福建人民出版社,2007:1361.

③廖必琦.莆田县志[M].刻本.莆田:文雅堂,1926.

④陈池养.莆田水利志[M].台北:成文出版社,1974:151.

⑤王祯.农书[M].王毓瑚,校.北京:中国农业出版社,1981:323.

用以将洪涝发生时沟渠中余水排出,后由于沿海一带围垦规模进一步扩大,新开垦区域远在内堤以外,无引水渠系覆盖,故临海排水设施也具备了一定灌溉功能;宋元时期莆田各沟系内排水设施一般被称为陡门及涵洞,其中陡门规模通常较大,用闸板控制启闭,通常设有专人管理,旱蓄涝泄;涵洞一般用石砌筑,称"石涵",也有木料搭建的,称"木涵";石涵内部两侧墙身砌面石,下面铺底石,上面盖口石头,石外用砖包裹,砖、石之间再衬里石,并用灰浆灌砌筑①。涵洞按照其泄水去处,有通沟过水涵与通海出水涵之分。进水、分水、排水设施是灌溉系统的重要组成部分,是沟渠乃至工程整体灌溉功能得以实现的重要途径。

本时期福建沿海各地建成的截溪灌溉工程,多配套有复杂的沟渠体系。如前述天水淮,原为唐代所筑无坝引水工程,设有 36 座涵洞引水,北宋景佑四年(1037),时任泉州太守曹修睦"以三十六涵细碎隐伏,无法以制水之赢缩",重浚天水淮,"尽撤诸涵,别营三涵,视潮来去以为启闭;为大渠者一,长二千九百丈,广一丈五尺;为小渠者八,积长二千五十八丈,广五尺",以单位时间内输水量大且便于管理的沟渠系统替代了涵洞系统,使灌区内可用灌溉水资源量更上一个台阶②。又如前述清洋陂,因其地势条件于陂首枢纽上游开凿沟渠引水,并在各干渠、支渠沿线大量修筑引水、排水设施,"修小陂于支流者五,为陡门于下流者七",提高了沟渠供水能力③。福建沿海地区多座大型截溪引水设施及其灌溉渠系的建成,使大量淡水得以沿沟渠输送到此前围垦区域,扩大了各灌区"引淡治盐"的范围;同时沟渠余水自末段排水设施泄入堤外新垦滩涂,使这一区域的进一步开发成为可能。

三、农田水利技术停滞阶段

明代以后,莆田农田水利技术发展进入停滞阶段,具体表现为大型灌溉工程建设项目日益罕见,且农田水利建设者对旧有工程的修缮工作往往刻板地遵循前人思路,未曾有技术创见被提出。明清时期莆田的农田水利建设,往往被认为进入了一个封闭式的循环建设过程,即所谓"屡修屡坏,屡坏屡修",作为农田水利管理者的地方政府与乡绅群体往往基于现有技术储备,以现有条件对境内各大型灌溉设施进行修缮,对中小型工程修缮管理放任民间自行举办,对沿海新垦区用水需求熟视无睹。这样机械性的水利建设循环只需遵循已有思路,不需要对技术要素进行任何形式的变更,故而农田水利建设者对于技术进步的需求日益减少;而低技术水平的生产循环往往又造成莆田各灌区水利建设效率低下,用水成员灌溉需求不能得到满足,随之进入恶性循环中。特定时期区域内水利技术的停滞,与本时期该区域农田水利建

---

①李鹏年,刘子扬,陈锵仪.清代六部成语词典[M].天津:天津人民出版社,1990:438.

②朱升元.晋江县志[M].台北:成文出版社,1967:34.

③阳思谦.泉州府志(第 2 册)[M].影印本.泉州:泉州志编纂委员会,1985:10.

设的停滞不无关系。就明清时期莆田的实际情况看,"建设停滞"的主要原因有三。

　　首先,各流域灌溉水资源开发殆尽,新的农田水利建设项目也就无从谈起。明清时期农田水利建设技术相比较于宋元时期而言并无本质性的进步,即技术手段对于自然水系的改造效率并无明显的提高,故而宋元时期的灌溉水资源无法得到有效开发,到明清时期仍未能得到有效开发,故而明清时期莆田可开发灌溉水资源总量相比较于宋元时期而言并无明显变化。在可开发灌溉水资源总量有限的情况下,新建灌溉设施利用效率日趋低下,其存在的必要性也就逐渐降低。"莆田负山滨海,有六百方里之平原可资疆理。自唐以后,前人兴造水利,创造艰难,既导山而贯川,亦与海而争地。他处惟求水利,莆必兼防水患,故曰'沟必因水势,防必因地势;善沟者水漱之,善防者水淫之'言。创造难而守成亦不易也"①。由此可见,明清时期莆田农田水利事业发展已进入到了"守成"阶段,当地官府、居民满足于现有设施带来的灌溉效益,并无新修水利设施的动力。

　　其次,旧开发区域内农田水利设施已能满足该地区用水成员之需要,故新建灌溉设施无法吸纳足够的参与者。古代灌溉工程虽有"官办""民办"之分,但实际建设过程往往由用水成员群体来控制。通常用水成员群体由有实力的乡绅负责组织,而乡绅作为水利建设的参与者,会基于该工程所蓄、引灌溉水资源是否能为自身所用这一情况,进而决定是否参与特定工程建设。即便地方官以强制力推进施工,在乡绅群体缺乏参与工程意愿的情况下也无法取得较高的工作效率。对于莆田内陆各灌区以乡绅群体为主的用水成员而言,北宋以来建成的大小灌溉设施已能提供充足的灌溉水资源,即便在山间河谷地带亦能有多座小型灌溉设施组建小规模灌区,使本区域用水成员受益,所谓因"缺水"而积极参与灌溉工程建设也就无从谈起。正如前文所述,在农田水利事业发展的"守成"阶段,用水成员只需保证既有设施的工作状态便能够保证用水,冒险将有限资金人力投入新灌溉工程建设对乡绅群体而言,其成本远大于收益。

　　最后,不论地方政府还是乡绅群体,均无参与新开发区域农田水利建设的意愿。就明清时期莆田的实际情况来看,并非所有区域居民的用水需求均得到了满足,例如沿海新开发的垾田区域,其中居民缺乏足够的淡水资源治理盐碱并灌溉农田,往往要自内陆沟渠中"盗水"(即在未与内陆居民协商一致的情形下自发开渠凿圳引水的行为),其灌溉手段匮乏的情况可见一斑。在沿海与内陆地区用水纠纷日益严重的情况下,垾田用水成员寄希望于地方政府能够出面组织本地区灌溉工程建设,并在资金方面能够提供帮助,然而明清时期莆田府、县两级政府与福建其他地区类似,并无针对农田水利事业的人事与财政设置。"宋制重水利,内有都水使者,外则州县倅水分职之,而漕司考其殿最。是时功利之习方炽,官水利者,亦多诡而少实。国朝

---

① 张琴.莆田县志[M]//中国地方志集成·福建府县志辑(第16册).上海:上海书店出版社,2000:797.

水利，详于三吴。闽中非财赋所出，郡县无专官，考课不以殿最"①。故而地方官既无兴办沿海一带灌溉工程建设的能力，亦无此意愿。在缺少官方支持的情况下，仅依靠堘田地区用水成员的实力，并无完成大型灌溉工程建设的可能。故而沿海地区用水紧张的局面也并未得到改善。

明清时期莆田因建设停滞导致的水利技术发展停滞，对地区内农田水利事业的整体发展造成了打击，后人对明清时期莆田农田水利事业发展多有"荒废"之感。实际上就地方志中所描述的情况看，明清时期莆田的农田水利事业已不仅是荒废，在地方政府针对水利事业发展的监督工作缺失的情况下，农田水利事业已有遭到破坏的趋势。"木兰陂成，莆成乐土，尔来四百七十年矣。岁月既久，蠹弊日滋。檐溜未停，沟渠尽涸。岁岁告旱，人人苦饥"②。"仙游陂堰池塘以潴水溉田，固不失古人之意……县之东西学之南共有三湖，县之南有七潭，青山桥之下，水通莆阳，今皆湮塞成田，仙游甚不利……今按仙之水势奔泻，陂堰屡修，商人运米射利，率裂陂决堰，至或居上雍泉，取鱼盗决，皆为民害"③。如任由这种破坏的趋势发展，必将导致莆田农田水利建设成果遭到损害。然而明清时期莆田农田水利事业发展的事实表明宋元时期的建设成果终究得到了维持，故而并不能一味否定本时期灌溉事业发展的成果。如前所述，对于区域内某一时期农田水利建设而言，仅"守成"也并非易事。而明清时期莆田地方政府与乡绅群体在长期维修境内各水利设施的过程中积累了丰富经验，并最终提出了"综合性修治"的灌溉工程修缮管理方式。

所谓"综合性修治"，即灌区水利管理者考察特定时间点本区域灌溉与堤防体系的薄弱环节，并将之一一修复，以提高区域内灌溉与堤防工程体系应对灾害的能力，避免长期着眼于单一工程修缮管理致使"屡修屡坏"的局面出现。这实际上是管理者将本区域灌溉事业发展成果视作一个整体来对待。就莆田一地的情况看，明清地方官首先意识到区分对待某一工程系统内不同组成部分容易制造短板，"宋元惟修陂，至弘治《府志》始称叶叔文'修陂，又浚南北洋大小沟数十条'"④。所谓"修陂又修渠"实际上是叶叔文意识到沿渠村落用水困难，其原因不仅为引水口泥沙淤积严重，也不仅为某一渠段应浚而未浚，实质上在于灌溉系统的修复需要在整体考察的基础上进行。此后莆田地方官又意识到境内农田水利体系各环节是联动的，即便将某一"倾圮"的灌溉设施修复，如不浚治另一工程引水渠系，一旦上游洪峰到来，沟水可沿渠倒涌至新修复的工程，导致前功尽弃。故境内水利"大修"并非针对某一工程，而是要针对灌溉系统整体来进行。故明清时期莆田多位地方官在举办灌溉工程修缮

①阳思谦.泉州府志(第 2 册)[M].影印本.泉州:泉州志编纂委员会,1985:2.
②朱淛.天马山房遗稿[M].台北:台湾商务印书馆,1986:496.
③王椿.仙游县志[M]//中国地方志集成·福建府县志辑(第 18 册).上海:上海书店出版社,2000:122.
④陈池养.莆田水利志[M].台北:成文出版社,1974:151.

活动时并未着眼于单一工程,而是命人同时将多座工程修复,以防止莆田境内灌溉体系出现薄弱环节,对农田水利事业整体发展造成损害(表5.2)。

表5.2　明清莆田综合性水利修治

时间	主持者	修复工程
明永乐五年至十一年(1407—1413)	董彬	使华陂、木兰陂
明宣德五年至七年(1430—1432)	叶叔文	木兰陂、林墩陡门、慈寿陡门
明正统六年至七年(1441—1442)	刘玭	陈坝陡门、南安陂
明嘉靖二十年至二十二年(1541—1543)	周大礼	林墩陡门、木兰陂
明嘉靖四十三年(1564)	莫天赋	太平陂、镇海堤
清康熙五年至六年(1666—1667)	沈廷标	林墩陡门、木兰陂
清雍正十年至乾隆元年(1732—1736)	苏本洁	延寿八字陂、芦浦陡门、镇海堤
清道光七年至三十年(1827—1850)	陈池养	木兰陂、洋城陡门、太平陂、镇海堤

资料来源:陈池养.莆田水利志[M].台北:成文出版社,1974:399。

　　清代陈池养主办的综合性水利修治,是历史上莆田举办的最后一次,同时也是规模最为庞大的一次修治活动。陈池养充分意识到,由于北宋以来莆田不断进行农田水利建设,使得平原地区灌溉体系已逐步构成一个整体,不同工程灌区间有沟渠连通,如万金陡门渠连通了木兰陂灌区与原延寿陂灌区以及使华陂灌区,北洋渠系又由梧塘沟连通太平陂灌区,其水可直达九里洋。然而在不同工程灌区水资源实现互相调剂的同时,洪涝灾害亦可使"全洋"受到影响,故为提高灌溉体系整体抗灾能力,不能仅局限于单一工程的修复,而需要将灌溉工程体系修缮纳入综合考虑。故而陈池养在省、府、县三级地方官的支持下,在莆田平原、沿海地带开展了规模庞大的灌区水利综合整治,除修复木兰陂、太平陂等工程枢纽外,还组织沿南北洋、九里洋沿渠居民疏浚沟渠,并于易壅塞处建设通水阻沙设施;为防止海潮倒灌导致前功尽弃,陈池养还举办了历史上规模最大的镇海堤修复工程,事实上将该处海堤重建。此次综合性修治后,陈池养还对未来莆田灌溉与堤防建设计划进行了思考,并将之记录下来。这些文字在后世亦被莆田农田水利建设者与管理者奉为圭臬。

　　综上所述,区域内水利技术的停滞虽缘于水利建设的停滞,但并不意味着农田水利事业发展的停滞。就莆田的情况看,明清时期以官府和乡绅群体为代表的水利建设者与管理者虽因技术水平、资金来源的限制,并未新建大型灌溉设施,但仍通过提高修缮与管理水平维持了北宋以来境内农田水利事业发展的成果,基本保证了各灌区成员用水需求得以满足。在从事旧有灌溉设施修缮的过程中,农田水利建设者与管理者仍积累了不少经验,并将之转化为"综合性修治"的概念。这一成果虽不具备较为深刻的技术内涵,但同样可视作农田水利管理技术的进步,故而前人提出"明清莆田农田水利事业荒废"的观点是偏颇的。

第二节 农田水利体系的水利共同体特征

特定区域内某一时期水利共同体因该时期农田水利建设与管理事务的增加而形成,同时也随着本区域内农田水利事业逐渐兴盛而得到发展[1]。需要注意的是,"共同体"概念源自西方,且经日本学者运用后出现在对中国乡村农田水利问题的阐述中;由于西方、日本与中国国内历史背景、语言环境不同,"水利共同体"以往常被等同于"水利管理组织"[2]。实际上,水利共同体既非水利管理组织,亦不能代表某一区域水利社会整体。水利管理组织具备管理者属性,但并不具备用水者、受益者的属性;水利社会包含了特定区域内所有已获、未获水利者以及与水利不直接相关的个体,具备更强的社会属性。水利共同体是水利社会的重要组成部分,共同体中的成员既包括了水利的管理者,同时也包括了水利的受益者,且管理者与受益者往往是一体两面。就莆田各灌区的情况看,水利共同体在不同时期水利管理制度构建中发挥了不同的作用,具体而言,宋元时期的水利共同体虽然是参与水利管理制度构建的重要成员,但其自身不具备完整的共同体属性,故而并不能充分发挥作用;明清时期的水利共同体实现了参与者享受用水权利与履行修缮义务的统一,故而具备了完整的共同体属性,能够在水利管理制度构建中发挥更广泛的作用。

一、宋元时期的水利共同体与农田水利管理

莆田的水利共同体最早出现于北宋。北宋以前,莆田虽不乏灌溉事业的发展,但此时的水利建设成果均为"屯田"的产物,是官府乃至朝廷凭借国家强制力推行的事业,不存在形成民间管理制度的基础。北宋以后,莆田的水利事业虽仍有"官办"与"民办"之分,但用水成员已并非军屯体系的成员。实际上,唐至五代军屯体系的存在导致北宋初期莆田存在大量官田,但官田多被佃给民户耕种,佃田民户与官府间仅存在租佃关系。同时北宋以后莆田土地私有制获得了发展,不仅存在大量以自耕农为主体的小土地所有者,还出现了前述参与木兰陂建设的"水南十四姓"这样的大土地所有者,即乡绅地主。作为农业生产的实际参与者,官田佃农、自耕农与乡绅

①谭景玉.宋代乡村组织研究[M].济南:山东大学出版社,2010:282.
②徐爽.明清珠江三角洲基围水利管理机制研究——以西樵桑园围为中心[M].桂林:广西师范大学出版社,2015:61.

地主构成了用水成员群体,即不论某一工程为官办或民办,其实际服务的对象仍旧是来自于民间的用水成员。如此一来,地方政府乃至国家政权并非水利设施的实际使用者,即便由地方官主持修建了某一灌溉设施,也仅表明官府乃至朝廷为该工程的实际所有者,为回收此前建设过程中的资金投入只需加征赋税,无须通过制定专门的条例、建立专门的组织去直接向用水成员征收"水费"。

　　然而农田水利建设的范畴并非仅包括新建工程。就特定区域内灌溉事业的发展来看,某一工程的建设在早期确实可以为灌区居民带来巨大的收益,然而长期缺乏维护的设施不仅不能保障灌溉水资源供应,最终也会成为灌区居民的负担。故而就水利管理的层面看,水利设施的修缮维护始终是一个重要议题。对于地方政府乃至国家政权而言,建设大型灌溉工程的目的在于发展农业生产,以求区域内人口增加、赋税增长;灌溉工程管理作为工程建设的后期产物,并不天然从属于官府的职权范畴。故而组建专门的民间组织负责灌溉工程管理,对于地方政府而言,无疑是在水利管理效果得以实现的同时最为节省开支的选择。据此可知,由用水成员组建的灌溉工程管理组织是特定区域内灌溉事业发展到一定阶段的必然产物。

　　民间农田水利管理组织的建立,使得特定工程灌区内用水成员共同的灌溉利益得到维护,而"共同的灌溉利益"恰恰又是水利共同体得以维系的基础,故而工程管理组织的建立方使水利共同体的存在成为可能。就宋元时期莆田建立的官办、民办灌溉工程管理组织来看,其成员的第一身份均为"用水成员",即该管理组织成员只有处于灌区以内并"用水",方具备参与管理的资格。根据现有资料对于宋元时期莆田太平陂、木兰陂两座工程管理组织的描述,可以了解到能够参与工程管理的成员并非普通的用水个体,即管理组织成员通常具备两个特征。其一,管理组织成员通常具备雄厚的经济实力。如北宋时期参与太平陂管理组织的"八姓"即"有私田于陂",其后继业的囊山寺又于灌区内拥有规模庞大的"寺产"[①]。又如轮任木兰陂管理组织领导者的"十四姓"于建陂时即可出资"七十万缗",又能为开沟捐田数千亩,是木兰陂灌区内的大土地所有者(表5.3)[②]。"有恒产者有恒心",只有在其作为灌区内重要用水成员的情况下,参与管理组织的乡绅群体方能将工程管理事务置于首位,在履行管理职责的过程中尽心尽力。其二,参与工程管理的乡绅群体,多与分管工程有特殊联系。如"八姓"即在收回"塘田"充作"陂田"的过程中出力甚多,取得了灌区内用水成员的信任;而"十四姓"则更是与李宏齐名的木兰陂创建者,为灌区内居

　　①刘克庄.后村先生大全集[M].成都:四川大学出版社,2008:2276.
　　②谢履.奏请木兰陂不科圭田疏[M]//朱振先,顾章,余益壮,等.木兰陂集.刻本.莆田:十四家续刻,1729(清雍正七年).

民所熟知①。在与工程之间存在特殊联系的基础上，管理者往往能够迅速取得灌区内成员的信任，同时也能较好地在本区域构建自身权威，以便提高管理效率。由具备这些身份特征的用水成员组建了灌溉工程管理组织，使各工程运转逐渐走上正轨。

表 5.3 "十四姓"开沟捐田亩数

姓名	亩数	姓名	亩数
余子复	一千二百四十亩	朱珪	二百七十亩三角一十三步
朱伯震	五百八十五亩	朱桂	二百五十三亩一角
余彬	四百九十九亩二角二步	朱拱	二百四十八亩
余骃	三百五十八亩五十一步	吴觊	二百零九亩三角八十一步
林国钧	三百三十八亩三角	陈汝翼	二百零六亩四十八步
顾筼	三百一十六亩二角四十八步	朱赓	一百亩
朱公廙	三百亩	朱枚	七十八亩二角

资料来源：谢履.十四姓功臣舍田开沟亩数碑[M]//朱振先,顾章,余益壮,等.木兰陂集.刻本.莆田：十四家续刻,1729（清雍正七年）。

需要注意的是，宋元时期莆田建立的灌溉工程管理组织并非灌区管理组织，而是枢纽管理组织，即只负责工程枢纽及其周边小范围的修缮维护，并不具备管辖整个灌区农田水利事务的职权。所谓管理组织负责人兼"巡查"之职，其"巡查"的范围仅在枢纽工程周边数个村落；中层管理人员"甲首"多来自于枢纽工程周边，其巡视的"陂田"也多坐落于此；实际参与修缮管理的"小工"也不过是"换造陂柱、支正陂柱、置买闸板、修筑长围、疏决水圳、置造舟船"，俱为枢纽工程修缮事务，不及于周边各沟系②。而各干渠、支渠沿线村落，其受水区域、份额在沟渠开凿时已制定完毕，即所谓"某陂某塘分灌某地田亩，皆有定数"，故该村落仅需要将本沟段疏浚妥善即可视作完成了修缮义务③。如此看来，"枢纽"周边地区与"沟系"两岸村落除引灌同一工程所蓄之水外，并无其他联系，更近似于各自独立的水利系统。

"枢纽"与"沟系"独立性的增强，并不利于水利共同体的构建。实际上，灌溉工程枢纽控制了灌区内各干渠、支渠的水源，枢纽管理组织控制了周边村落水利管理事务后，似乎天生具备可凌驾于"沟系"之上的权威，然而地方政府的干涉却消除了这一权威转变为现实权力的可能。尽管水权从属于地权，但灌溉水资源具有公共属性，其分配方式并非占据灌溉工程枢纽控制权的管理组织所能决定。实际上地方政

---

①刘克庄.后村先生大全集[M].成都：四川大学出版社,2008：2276.

②雷应龙.木兰陂集节要[M]//中华山水志丛刊（第 19 册）.北京：线装书局,2004：245.

③周瑛,黄仲昭.重刊兴化府志[M].福州：福建人民出版社,2007：1354.

府乃至国家政权始终掌握着灌溉水资源分配方式的决定权,并借此实现对基层社会的有效控制。就宋元时期莆田的情况看,类似于南安陂、太平陂这样的工程均为官办农田水利,即使若干乡绅群体在工程建设时期为之出力甚多,也被官府用各类"酬劳田"的形式加以犒赏,故此类工程的权属较为明确;参与管理的"八姓""囊山寺僧"不论在具体事务方面有怎样的自主权限,也从未摆脱其作为官府"代理人"的身份,即此类管理组织之所以被建立仅出于实现水利管理的目的,而并非通过该类组织实现对灌溉水资源的再分配;工程一旦建立,其灌区便是明确的,各沟系内部村落所能享有的灌溉水资源总量也是固定的,灌溉工程管理组织以其所谓管理权获得灌区水权实现方式的重构并不具备可行性。而就木兰陂这类民办灌溉工程来看,尽管其为民间自行创办,但官府在长期的修缮管理过程中实际上褫夺了管理组织在水权分配方面的话语权,并导致各沟系、各村落间一旦发生用水纠纷,往往寻求地方官介入;而管理组织一旦被剥夺灌溉水资源分配话语权,便无异于单纯的"修缮管理组织"。由此可见,因宋元时期莆田各灌溉工程管理组织仅有"有限职权",使得管理组织不能成为灌区用水协作的核心,故而在各灌区内部并不存在能够组织全灌区协作的水利共同体。

然而并不能就此否认宋元时期莆田水利共同体在各灌溉工程管理中的作用。实际上在灌区范围稳定的情况下,依靠用水习惯维持的小范围用水协作有助于农田水利管理的实现,甚至于用水习惯的长期存在还使得各灌区用水成员自发形成了"用水—修缮"的循环,主动参与到水利劳动中。然而工程灌溉区域范围的稳定性一旦被打破,便会造成旧有用水习惯的崩解,从而导致原有用水协作体系的瓦解。以元代木兰陂水分注北洋为例,"元皇庆间总管郭朵儿于北岸创万金陡门,引木兰陂水以灌延兴、孝义、仁德之田……十四家率南洋有田者数万人往争之,曰:'北洋故有延寿、太和等陂之水,而木兰陂则李长者与我十四功臣为南洋人设也,独奈何夺此以益彼'……乃以与民约,水以三七为则,南得七分,北得三分,其水口广狭高下,皆有定数"[1]。郭朵儿将原南洋沟系所引灌溉水资源中30％分予北洋,必然导致原灌区内用水紧张的局面出现,进而导致用水纠纷的增加,瓦解原有的村落内部乃至沟系内部用水协作体系。而此类"增灌"情形的出现,也恰好是明代以后莆田各灌区用水协作乃至水利共同体重构的重要原因之一。

二、明清时期的水利共同体与农田水利管理

明代以后莆田各灌溉工程修缮管理,通常由地方官出面主持,由官府与乡绅群

---

①余飏,朱天龙,林尚煃.莆阳木兰水利志[M]//朱振先,顾章,余益壮,等.木兰陂集.刻本.莆田:十四家续刻,1729(清雍正七年).

体协作举办。所谓修缮管理中的协作，必然包含了官府与乡绅之间乃至乡绅群体内部的不同协作类型。当大规模建设协作涉及不同群体的利益之时，为维持协作的局面，必然需要导入有约束力的制度来协调。然而元代以后的战乱导致旧有灌溉秩序被打破，原先的灌溉工程管理组织纷纷瓦解。为重新实现莆田各灌区内部的用水协作，需要依据新情况重新构建灌溉秩序，并制定符合实际的规章条例。唯有当灌区成员能够重新获得一致的用水习惯，灌区水利共同体方能得到重建。

如前所述，灌溉区域空间范围的稳定是水利共同体得以存在的前提。根据表5.4 中内容可知，明清莆田各工程灌区以村落作为基本的用水单位。受水各村分属不同里甲组织，但同时又沿各干渠、支渠两岸分布。故而同一沟系的村落有从属于不同里甲组织的可能，同一里甲组织内部村落也有引灌不同沟渠的可能，这就增加了农田水利管理的复杂性。然而就府县志书中所反映的情况看，明清莆田各官办、民办灌溉工程虽屡经修缮，但均未开凿新渠，各工程灌区范围未产生较大变动。这就使沿渠各村跨地域用水协作的建立成为可能。同一灌区中分属于不同里甲的村落虽有因地理位置相近、长期参与共同生产劳作而形成一致用水习惯的可能，但同样也有因地理环境因素导致人员交流困难，进而缺乏构建统一用水习惯基础的可能。因此，水利管理者必须要根据本灌区内部成员具体情况，制定具备可行性的灌溉制度，以求灌区内成员能够实现用水协作。

表 5.4　明清莆田主要灌溉工程沟渠分布与灌区范围

工程名称	沟渠分布	灌区范围
南安陂	分上、下 2 圳，上圳接 1 沟，下圳接 2 沟	待贤、永丰、望江 3 里 29 村
太平陂	分上、下 2 圳，上圳得水 7 分，下圳得水 3 分	兴教、延寿 2 里 28 村
使华陂	分南、北 2 圳，北圳 2 支，南圳 1 支	常泰、尊贤、孝义 3 里 9 村
木兰陂	大沟 7 条，小沟 109 条	南北洋 21 里 274 村

就明清时期莆田官办灌溉工程用水情况看，所谓"统一用水习惯"构建的第一步是重新确定各用水成员所应享有的灌溉水资源总量，并以制度条文、控水设施保证"分水规例"能够落实到位。此时各官办工程灌区内各村落多于沟渠沿线架设涵洞，将渠水引入农田之中，如前文所述太平陂上圳设涵 27 口，南安陂上圳设涵 4 口，下圳设涵 5 口；或沿渠筑坝，使一条沟渠形成若干分属于不同村落的蓄水区，如前文所述太平陂下圳设坝 10 座。沿渠各村引灌方式的不同，给"分水规例"的制定带来了困难。为此，明清莆田地方政府在官办灌溉工程管理组织重新建立以前，事先介入灌溉水资源分配规则制定中，协调用水利益各方，并最终确保新用水规章的公平性。例如太平陂上圳各村约定各涵引水口径圆在一寸二分至三寸三分之间；下圳各坝商定"夜间闭板，蓄水溉田；天明启之，下溉梧塘、漏斗田"；南安陂上、下圳各村议定各

涵引水口宽度在一尺至一尺二寸之间,高度在一尺五寸至一尺八寸之间①。这就表明明清之际莆田各工程灌区地方官充分介入的情况下,最终建立了能够保障灌区内成员享有同等灌溉水资源配额并充分平衡了公平与效率的灌溉水资源分配制度,并以规章条例、分水设施的形制保证这一制度得以施行。相比较于宋元时期的情况而言,本时期新建立的灌溉水资源分配制度,其效力是跨区域的,即并非对村落内部个体用水关系的协调,而是对同一支渠灌溉体系内部各村乃至同一干渠灌溉体系内部各支渠系统灌溉秩序的规定,具有更广泛的权威性。

在确立跨灌区内部跨村落、跨沟系用水制度的基础上,各工程灌区内部成员又商议组建了具备广泛话语权的工程修缮管理组织,以此将灌区内成员"用水资格"与"修缮义务"统一起来。根据前文内容,这一时期莆田官办灌溉工程管理机构有"长甲制""圳甲制""公正—能干制"三种组织类型,其中施行于使华陂灌区的"长甲制"机构以"长"作为管理机构的首脑,以"甲"作为用水成员群体的首脑,以"田丁"作为修缮管理活动的参与成员,"丁统于甲,甲统于长",属于自上而下的"集中型"管理机构;施行于太平陂灌区的"圳甲制"机构不设首脑,上圳 13 甲、下圳 8 甲成员除负责自己所分摊"港界"即渠段修缮事务外,也参与涉及整个灌区事务的协商,属于自下而上的"分散型"管理机构;施行于南安陂灌区的"公正—能干制"机构虽设"公正"作为管理机构首脑,但其职权范围仅限于协调 15 甲"能干"之间有关农田水利管理事务的分歧,不具有最终决定权,管理机构的权威来自于各甲,故而该机构介于前述二者之间,属于"中间型"管理组织。以上三种类型管理组织虽在权力结构方面有所区别,但不可否认的是,这些灌溉工程管理组织均具备"修缮管理"以及"水资源再分配"的职权,并获得了灌区用水成员的充分认可,表明这一时期在各官办工程灌区内部用水各村之间已经初步形成了"用水协作",同时各灌区内部也出现了分散的村落用水联合体向"用水集团"转变的趋势。

尽管明清时期莆田各官办工程灌区内出现了"用水集团",且这种由高水平协作支撑的跨村落、跨沟系"用水集团"充分具备了"灌区水利共同体"的特征,但仍不能否认地方政府在"修缮管理—用水分配"事务中的作用。事实上,尽管明清时期各官办工程的使用权、管理权均被地方政府赋予了民间组织,但仍不可否认官办工程"所有权"仍属于地方政府。如此一来,在管理组织未能充分履行职责的情况下,官府对水利管理的介入仍有一定必要性。实际上,当所谓修缮任务量超过了民间管理组织所能承担的范围,原本参与管理的乡绅群体多会选择逃避职责,这时就需要地方官将灌区用水成员重新组织起来参与水利劳动,以保障灌区农业生产。清雍正五年(1727),南安陂圳道圮裂,此前"甲首侵牟,致废公事",并未履行修缮义务,兴化知府沈起元敦促十五甲按例修治;此后的清乾隆十二年(1747),太平陂上圳上游数甲"塌

---

①廖必琦.莆田县志[M].刻本.莆田:文雅堂,1926.

坏不修"，致使"水尾涓滴不沾"，次年莆田知县王文昭敦促各甲"循例各修"①。据此可知，在各官办农田水利"用水集团"内部成员的用水权利与修缮义务之间出现脱节倾向时，官府介入农田水利管理能够阻止情况恶化，进而防止"用水集团"解体。这就表明了地方政府在水利共同体维系当中具有特殊作用。

前述莆田各官办灌溉工程灌区用水成员及其管理机构，可以被视为"常设性共同体"。而与之相对的是，明清时期能够将民办灌溉工程木兰陂灌区内用水成员组织起来的恰属于"临时性共同体"。如前文所述，宋元时期木兰陂枢纽工程及其周边地区用水管理由被称为"陂司"的民间组织负责，灌区内其余村落用水管理与渠道疏浚由各村自行举办，"枢纽"与"沟系"之间缺乏水利劳动事务的协调。进入明代，原本在木兰陂灌区内具备一定地位的"十四姓"不再轮任陂司领导职务"正副"，最终导致陂司解体，留任的"水手""小工"等水利专业人士由官府派驻的"水利老人"负责领导。实际上明初"陂司"的解体并非无迹可寻。当某一集团由同质性成员构成时，集团内部成员会因利益趋同而表现出封闭的、对异质性个人或群体采取排他性策略的特征②。前述元代郭、张二人开万金陡门，引木兰陂水入北洋，导致南洋一带灌溉水资源总量减少，成员间用水矛盾加剧。进入明代，地方政府为协调南洋一带用水纠纷，曾多次希望轮任陂正副的"十四姓"能够提供帮助，但此问题的解决超出了枢纽工程管理者的能力范围。实际上，元代莆田地方官引木兰陂水入北洋的行为，造成了木兰陂灌区的扩大，同时也意味着用水成员的增加。即使明代莆田地方官能够通过工程建设乃至规章制定的方式恢复原有灌溉秩序乃至工程原本的管理状态，但新旧成员达成一致用水习惯需要一个过程。而地方官强行要求民间管理机构凭空"创造"灌区内部用水协作毫无疑问是不现实的。故而"十四姓"在不能实现地方官构思的同时也未能与新旧用水成员建立良好沟通机制，并最终黯然离场。

然而日常管理机构权威的丧失并不意味着明清莆田地方官可以对木兰陂修缮管理以及灌区水资源分配事务放任自流。实际上地方官早已认识到木兰陂在木兰溪流域灌溉体系中的核心地位，"木兰陂，水之源也，东角、遮浪诸长堤水之委也，洋城、东山、林墩、芦浦四陡门水之操纵也"③。为此，地方政府除在木兰陂管理组织解体后承担日常管理职责，派出"水利老人"于灌区常驻外，还承办了历次木兰陂大修、抢修工程，并试图通过频繁地大修、及时地抢修来弥补日常管理制度缺失造成的损害。如前所述，每逢木兰陂大修、抢修，木兰陂灌区各村均需按照本地田亩总额"分摊"修缮资金，并出工参与建设，地方官还会从灌区乡绅群体中遴选数名有名望、有

①陈池养.莆田水利志[M].台北:成文出版社,1974:254.

②钱杭.共同体理论视野下的湘湖水利集团——兼论"库域型"水利社会[J].中国社会科学,2008(2):167-185.

③雷应龙.木兰陂集节要[M]//中华山水志丛刊(第19册).北京:线装书局,2004:276.

实力的乡绅组成"董事会"参与管理。实际上,"水利董事"这种临时性管理机构以及"按亩摊修"制度的存在,表明灌区内用水成员仍有履行工程修缮义务的途径,并借此保障了农业灌溉用水。故而每逢木兰陂举办大修、抢修治功之时,灌区成员"用水权利"与"修缮义务"便得到统一,标志着"水利共同体"的形成。但此类共同体并未"集团化""常设化",一旦长期不举办修缮活动,灌区成员无须履行修缮义务便可直接享受用水权利。故而明清时期木兰陂灌区在举办大修时出现的"共同体"趋向可以被视作"临时性共同体",以与官办工程灌区中"常设性共同体"相区分。

同时也要注意到,沿海"埭田"水利系统,自"清理涵洞"之后便从内陆灌区中独立出来,成为独立的水利系统。元代以后,莆田唐海堤以外的区域自内陆沟渠中引水,实际上属于内陆灌溉系统的一部分,其成员应从属于内陆各工程灌区用水成员群体。然而此时沿海"埭田"与内陆"洋田"居民在关于灌溉水资源分配的协商中并未达成一致意见,埭田居民自发开渠凿圳引水行为被视作"盗水",表明内陆、沿海居民之间"水权"的界定尚不明确;而与此同时,沿海居民也无须参与水利劳动,这就更引发了内陆居民的不满。明清"禁私涵"政策的制定以及"官定水则"的设置,使灌溉水资源的权属得以明确,同时也使埭田灌溉系统得到与洋田系统分离的契机。此后,埭田居民被纳入"堤户",编入"堤甲",参与沿海堤防建设,事实上是以参与官办"海堤建设"作为履行水利劳动的方式,以求获得官府赐予的水权。如此一来,埭田地区实际上形成了若干由地方政府指导的且其内部居民在引灌内陆沟渠余水的同时参与海堤建设的独立水利系统,属于"用水权利"与"修缮义务"相统一的水利共同体,但地方政府对于此类共同体能够产生较大影响。

综上所述,明清莆田官办与民办灌溉工程管理制度的"再形成"过程事实上受到了"水利共同体"的影响。各工程灌区在元明之际均经历了旧灌溉秩序崩解的过程,而在工程灌区重构并稳定下来后,新旧用水成员在"构建一致的用水习惯"问题方面是否能够取得共识,决定了稳定的水利共同体能否在此后的时间里存在于该工程灌区内。实际上,地方政府在这一时期各灌溉工程用水秩序重构以及维持过程中均发挥了特殊作用,且乡绅群体在农田水利管理事务当中能够发挥愈为重要的作用,故而用"官民合办"来形容这一时期莆田各灌溉工程管理秩序以对应宋元时期的"官民各办"是比较合适的。

三、农田水利体系与基层社会

农业是中国古代社会生产活动的主要内容,而农业生产对灌溉水资源具有较强的依赖性,故而古代社会生产活动往往是围绕灌溉水资源开发来进行的。与此同时,灌溉工程效益的发生具有即时性,即某区域居民一旦完成某座灌溉工程体系构建,该工程体系的经济效益便能及时发挥出来,区域内农业生产对灌溉水资源的需求能够立即得到满足,各类社会生产活动遂围绕该工程逐步开展起来。北宋以来,莆田水利事业发展的事实表明,该区域农业生产乃至社会经济整体都随着灌溉体系的不断完善而发展,水利建设与管理活动以及由水利事业衍生出的各类社会文化活动,事实上成为莆田居民生产活动乃至社会生活的中心,同时也成为历代地方政府所关注的重点。可以说莆田古代农田水利事业的发展对于该地区基层社会的构建意义非凡。

一方面,灌溉工程建设、维护与使用是莆田居民社会生产活动的中心。莆田灌溉工程的分布具有层次性,大体而言,"平原四陂"在灌溉体系当中居于核心地位,沿海、平原、山区灌溉体系多与这四座工程处于同一水系,并围绕这四座工程来构建;在"平原四陂"之中,木兰陂的工程地位又居于首位,其余三座工程在其长期运行过程中逐渐形成以木兰陂为中心发挥灌溉效能的模式。木兰溪上游远在山中,"集永春、德化、仙游三百六十涧之水"汇入溪中,径流量大,水力充足,于其上截溪筑坝,开渠导流,可灌溉面积广阔,"莆田南陬,际海为田,阙土平广,雨潦至则旁无畔岸,旱暵则潴水不足以济。此陂之所由创,泄水止水,随时之义大矣哉"①。同时木兰陂灌溉有"余润",往往可向北沿万金陡门渠入北洋,再沿梧塘沟入太平陂灌区,也可沿南洋沟渠直至国清里一带入塘潴蓄,且木兰溪入海口一带埭田均引灌南北洋沟渠余水,遇旱时太平陂、南安陂灌溉能力不足,其周边居民也需引木兰陂水灌溉;如此一来,木兰陂对于北宋以后莆田各灌区社会经济发展而言都具有非同一般的社会经济意义。对于其余各灌区居民而言,其灌区核心工程具有重要的经济地位,一切社会生产活动都需要围绕该工程进行,如太平陂"圳长二十余里,溉田七百顷"②。又如南安陂"其初灌溉仅百顷,均沾渥泽能盈余。海荡日开田日广,始教涓滴成珍珠"③。最初各灌区渠系支分派别,流经灌区内各村后入海,其后新聚落往往沿沟渠形成,其耕作区域也沿沟渠分布。各区域水利体系逐渐由区域开发的产物转变为区域社会生产活动的中心。

另一方面,水利管理逐渐成为基层社会管理的中心任务。明代以后,莆田各灌区出现了成员"用水权力"与"修缮义务"相统一的灌溉工程管理模式。在此基础上于各灌区内部形成的"用水集团"逐渐成为水利管理乃至基层社会管理的主体。宋元时期莆田各灌溉工程管理由官办或民办的水利管理组织负责,官府以赋税的形式向灌区内用水居民征收"水费",并以免征"陂田"赋税的形式将征收的"水费"返还给水利管理组织。地方政府在这一过程中掌握了水利管理组织的部分财政权,并以此来介入灌溉工程管理,实现对基层社会的有效控制。然而,明清时期莆田地方政府

---

①陈池养.莆田水利志[M].台北:成文出版社,1974:154.
②刘克庄.后村先生大全集[M].成都:四川大学出版社,2008:2276.
③同①728.

却缺乏足够的财政与人事设置来实现这一过程,为此在官办灌溉工程管理中要与乡绅群体建立更为深入而有效的合作机制;与此同时,如木兰陂这样直接灌溉面积广阔且兼济全域的民办工程,难以完全由民间组织来管理,故官府参与到该工程管理之中,并与有实力的乡绅群体建立在水利管理方面的长效合作。在这一水利管理体制变化过程中,用水集团是实际受益者,即用水集团作为灌区用水乡绅群体的集合,通常以集体的形式与地方政府建立合作机制,参与到水利管理之中。在从事灌溉工程管理与维护的过程中,用水集团对于灌区内社会经济情况有了足够了解,并吸纳了灌区内大多数用水成员,成为跨越里甲组织的"用水联合体"。这一组织虽建立在里甲组织的基础上,但并不完全按照地域来确定成员从属,而是按照"沟系"来建立管理秩序。在此基础上,用水集团能够充分调动灌区内人力资源,并在灌溉水资源分配事务方面掌握足够的话语权,在国家政权离场的情况下成为各灌区真正的"管理者"。可以说,用水集团的出现是明清时期基层社会自治化趋向的一种表现,而这种自治恰恰是以成员参与用水劳动并借此实现水权为中心的,故可将其描述为"水利自治"。

由上文可知,水利深入到莆田居民社会生活的方方面面,成为社会生产与活动的主要内容。在此基础上形成的"区域性古代农田水利体系"一经产生便具有社会性,即莆田古代农田水利工程体系反映了唐代以来莆田以水利建设为主要内容的社会生产活动的最终成果,古代农田水利管理制度反映了明代以后以"水利管理"为主题的基层自治过程中社会成员间的互动及其结果,可以说古代莆田农田水利体系的建设与完善过程同样也是其社会属性不断积累与完善的过程。

第三节　农田水利体系的科学性

莆田古代农田水利体系的科学性主要来自于古代农田水利工程体系与古代农田水利管理制度两方面。莆田古代农田水利工程体系实际上是境内历代农田水利建设积累的成果,是一个受益范围覆盖全域的、完整的灌溉与堤防体系,其早期规划虽未经过严密的科学论证,但仍旧体现了古代水利专业人士对人类活动与环境要素互动关系的认知,同时也体现了他们对水利建设规模与用水效率之间关系的思考;莆田"平原四陂"自其建成伊始便持续发挥综合性水利效益,直至今日尚在为灌区居民造福,自然是受到先进水利技术应用的影响,但古代水利建设者对施工过程的严谨把握也同样功不可没;莆田各灌区水利管理制度自其构建以来不断发展,始终能够适应灌区的社会经济情况,是因为水利管理者始终能够根据本时期的灌溉用水事实对制度内容进行调整。故而要论述莆田古代农田水利体系的科学性,需要从水利体系、具体工程以及管理制度三个方面来进行。

一、农田水利体系构造的科学性

莆田可用灌溉水资源总量比较丰富,但如何"引灌"却始终困扰着古代莆田居民。多山多水的地貌环境使莆田农业生产区域难以连成一片,为此必须要在多个小区域构建水利体系,且各体系之间在低技术条件下难以构建联系。"莆田介福、泉之间,西北依山,厥田环山傍溪;东南距海,厥田背山塍海。其中荻芦、延寿、木兰三溪与海潮相出入,盐淡不分,沙泥胶成平壤,短长相覆,将四十里惟蒲生之,谓之'蒲田',后乃去水为'莆'焉"①。莆田三面环山,一面临海,且境内有西北—东南、东北—西南以及东西走向的三条山系以及木兰溪、延寿溪、荻芦溪三大水系,可谓山川纵横,河网密布,这便导致在莆田地区可以开展大规模农业生产的区域仅有兴化平原、江口平原,其余地区仅能够开展小规模垦殖。为此,唐代以来莆田官府与乡绅群体作为水利建设主导者,并未在境内强行开展贯穿全域的灌溉体系建设,而是依据沿海、平原以及山区灌溉基础条件的不同,开展了规模不一的灌溉工程体系建设,并最终取得了成功。

莆田沿海地区居民将旧堤以外的滩涂垦为新田,创造出具有鲜明地域特色的"埭田"种植体系,并根据实际情况为该地区创设灌溉条件,通常是将内陆沟渠中余水自陡门、涵洞中排出,并以陡、涵为中心构建埭田灌溉体系,"水泄固甚者费,亦不无小害。溪流暴涨,白于官而往决之,下田已苦浸久矣。其塞之也,必待水泄,乃施畚筑。高田又无以灌溉矣。其后废而为陡门,虽木实之费不资,而工役易办理。以潴水之高下,为版闸之启闭,劳数夫之力于顷刻,下等之田,一均其利",其后方有洋城陡门"溉田六百一十顷七亩",陈坝陡门"溉田四百六十七顷七十亩"的出现②。这实际上反映了灌溉工程建设者思维方式的转变,即在境内各灌溉系统尚未连成一体时,将内陆灌溉体系的末段视作埭田灌溉体系的水源,并对其加以改造。由此可见,宋元时期莆田的水利建设者已能用朴素的辩证观念,将内陆、沿海未能直接连通的灌溉体系视作总灌溉体系的一部分,并将之纳入建设规划之中了。

莆田内陆平原地区水利建设基础条件好,且工程设计者将有利条件充分转化为建设成果,以"平原四陂"为中心,开凿了纵横相连的人工水网。前述木兰陂有大沟 7 条、小沟 109 条,灌南洋上、中、下 3 段民田万余顷;北洋有旧延寿陂长生港下大沟 3 条、通小沟 59 条,灌溉北洋一带田 2000 余顷;太平陂设主圳 1 条、分圳 2 条,灌溉兴教里 28 村田 700 余顷;南安陂设主圳 1 条、分圳 2 条、小沟 3 条,灌溉江口九里洋田数千顷。这些大小渠圳在南至东山、北至九里洋、西至木兰陂、东至兴化湾的广大区

---

①陈池养.莆田水利志[M].台北:成文出版社,1974:17.

②黄仲昭.八闽通志(上册)[M].福州:福建人民出版社,1989:494.

域内纵横分布,将广袤的平原分割为无数四面环水的小区域,保证平原各村至少可从1条支渠引水,且种植面积广阔的村落也有多条支渠乃至干渠流经。各村或设涵引水,或筑坝节水,村落引水总量由官府制定,并以引水口大小、用水时间长短来控制。

就水利建设者的视角看,沟渠系统不仅是灌溉蓄水区,同时也是蓄洪区,当夏季上游洪峰来临时,雨水入沟、溪水入沟均导致沟渠水位暴涨,为此必须要有相应的泄水措施。建设者于沟渠末段设陡门,旱时闭门蓄水,涝时开闸放水,使沟渠水量维持在一定区间以内。而陡门泄水能力受"闸夫"工作效率影响,一旦闸夫不能按时启闸,沟渠所蓄之水便会漫过渠岸,浸没农田,危害生产。为此建设者还于沟渠临溪、临海处开凿涵洞,设立水则,以保持沟渠水位稳定。为连通莆田平原各地,保证旱、涝时能够实现水量调剂,古代水利建设者还于上杭、梧塘一带开圳凿渠,连通"平原四陂"灌区,使木兰溪、延寿溪、萩芦溪三大水系经人工开凿的水道连为一体,一方面使各灌区间水量可经由沟渠实现调剂,另一方面也提高了各灌区应对洪涝灾害的能力。陂堰、渠圳、陡门、涵洞等多样化水利设施遍布平原地带,在灌溉了平原地区的同时也阻挡了潮水上涌,并分流了自上游而来的洪峰,可见前人将灌溉、阻潮、防洪等多重功能纳入到建设计划中,并实现了水利设施功能的多样化。

莆田西北一带山区海拔较高,溪水径流量小,且缺乏井、泉等固定水源,灌溉引水基础条件不足。最初水利建设者对旧技术进行综合应用,将北宋以后平原地区已经弃用的蓄水平塘开凿技术引入山间河谷,建成大小不一的水塘,并将"灌溉渠网"的概念引入到平塘开凿中,沿塘设门,凿渠引水溉田,并将相近的平塘以水渠串联,使之成为同一灌溉系统的组成部分,"尊贤里后卓有塘二,宋时创,引九华山菡竹坑之水,由横头坑筑坝环山十余里为圳入塘,上塘阔十四亩,溉田五十四亩;下塘阔十亩,溉田四十三亩"[1]。对于引灌上下塘的村落而言,二者为相互独立的水利系统,但就山间灌区整体的视角看,上下塘与横头坑坝构成了完整的塘坝引水系统,在有效保证周边村落用水的同时能以更完美的工程形态应对山洪冲击,有效延长了各子工程的使用寿命,是水利技术综合应用的成果。当技术条件有所改善时,水利建设者又将截溪灌溉工程引入山区,并根据山间河谷的地形水文条件对工程形制做出调整,增强其适应性,同时仍注重邻近小型灌溉体系间的连通,"坑尾上坝、中坝、下坝以次引枫扇岭坑水,溉田一顷;垅头坝在熨洋南埇,引龟山坑水,溉五十亩;南埇坝合引二水,溉数十亩,入莒溪下游"[2]。"功建里漈底陂始创,溉田二十亩;成化甲午,张叔华高筑堰岸,灌綦盘洋田二顷余;连江里腊亭下陂,元大德间添设,灌田三顷。三

---

①陈池养.莆田水利志[M].台北:成文出版社,1974:323.

②周瑛,黄仲昭.重刊兴化府志[M].福州:福建人民出版社,2007:1360.

陂相通,灌溉有序"①。这种在同一支流上建成的,或建成于不同支流但以人工水系相连的小型灌溉工程体系,适应了山间自然环境,满足了山区居民用水需求,是对新旧水利技术的综合性应用,体现了工程建设者对环境与技术手段的深入把握。

在灌溉与堤防体系建成以前,莆田由于山海相近的地貌环境以及湿润多雨的气候条件,既无开展大规模农业开发的基础,又时常遭受水旱灾害的侵袭,且由于沼泽密布,蒲草丛生,被称为"斥卤"。随着围垦事业逐渐开展,水利建设规模迅速扩大,莆田生产生活环境逐渐得到改善,且原本山水相间的自然风貌也得到保留。由此可知,莆田的水利体系建设顺应了当地自然环境,以科学的方式开展建设,体现了古代水利建设者"变害为利"的建设智慧。同时,莆田水利体系构建注重建设效率,往往以单项建设实现灌溉、防洪、阻潮、通航等多重水利功能,表现出建设者多元化的水利建设观念。最后,莆田灌溉与堤防体系规划适度,布局合理,既便于快速开展工程建设,也便于后期综合修缮管理,是沿海地区水利体系构建的典范。

二、农田水利工程建设的科学性

"平原四陂"是历史上莆田建成的四座灌溉枢纽工程。千百年来,这四座工程不断发挥灌溉、防洪等综合水利效益,为当地居民造福。实际上,当代水利工程的寿命不过百年,其中不少甚至不到其设计使用寿命的一半便老化严重,但像"平原四陂"这样的工程能够沿用千年,且其创造的综合水利效益能够不断扩大,可见其生命力之顽强。这些功能之所以能沿用千年,是因为建设者在施工前进行了详细的环境考察与评估,在施工过程中采用了先进的技术手段,并遵循了合理的建设秩序。在此基础上建成的水利设施结构完整且坚固,能够应对各类自然灾害的侵袭。这四座工程系统论证具有科学性,其选址、结构设计等较为合理,体现了北宋以来沿海地区灌溉工程建设的技术理念与水平。

其一,"平原四陂"枢纽工程建设基址选择较为科学。各工程均建于河流转角弯道之上,表现出工程设计者对流体力学有着一些朴素的认识。河流转弯处水流缓慢,对工程枢纽截溪坝体冲击较小,且在此开凿引水圳口不易于壅沙,减少了日后疏浚工作量。尤其像南安陂、木兰陂这样规模比较庞大的工程,其枢纽截溪坝建设河床基址也需要精心挑选。通常建坝处河床应为石质硬基,如非石质则需要施工人员开挖基底,加以改造。"熙宁八年(1075),侯官李长者宏应诏募而来,始相今址,即其所兴工处商度者暮月,悟钱氏与林从世陂工之不就,失在截山水与海水为二,而不能分山水之流。盖山水多而急,海水少而缓,不杀其急,则急与缓合并,欲其分流溉田

---

①王椿.仙游县志[M]//中国地方志集成·福建府县志辑(第18册).上海:上海书店出版社,2000:122.

不可得也"[①]。以往莆田历代学者均认为李宏所选择的"山海并流处"是一段石基河床，但根据目前地质勘测结果看，木兰陂枢纽段河床与其上下游类似，均为沙质淤泥、黏土与砾石、卵石混合形成的软基河床，故有李宏以"筏型基础"改造建设基址一说。可想而知，在这样的河床之上，人工开挖沟槽，填充2～4米深的沙砾、卵石，并于其上叠砌松木块，再于木块之上平铺细沙，可有效改善基址强度[②]。由此可见，"平原四陂"能够沿用千余年，"科学选址"起到了很大作用。

其二，"平原四陂"枢纽工程结构设计较为科学。各陂枢纽工程为截溪滚水坝，此种坝体虽不难建设，但其直面水流冲击，若不能依据所跨水体的流速、流量等实际情况采用科学的构筑方式，则其使用寿命必不能长久。北宋莆田水利建设者综合考虑各陂枢纽坝建设区域地势、水流等环境因素，在建设南安陂、使华陂、木兰陂等工程枢纽坝时采取了条石砌筑滚水坝的形式，在建设太平陂枢纽坝时采用了大溪石垒砌滚水坝的形式。对于南安陂等三座工程而言，其枢纽坝建设位置多在平原地带，交通运输便利，且枢纽坝跨越的河道较为宽广，水情复杂。为此，水利建设者在构筑这三座滚水坝之前，均于建设基址上下游筑堰阻挡水流，将堰中余水排出，于其中清理河床，垫实基础，并于其上砌筑坝身。南安陂、使华陂枢纽坝顶部不设陂门，故直接用条石纵横钩锁叠砌，并于缝隙中灌注用黄泥、蛎灰、米汤调制的"灰浆"，尽量使砌体平整坚实，经久耐用。类似于木兰陂枢纽坝这样的堰坝复合型工程，则要先按照前述滚水坝砌筑形式建造南北滚水坝与南北陂埕，南侧坝体要低于北侧，便于后期筑堰；建设堰闸时，先于前期筑成的南坝之上立将军柱，于将军柱之间安装陂门，并将上游来水一侧用条石砌成缓坡式护坦，并将顶端迎水位砌成尖角，以减缓水流冲击力，于下游一侧又铺设送水长石，以提高过水速度，同时各处缝隙改灌注灰浆为铁水，大大增强了坝身牢固性。太平陂枢纽坝建设区域在萩芦溪中游河谷地带，交通不便，故砌筑材料需就地选材，且其下游尚有南安陂、馆洋陂等工程，故砌筑不宜过高过密，能够阻挡部分水流即可。故太平陂建设者采取了溪石垒筑滚水坝的形式，以大块卵石垒成一道阻挡水流的缓坡，并于其上用草木拦障，以便形成"浮面流"。由此可见，"平原四陂"枢纽坝的砌筑形制选择均综合考虑了周边环境、材料运输等情况，在条件允许的范围内选择了最为经久耐用的工程形式，并遵循合理的施工步骤建设而成，反映了北宋时期高超的灌溉工程建设技术水平。

其三，"平原四陂"配套工程分布设计较为科学。如前所述，莆田的数座大型灌溉工程同时也是灌区防洪枢纽，其建设目的在于"变害为利"，即将肆虐为害的水流导入渠圳，引灌周边农田。如此看来，各工程围绕枢纽滚水坝所建的各类附属设施有助于实现这一目的。首先，溪水入渠圳以前，一般要排出一部分水流，以防超出沟

①陈池养.莆田水利志[M].台北:成文出版社,1974:599.

②吴炎年,吴梦熊.抗震拒灾的古建文物——木兰陂[J].地球,2001(3):23.

渠承载能力,为此,南安陂建设时即于渠圳进水口之上设排水设施"泄坝""泄仔",
"陂址石大溪,斜覆大板石……泄坝阔一丈五尺,即大泄也,在水未入圳之先用以散
水……泄仔高四尺五寸,阔二尺二寸,即小泄也,水涨时减水入溪",一旦尚有洪峰来
袭,水流除自坝顶溢出外,也可自泄坝、泄仔等低处入溪,以免入渠后漫溢①。其次,
渗漏问题是各灌溉渠系建设中必须解决的问题。为此,当地居民在开凿渠圳时,采
取了筑"圳塍"的方法,即以不同材质铺设沟底与两岸,使水留渠中,不至外泄,如太
平陂干渠"环山为圳"的渠段被一分为三,上段"内外砌石黏灰,中用灰土坚筑",中段
"土塍单薄,砌石为户,红土坚筑",下段"溪底砌石黏灰为塍,中用灰土坚筑",采用了
"硬化河道"的方式,防止渠水泄入山溪。最后,各工程均有针对淤沙问题的设置,如
木兰陂后期维修管理中,设计者将一座陂门改造为"脱沙陡门",将闸底向下挖深数
尺,又将进水、排水口拓宽,如此便可利用水流之力将坝体上游一侧淤沙冲入溪中,
以免堵塞沟渠进水口。配套工程科学的设计、合理的分布,在保障灌区用水的同时
也提高了工程蓄洪、泄洪的能力,表现出北宋时期莆田水利建设者对灌溉与防洪间
辩证关系的清晰认知。

北宋时期莆田建设的四座大型灌溉工程,选址合理,设计科学,体现出其时莆田
沿海居民在水利建设领域积累的丰富经验,同时也表现出水利建设规划与组织者对
灌溉、灾害等水利问题的深刻认知以及对先进技术的深入掌握。这四座工程在建设
时,负责人在资源紧缺的基础上有效控制了建设成本,以有限的投入、合理的施工过
程控制取得了完美的建设成果,使建成的灌溉工程经久耐用,长期造福于各灌区居
民。可以说,莆田"平原四陂"是该地区古代农田水利工程建设最高技术水准的体现。

三、农田水利管理制度的科学性

中国古代水利事业的发展包含了对在用工程的管理与维护。就莆田的情况看,
先进而完善的管理制度是让各灌溉工程乃至整个灌溉体系得以被持续使用并能够
保存至今的重要原因之一。

首先,各大型灌溉工程之所以被长期使用,是因为当地水利管理者为之制定了
科学的修葺管理制度。莆田大型灌溉工程修葺管理制度主要包含日常管理制度与
大修管理制度两个方面。根据前文内容可知,莆田四座大型灌溉工程在建成时期即
建立了专门的管理组织;管理组织内部分工明确,成员各司其职,既有日常工作统筹
规划部门,也有财务管理部门,同时还有一线施工人员管理部门;各管理组织针对日
常工作事项,均制定了专门的工作细则,并严格遵照实施,以求提高工作效率;为应
对日常工作中的各项开支,各管理组织还采取了"开源节流"的措施,即由参与管理

---

①陈池养.莆田水利志[M].台北:成文出版社,1974:255.

组织的乡绅捐资购买田产,以租佃受益或田地产出应对日常开支,同时在工作细则的制定中专门强化财务管理章程的设置,以求提高管理资金使用效率;明代以后,用水成员群体逐渐参与到灌溉工程管理中,并替代"工程建设者"为主的乡绅群体成为负责各工程日常管理的权力主体,构建了"用水权利"与"修缮义务"相结合的日常管理制度,使每一名用水成员均能够参与灌溉工程管理,扩大了日常管理工作的参与面。明清时期各大型灌溉工程积年大修、灾后抢修逐渐形成制度,即某一工程每隔若干年均应举办一次规模较大的修缮工程,同时洪涝灾害发生后,枢纽坝被冲毁,渠圳漫溢严重,均应及时抢修;各工程大修、抢修一般由地方官或有名望的乡绅出面组织,由多名"耆干"组成"董事会"负责施工过程控制,并设有专门的财务管理机构,修缮资金基本由灌区内成员按照财力分摊,如所需资金总量不大,则由府库出资或由官绅捐助;以各种方式征集而来的资金交由"董事会"中专设财务管理机构,由各部门制定财务预算报至财务部门,再由主持工程的地方官会同"董事会"协商,确定最后的预算分配方法,并制定专项财务章程对照实施。科学的日常管理与大修抢修制度,保证各工程能够得到及时的修葺与维护,体现出莆田古代水利管理者的长远眼光以及对灌溉工程管理的过人见解。

其次,用水环境管理同样也是灌溉工程管理制度中的重要组成部分。莆田各灌区水利管理者乃至普通用水成员很早就注意到水系上游两岸水生态环境破坏对工程运行造成的毁灭性影响,并针对此问题提出了多条有效措施。一方面,沿溪、沿渠居民侵垦河道,导致单位时间过水量减缓,直接影响下游地区用水,"嘉定十七年(1224)臣僚言:越之鉴湖,溉田几半会稽;兴化之木兰陂,民田万顷,岁饮其泽。今官豪侵占,填淤益狭,宜戒有司每岁审视,厚其潴蓄,去其雍底,毋侵占,以防灌溉皆次第行之"[1]。"大沟过横山,先经深渎,有洗马池通沟,久患侵垦,暴雨漫流。道光八年(1828)冬,深渎、沟口、渠头三寸按田公开划除侵占,俾其水顺流入沟,遇旱得引沟水入池助溉"[2]。灌区内豪强侵垦工程蓄水区往往削弱该工程抵御洪涝灾害的能力,同时也导致灌溉蓄水总量下降,为此莆田历代官府均严禁在蓄水区侵垦,以维持各工程蓄洪、引灌能力。另一方面,莆田各水系上游两岸山间砂石往往落入溪水中,导致下游各工程迎水一侧以及各沟渠内部淤沙严重,为此,工程管理者除重视控沙工程建设外,还注意到水系上游两岸水土流失问题对水流含沙量的影响,并专门制定政策保护上游生态环境,"壶公、五马、三台、城山、天马、五侯诸山涧裂坏,沙土入沟。后命公私堵截,未能周匝。应严督附山各村已堵截者加高,未堵截者堵截,则沟道不至壅沙,依山之田亦无压沙之患,且可蓄水源,保坟墓。又各山裂坏,应严禁挖掘草

①脱脱.宋史(第13册)[M].北京:中华书局,1977:4189.
②陈池养.莆田水利志[M].台北:成文出版社,1974:154.

根"①。事实上，水利管理者也了解到沙土崩塌入涧、随山水入沟的根本性原因在于各山樵采无限制，为此又专门制定山林保护的条文，将生态环境保护与水利管理结合起来，体现出古代莆田水利管理者乃至用水居民对"水利生态"的朴素认识。

最后，沟渠水量控制既是保障沿渠各村"有水可用"的关键，同时也是使灌溉工程保持应有状态、减少灾害性气候影响的重点环节。沟渠蓄水总量可从源头和末尾两个环节进行控制，就莆田大型灌溉工程体系建设中的情况看，沟渠水源多为截溪坝引水一侧开凿的圳口，进水量由水闸控制，如木兰陂南岸一侧的回澜桥以及北岸一侧的万金陡门。进水闸门设专人管理，通常于干旱季节开闸，以引水入渠，灌溉农田；洪涝季节闭闸，使水停渠外，沿溪下行。然而暴雨以及大型洪峰带来的水量往往无法由进水闸控制，故于沟渠末段专门建有陡门、涵洞等设施，以求排出沟渠余水。陡门设闸板，由专人管理，旱时闭，涝时启；涵洞开挖深度受到限制，只有当沟渠水位达到一定高度方能自涵洞排出。进水、排水设施的相互配合，使莆田各工程附属沟渠系统水位能够保持在一定位置，蓄水总量也得到控制。如此一来，沟渠系统除具备灌溉用水储蓄功能外，还具备蓄洪的功能，凡雨季入渠的水量可停蓄沟中，留待旱季使用。这种沟渠体系与水量管理方式是北宋以来莆田灌溉制度不断科学化的结果，反映出水利管理者系统化的农业灌溉控制理念。

由此可见，古代的莆田水利建设者在长期参与灌溉工程施工组织的过程中对工程运行乃至产生相应水利作用的方式建立了充分的了解。在此基础上，当水利事业发展的主题由"建设"向"管理"转变时，由水利建设者转变而来的水利管理者往往能将科学性的思维带入到管理工作中，将各灌溉工程体系细节性的维护要点转化为各项合理的管理措施，并制定专门的水利管理条文，由专门性管理组织负责在灌区内推行。各灌溉工程之所以能够沿用至今，除与科学的建设方式有关外，完善而严谨的管理制度也起了巨大作用。这种产生于特定环境的水利管理制度与灌溉系统整体规划、灌溉工程建设技术一起，反映出古代的莆田居民对水运行规律的认识，体现出莆田古代农田水利体系重要的科学价值。

第四节　本章小结

莆田水利事业在各个发展阶段反映出不同的技术应用特征。工程建设者为达成特定阶段的水利建设目的，对新旧技术加以综合应用，使得莆田水利建设技术变迁路径呈现出"螺旋上升"的态势，同时与周边地区的水利建设产生了一些互动。具体而言，唐代莆田境内围垦事业迅速发展，建设者筑石堤阻挡海潮，并凿塘蓄水，截

---

①廖必琦.莆田县志[M].刻本.莆田：文雅堂,1926.

溪蓄水,使垦区盐碱化问题得到有效解决,并为周边地区的围垦事业开展提供了良好范例;北宋以后莆田平原地带"截溪灌溉"工程建设发展到较高水平,综合运用当时最先进的水利技术,对周边类似地区的灌溉工程建设颇具启发作用,同时在引水不便的地区继续沿用旧技术开展小型灌溉工程建设,使各灌区用水条件均得到改善;明代以后莆田水利事业进入到技术停滞的阶段,但这并未妨碍工程建设者在已有技术储备的基础上改善修缮管理措施,提出综合性整治计划并加以落实,使莆田水利建设成果得到有效保护。

莆田各灌区水利管理制度的构建受到"水利共同体"的影响。具体而言,明代以前各灌区内部成员用水协作维持在较低的水平,跨沟系、跨区域的大范围协作尚未出现,这就导致各工程管理组织未能树立权威,对成员"水权"的实现不具备任何干涉力度;明代以后莆田各灌区管理组织经历了重构,乡绅群体作为管理的主体,迅速达成跨沟系、跨区域的用水协作,导致各灌区用水成员最终被整合为常设性或临时性"用水集团",深度参与到水利管理当中并构建出官民合办的管理局面。

莆田作为古代沿海地区大规模开发的范例,其古代水利事业发展的工程性、制度性成果,具有极为突出的历史价值。从工程建设与管理的层面看,古代莆田水利事业发展成果处处体现着劳动人民的科学智慧,其中灌溉与堤防体系设计极为精妙,各工程建设过程控制严谨并采用了恰当的技术手段,水利管理制度构建极为完善,可见莆田古代农田水利体系具有重要的科学技术价值。从古代农田水利事业与基层社会互动过程看,水利建设与管理深入到莆田居民生产与社会生活当中,对基层社会管理以及民俗文化构建产生了深远的影响。具体而言,北宋以后莆田水利事业蓬勃发展,各灌区居民深入参与水利建设与管理的过程中,逐渐将"水利"视为社会生产的中心,依据现有的灌溉条件并以灌溉工程为中心开展各类生产活动;水利管理逐渐成为基层社会管理的主要内容,水利管理组织在践行各项修缮管理事务的同时也掌握了灌溉水资源分配的话语权,进而成为基层社会权力结构的核心。

第六章 唐至清末莆田农田水利体系的经济与文化影响

　　一定区域范围内古代农田水利事业发展作用于区域基层社会发展，产生出一系列经济与文化类型的成果，可以被认为是该区域内古代农田水利工程与管理体系在社会经济与文化层面的反映。具体而言，一定区域内一旦完成某一农田水利设施或农田水利体系建设，乃至于该地区居民实现对农田水利设施的进一步有效管理，便能够为该地区农业生产发展带来一定积极影响，具体表现在耕地规模的扩大与作物产量的提高，这便是一定区域范围内古代农田水利体系所谓"经济影响"之来源。一定区域范围内居民在较早的历史时期受自然灾害的侵袭，由于技术条件的限制以及社会组织程度的低下，往往难以采取有效的应对措施，长期的逆来顺受往往使其对自然现象充满恐惧，而当某些水利专业人士提出有效的技术方法，并能够充分发动民众完成特定工程的建设，进而在此基础上减轻灾害对居民生活的影响，同时也能改善区域内农业生产环境之时，居民们对自然之物的恐惧往往会得到缓解；目睹了"水利奇迹"的居民多会萌发对于具有较高水平水利专业人士的崇拜心理，故而历史上在水利事业蓬勃发展的地区往往出现"水神崇拜"；这种特殊的宗教心理在该区域此后历史发展进程中往往会演化出不同的形式，且均具备特定的象征意义。古代的水利设施、水利管理制度及水神崇拜形式作为特定区域内的重要历史记忆，往往会以文字形式被记录于特定载体中，通常表现为区域性水利总志、专志，这些文字载体除作为技术传承、制度继承的手段外，往往也是记述者为达成特定目的而创造的工具。水神崇拜及其祭祀与民俗表征，与水利文献共同构成了特定区域内"水利文化"的主体内容。

　　就莆田地区的情况看，区域内农田水利事业在社会文化层面上的作用成果内容丰富，形式全面，既包含了吴兴、李宏、钱四娘等地方性水利神祇的祭祀场所、形式以及由之演化而来的地方性民俗活动，同样也包含了明代《木兰陂集节要》和《木兰陂集》两部水利专志以及《莆田水利志》这一部区域水利总志。就莆田农田水利事业在社会文化层面上的作用成果之影响来看，此类成果的概念与实体表现形式与当地水利事业发展成果的积累息息相关，同时水利文化也反作用于一般性水利事业，在以其精神激励功能调动居民参与水利建设的同时，对当地水利管理制度的形成发展以及居民水权的实现都起到了一定促进作用。需要注意的是，北宋以后莆田地区以各水利建设功臣为对象的"造神运动"体现出一种官府与士绅阶层的默契，即官府需要通过将民间水利神祠信仰纳入到国家祭祀体系当中,加强与士绅阶层的联系;于士绅阶层,尤其是功臣后裔而言,祖先被纳入国家祀典,标志着家族功绩被国家认可,而国家认可恰恰也是家族掌握水利工程管理权乃至"分水"话语权,进而步入地方社会权力结构核心所必需的,修建庙宇、开展祭祀以及编纂水利志均成为获得国家对本族水利建设功绩认可而可以采取的手段,即这些社会文化性成果均具有不同的象征性意义。

第一节　农田水利体系的经济影响

一定区域范围内古代农田水利体系对历史时期该区域社会经济的发展,往往会造成一定影响,具体而言,是对该地区传统农业生产造成深远的影响。通常来看,农田水利体系的"经济影响",即对当地农业生产的影响是即时性的,即某一农田水利工程或工程体系一旦完成建设,抑或某一工程管理体制或某一区域用水制度一旦得到完善,便会在较短的时间内开始对该工程周边地区乃至整个灌区农业生产造成影响;与此同时,农田水利体系发展对该地区农业生产造成的影响往往是相互的,即区域内农田水利体系的完善促进农业生产的发展,而该区域居民因农田水利事业发展,抑或农业技术进步、新作物引入而获得的农业生产效率进步,往往又会促使其扩大生产规模,进而对该农田水利建设提出更高要求。就莆田地区的情况看,北宋以前该地区农田水利建设规模尚小,对农业生产发展的影响尚不明显。北宋以后莆田农田水利建设规模不断扩大,使该地区农业生产效率的提高成为可能。与此同时,莆田居民为发展生产不断引入新作物,进而扩大耕作面积,对大范围农田水利建设提出了进一步要求。

一、宋元莆田农田水利建设与农业生产发展

宋元时期,莆田农田水利建设对当地居民农业生产活动产生了一定影响。

一方面,农田水利工程体系,尤其是灌溉工程体系的完善,使得莆田可用耕地面积总量增加。莆田沿海一带曾被称为"斥卤",这一称呼既用于形容唐代围垦以前蒲草丛生的滩涂,也被用于形容唐中期围垦活动开展以后新开发的区域,即新开发区域虽因沿海堤防建设与海潮阻绝,但其土壤盐碱性质并未得到改变。尽管平原地区凿塘蓄水工程以及延寿陂、红泉堰等截溪引水工程的建设,使当地居民具备以工程手段"引淡治盐"以改良土质的能力,但上述工程蓄水、引水能力有限,并不能完全满足新垦区域因解决土壤盐碱化问题而产生的淡水需求。北宋前期"平原四陂"的建成,使唐代以来规模不断拓展的垦区"引淡治盐"活动的开展成为可能。这些新建成

的截溪蓄水工程多位于垦区内部或其附近,蓄水区域广阔,且当地居民为之配套建成的引水区域可达垦区每一居民点,故而在内陆地区居民用水需求得到满足的同时,沿海新垦区域居民也借渠系建设的机会将前述工程所蓄之水引入垦区漫灌,不断冲刷土壤中盐分,改善土质,最终化"斥卤"为稼田,使垦区土壤适应了作物生长的要求,且前述围绕垦区的渠系建设也使得当地居民因开展农业生产而产生的灌溉用水需求得到了满足,故而垦区迅速成为莆田重要的农业生产区域。前述南安陂、太平陂、木兰陂灌溉面积各达数百至上千顷,是指这些工程周边区域"直接受益面积",而木兰溪、萩芦溪下游两岸大片"垦区"并未计算在内①。实际上据前文可知,两宋时期以"平原四陂"为代表的新建农田水利设施在垦区"引淡治盐"以改善土质的过程中扮演了极其重要的角色,而垦区农业生产环境的改善恰使该时期莆田耕地规模的扩大成为可能,故而将本时期莆田耕地总面积增长归功于以"平原四陂"为代表的农田水利工程建设,是有一定依据的。

另一方面,两宋时期莆田地区大规模农田水利工程建设的开展,使本时期该地区农作制度的改变成为可能。谈及莆田地区乃至整个福建沿海地区农作制度的改变,便不得不提及"占城稻"的引种。这一稻种原产于越南中南部的占城国,据悉在北宋大中祥符年以前便于福建沿海地区有较为广泛的种植面积②。占城稻具有生长周期较短的特性,往往使引种地区耕地利用效率得到提高,在此基础上,"一年两熟"乃至"一年三熟"的农作制度的引入成为可能③。时人称莆田地区大部分田地均能达到"二熟"的标准,种植"早晚稻",其中部分地力较肥的田地可达到"三熟"。这表明北宋占城稻的引入,致使莆田地区居民广泛开展稻麦复种、一年两熟乃至三熟的尝试,这就导致该地区灌溉用水需求量迅速上升。而这一时期大规模开展的农田水利建设及其成果恰能经受此考验,并充分满足当地居民用水需求。尽管两宋时期莆田地区农作制度的改进主要得益于占城稻等新作物的引入,但该区域此前已然构建完善的农田水利体系在这一过程中所发挥的作用也不容忽视。

二、明清莆田农田水利建设与农业生产发展

明清时期,莆田居民开展的大规模农田水利建设,对当地农业生产的发展产生了巨大的促进作用。一方面,相比较于宋元时期而言,明清时期莆田耕地规模不断扩大。根据表 6.1 可知,自明洪武二十四年(1391)至清乾隆十九年(1754),兴化府境内耕地面积增长率达 17.5%,其中除清顺治年间"迁界"导致垦荒活动停滞外,均保持了增长的态势。明清莆田地区耕地规模快速增长主要缘于本时期山间河谷垦荒

①莆田县地方志编纂委员会.莆田县志[M].北京:中华书局,1994:168.
②路甬祥,黄世瑞.中国古代科学技术史纲.农学卷[M].沈阳:辽宁教育出版社,1996:316.
③谷跃东.试论宋代占城稻在我国的推广与影响[J].怀化学院学报,2015,34(4):32-34.

以及沿海地区围垦活动的进一步开展。山区居民于河谷地带开垦荒地,发展农业生产,自然离不开灌溉工程建设。前述明清莆田西北部山区小型灌溉工程建设,为该区域居民开展垦荒事业提供了便利。可用耕地规模的扩大是农田水利事业发展带来的显著效果。尽管对于作物种植而言,灌溉水资源的供应不可或缺,但作物耐旱性各有区分,部分适宜在山间种植的粮食作物对灌溉水资源的需求与平原地区种植的水稻、小麦有较大差异。番薯作为可种植于山间的耐旱、高产粮食作物,于明万历年间被引入莆田,最初由山间河谷一带居民种植于原本不适宜水稻种植的山地,后由于其可观的产量受到各地区居民的欢迎,引种面积不断扩大。"番薯,万历中巡抚金学曾始传自外国,因命金薯,亦名地瓜。皮有白、紫二种,可佐五谷之半"[①]。这一高产作物的引入使山间河谷地区农业生产的进一步发展成为可能,而即便是这种对灌溉水资源需求量极小的作物生产,往往也会对灌溉设施的完善提出一定要求,这就促使山区居民将农田水利体系的完善提上日程。

表6.1 明清历年兴化府官民田总额 （单位:公顷）

时间	兴化府	莆田县	仙游县
明洪武二十四年(1391)	12592	8347	4245
明景泰三年(1452)	13673	8986	4687
明弘治五年(1492)	13715	9025	4690
明嘉靖三十一年(1552)	13723	9032	4691
明万历四十年(1612)	13880	9161	4719
清康熙七年(1668)	13797	9059	4738
清乾隆十九年(1754)	14795	10057	4738

资料来源:周瑛,黄仲昭.重刊兴化府志[M].福州:福建人民出版社,2007:295。

廖必琦.莆田县志[M].刻本.莆田:文雅堂,1926。

王椿.仙游县志[M]//中国地方志集成·福建府县志辑(第18册).上海:上海书店出版社,2000:220-221。

与此同时,沿海地区围垦事业的进一步发展与该区域农田水利体系的完善有着更为紧密的联系。实际上北宋中期以后,莆田沿海地区围垦事业发展速度已然放缓。元明之际,莆田地区部分豪绅地主有围海垦田、增加产业规模的需求,而地方政府因赋税增收等原因亦表达了支持,故有"元季以势力填东张、澄口"一说。这一由豪绅带领,普通民众广泛参与的围垦活动,至明清时期已取得了相当的成果。明清莆田地方官在修复旧有农田水利设施的基础上,将"灌溉之利"引入新垦区域,并组

①张琴.莆田县志[M]//中国地方志集成·福建府县志辑(第17册).上海:上海书店出版社,2000:74.

织当地居民开展沿海堤防建设,维护此前围垦之成果。由此可见,明清时期莆田地区农田水利事业的继续开展应当被视为这一时期该地区耕地规模增加乃至农业生产总量提高的重要原因之一。

需要注意的是,这一时期莆田地区官府与乡绅群体共同参与到沿海堤防工程建设当中,海堤工程规模及建设速度远超以往,而新垦区域改造成可用耕地往往需要一定时间,这就导致垦区改造的速度落后于垦区面积增加的速度。为提高土地利用效率、增加收益,沿海地区居民往往选择对环境适应能力较强的作物,于初经改造的"埭田"之上种植,并将该地区较为成熟的灌溉输水体系作用发挥到极致。据记载,番薯自吕宋引入莆田后,最初虽种植于山间河谷地带,但很快为平原乃至沿海地区所引入①。沿海地区的"埭民"既要履行官府所要求的海堤修缮义务,又要完善"埭田"区域的农田水利设施,并不能将全部精力用于农业生产。番薯易种植,产量大,受到"埭民"的欢迎,在进入清代以后逐渐取代水稻,成为沿海地区居民主粮作物,如此一带便造成沿海地区居民灌溉用水量的减少,间接缓解了埭田与洋田居民之间因"用水争端"而出现的紧张局面。然而,并不能因这一时期沿海地区番薯的引种而忽视该区域居民的用水需求。实际上,番薯等耐寒作物的引种既是为沿海与内陆居民用水矛盾的化解提供一个契机,同时也是为农田水利建设者在区域内用水居民稳定的基础上调整农田水利建设规划创造可能。故而应对番薯引种、耕作面积扩大、农田水利事业发展等要素间的客观联系予以肯定。

第二节　水神崇拜及其活动形式

水神是一种与水密切相关的神灵崇拜对象。中国传统社会以农业为基础,故而民众对于水资源相当重视。为表达自身对于水资源的珍视,民众除参与水利事业经营外,更多情况下是选择与水相关的神灵并参与针对该神灵的祭祀活动②。就其社会性功能来看,民间水神崇拜可以分为对自然神灵的崇拜以及对治水功臣的崇拜两类,其中对自然神灵的崇拜可以追溯到原始宗教中对自然水体的敬畏以及对水旱灾害的恐惧心理,类似于"龙"这样与水相关的神兽图腾便是民众所敬畏和恐惧对象的具象化;对治水功臣的崇拜是将对水利建设有巨大功绩的人神格化,以神化的人作为人类战胜自然、平息灾害、兴治水利成就的象征,事实上这一神格化的过程恰恰能

---

①莆田县地方志编纂委员会.莆田县志[M].北京:中华书局,1994:177.
②李峻杰.逝去的水神世界——明代山西水神祭祀的类型与地域分布[J].民俗研究,2013(2):87-100.

够反映水利事业发展进程,同时也是外来者了解本地水情、民情的工具①。将特定区域内长期以来水利事业发展过程中所涌现出来的杰出人物神化,一般属于地方性行为,故而以这种方式被创造出来的水神往往属于地方神祇②。就古代莆田的情况看,居民水神崇拜的对象有自然神也有人格神,而对于各工程灌区而言,历史上参与建设该工程的杰出官民方为区域内主要的神灵祭祀对象。

一、农田水利建设功臣形象与水神塑造

莆田水利事业发展始于唐而兴于北宋,唐宋之际有不少参与水利建设的杰出人物涌现。这些水利建设先贤组织当地民众筑堤障流、围海造田、截溪蓄水、凿渠引水,着实在当地开创了一番事业,同时也为当地居民的"造神"活动提供了素材。实际上,早期莆田山海相接,溪流湍急,平原面积狭小,水利事业乃至农业发展先天条件不足,存在不少以当时技术条件较难克服的建设障碍。早期水利建设先贤基于区域内水土环境调查结果,对各工程建设详加规划并组织当地居民参与讨论;在工程建设中一般采用先进的技术手段克服环境障碍,同时对先前所施行的工程建设管理制度做相应改革,是指能够适应当前工程技术发展水平,并实现对人力、物力的高效应用。在先进技术应用以及高效管理体制引入的基础上,原先难以建成的水利设施往往能够迅速取得突破,当地居民受此影响,其积极性往往得到充分调动,争先恐后地参与到工程建设中,完成了一项项高难度的水利建设任务,并最终使唐宋时期莆田水利事业发展取得巨大突破,普通民众也能由此受益。然而民众由于自身认识水平的阈限,往往对先进技术与管理制度难以做出正确理解,故往往将杰出人物带领下在水利事业方面所取得的成功归因于鬼神之力,这就为莆田早期的水利建设蒙上了一层神秘主义的色彩。

吴兴是莆田居民所塑造的首例水神形象。他作为唐神龙年间莆田沿海地区军屯体系管理者之一,在水利建设方面主要取得了两项成就,即于北洋"塍海为田",始开此地围垦;于杜塘"筑长堤遏流,南入沙塘坂,酾为巨沟三,析为股沟五十有九",导延寿溪水灌溉北洋新垦区域③。这两项成就,所需人力、物力规模均十分庞大,先前沿海垦殖居民虽曾有设想,但并未曾有人将之予以实施。究其原因,延寿溪为一山溪性河流,水量季节性差异大。每至夏季,台风来袭,雨量增加,极易发生洪涝灾害。然而恰恰是山溪性河流巨大的高下落差导致上游来水冲击力大,于出海口处筑堤的实施条件并未成熟。吴兴先组织居民围垦北洋,使延寿溪流经杜塘后漫流于新垦区

---

①谭徐明.古代区域水神崇拜及其社会学价值——以都江堰水利区为例[J].河海大学学报(哲学社会科学版):2009,11(1):9-15.

②李维松.湘湖风俗[M].杭州:杭州出版社,2014:187.

③黄仲昭.八闽通志(上册)[M].福州:福建人民出版社,1989:493.

域以减缓水势，同时使筑堤于杜塘的难度降低；此后改造新垦地区的两条港汊，将之拓宽拓深，使其足以容纳上游来水；最后筑堤导流，使延寿溪水进入先前改造完成的沟道，成为可资灌溉的沟渠之水，达到变害为利的目的。由此可知吴兴的成功完全缘于施工以前妥善的规划以及施工过程中严密的控制，实际上是吴兴对自身所具备的水利建设知识、经验灵活运用所实现的成功。然而当地居民对所谓"先进水利技术""施工管理措施"均未建立深刻的了解，乃至将其归为道术、法力一类；后吴兴胞妹吴媛于兴泰里筑坝，为便于运输石料，于山间就地取材制造了一些先进的运输器械，而此地居民对此认识不深，反又将其归为道术一类，后纷纷相传吴媛用神鞭驱动巨石滚动至坝址，故将吴媛新筑工程命名为"鞭山坝"。可以说，对先进技术以及管理制度缺乏足够认知是当地居民将吴兴"神格化"的重要原因之一。

唐代莆田居民将吴兴这一水利建设杰出人物形象"神化"的另一重要契机，则要追溯到人类对自然灾害的恐惧以及对改造自然环境的渴望心理上。事实上，唐宋之际莆田所谓"水神崇拜"仍带有原始信仰的因素，即将灾害赋予一定形象，并为之编造神话传说。吴兴所截延寿溪，由于上游而来水势迅猛且季节性差异大，往往引发洪涝灾害，冲毁农田房舍，给当地居民带来巨大损失。而此时莆田民众对自然灾害认识有限，往往将之归为神灵作祟，即认为洪涝灾害是"蛟龙为害"而引发的。有趣的是，在中国古代的神话传说中，"蛟龙"这一形象往往与洪涝灾害紧密联系在一起，这与"龙"的意象内涵扩充有关。龙在传统社会早期往往被视为主管江河湖海等自然水体运行的神兽，具备执掌降雨的权力，故而受到农业社会中居民的崇敬与拜祭。然而随着龙神形象的世俗化，其文化形象中动物特征层面的内容开始丰满，有关于龙的神话传说也就开始表现人类对于这一形象崇拜与恐惧的双重心理，具体而言即"蛟龙"形象的出现；为使龙的"神格"不至于被玷污，民间创造了"蛟龙"这一形象来承载"龙"的负面功能①。蛟龙作为未化龙的凶兽，往往被赋予残暴的性格，表现出一种与人类改造自然行为相对抗的特征，故而神话传说中的蛟龙往往是灾祸的来源，通常发生水灾之处被认为必有蛟龙作孽。古代神话传说中多有"斩蛟"故事，如"子羽击蛟""周处斩蛟"一类，通常是某地多发洪涝，百姓传说有蛟龙为虐，杰出的勇士为民除害，斩杀蛟龙，平息水患，受到当地居民的崇敬，其故事流传后世。此类故事实际上是古代平息水患的工程性活动在神话传说层面上的反映。吴兴筑延寿陂，将水流疏导进儿戏陂、长生港，平息了杜塘一带的水患，在后世也被讹传为"斩蛟"。民间相传吴兴在塍海为田、兴修陂圳的过程中曾与恶蛟搏斗，在其胞妹吴媛用神针将恶蛟双眼刺瞎后得以持刀将其斩杀，自此使水患得以平息，为此还将延寿陂附近的水塘附会为其斩蛟处称为"吴公潭"。吴兴斩蛟的传说，虽缘于古代莆田居民对水患和水利建设技术的浅薄认识，但仍能自其中看出居民对于兴治水利、平息水患的美

---

① 王树强，冯大建. 龙文——中国龙文化形象研究[M]. 天津：南开大学出版社，2012：137.

好愿望,故而其对于水利建设先贤吴兴的神化行为自然也有迹可循。

北宋初期,莆田水利事业蓬勃发展,成就颇丰。各类水利设施建成改善了当地居民用水环境,同时居民在地方官员、杰出人物的领导下频繁参与水利建设,对于先进的技术手段、巧妙的工程器械、高效的管理制度均建立起充分的认识,对人与自然间的关系有了一定考量。这一时期涌现的水神形象,虽仍建立在杰出的水利建设者基础之上,但其形象的人格化程度有所增加,形象特质当中也更多地反映了民众对于兴治水利、发展生产的美好愿望,以及对于水利建设先贤的感念与追思,对杰出的水利建设领导者的崇敬与憧憬。钱四娘与李宏是本时期莆田兴化平原居民所塑造的典型神话人物形象。

“治平间,有长乐钱氏女始议堰陂,出家资募役,水势冲击,陂成而坏者再,钱不胜愤,赴陂流死”[①]。值得注意的是,中国传统社会作为一个男性主导的社会,却存在为数不少的女性神灵形象。赵世瑜认为,历史上数目庞大的女神形象之所以有存在的空间,关键在于宗教系统吸纳女性信众的需求。同时,原始社会的女神崇拜残余以及妇女群体本身不同于男性的精神需求,在女神形象的塑造过程中也产生了一定影响[②]。女性神灵形象的功能一般有三,首先是用于保佑女性繁衍生育的顺利,其次是为了保佑某些多为女性参与的生产活动能够获得发展,最后类似于观世音这样“普度众生”的神灵,受到男女信众的共同参拜[③]。钱四娘这一水利建设先贤被升华为女性水神形象,究其原因,与灌区内原始女神崇拜的残留以及灌区内妇女对信仰寄托形象的需要似乎都有一定联系。然而就功能来看,这一形象的创造似乎与“保佑女性所参与的生产活动能够顺利发展”似乎并无关系。与之相反的是,中国传统社会水利事业发展一般为男性所主导,由女性主持水利建设是极为少见的。从单一灌区的角度看,钱四娘作为女性水神形象而存在,似乎带有更多“普度众生”的意味。莆田民间有关钱四娘的神话传说,如“酒坛积钱”“仙人授法点顽石”“抓也十八捧也十八”,多是对钱四娘筑陂时所采用高效施工技术以及公正管理制度的夸张性描述。实际上对于莆田地区居民,尤其是木兰陂灌区内居民而言,钱四娘筑陂虽未获得成功,但却激发了当地居民的水利建设热情,同时也对后来筑陂者有一定启示作用,称其“惠泽千秋”并不为过。可以说钱四娘这一女性水神形象突破了过往对于女神形象的传统观念,其功能事实上突破了水利的专业领域,成为整个灌区的保护神之一。正因如此,同样作为水利建设先贤并参与钱四娘筑陂活动的黎畛,以及受钱四娘善行感染而前来莆田筑陂未成的林从世,虽也受到当地居民的崇敬,但就水神塑造而言,其形象与钱四娘形象表现出较多的同质性,故而黎畛与林从世并未成为独立的

①李俊甫.莆阳比事[M].南京:江苏古籍出版社,1988:172.

②赵世瑜.狂欢与日常——明清以来的庙会与民间社会[M].北京:三联书店出版社,2002:278.

③吴凡.阴阳鼓匠:在秩序的空间里[M].北京:文化艺术出版社,2007:248.

水神,而是作为"配祀神灵"被纳入钱四娘神灵祭祀体系当中,共同受到灌区居民的拜祭。

李宏作为北宋钱四娘水利建设的后继者,并未被纳入到钱四娘神灵祭祀体系当中,而是作为独立的水神形象受到灌区居民的崇信。究其原因,李宏所主持的木兰陂建设并未如前人一般遭受失败,而是克服一切不利环境因素并最终获得成功。莆田有关于李宏筑陂的传说,向来笼罩着一层神秘主义的色彩。"熙宁初,有李长者宏富而能仁,故得其称有此志矣。天降异人曰冯智日,贳酒于其家,三年不索酬。将行曰:'当与子遇木兰山前。'长者先期而俟,乃授以方略,晚役鬼物,朝成竹樊。又图苍龙以贻长者,投二盒于江,一以上覆,一以下承而去"①。李宏这一形象的神化,与僧人冯智日不无关系。事实上,冯智日这一形象在以李宏为主角的北宋水利神话传说中并不鲜见。随着水利建设规模的扩大,所需工程技术水平越高,对管理层级、管理效率的要求也有所增加,故而大规模水利建设并非独立个体所能把控。在与李宏相关的民间神话传说中,冯智日这一形象可以视为一种象征,即北宋时期凡成功的水利建设,其主持者背后必然有水利专业人士的协助,有本地乡绅领袖的参赞。水利事业发展的主导者从杰出人物开始向水利专业人士转变。因而李宏这一人物形象在"神化"的过程中也保留了更多的"人性",并成为莆田水利事业发展专业化与制度化的象征。

二、水神祭祀庙宇的设立

特定工程灌区内水神形象塑造的目的在于保障水利活动中用水成员提供水利劳动的积极性,更在于以所谓神灵意志强化官府或乡绅群体在水利管理这一公共管理领域当中的独特权威,故而建立偶像并为之设立场所以便于信众祭拜便有其必要性。灌区内早期的"神灵崇拜"并无固定形式,神灵"威能"的展现尚需依赖口耳相传的神话故事,缺乏对旧信众的约束性,同时也缺少对新信众的吸引力。北宋中期以后,莆田水利建设日趋完备。为满足各灌区居民对于神化的水利建设功臣祭祀之需,同时为以所谓"崇功"的形式加强官府或民间组织对于水利事业的管理力度,各灌区负责人于本区域内开展功臣祭祀祠宇的建设活动。各灌区功臣祭祀祠宇建设主持者并非一致,凡官办工程灌区内祭祀祠宇多由地方官主持建成,而民办工程灌区内祭祀祠宇则由当地居民自发建成。按照祠宇内部所供奉神灵的数目,可以将功臣祭祀祠宇分为独祀祠宇与合祀祠宇两类。通常来说,合祀祠宇中供奉的神灵关系密切,多为先后参与同一灌区内工程乃至同一工程建设的杰出人士,故而可将其视为同一神灵体系内部成员。各祠宇拜祭的神灵,其被"造神"前所拥有的身份不一,

---

①郑樵.夹漈遗稿[M].上海:商务印书馆,1935:9.

既有以非官方身份参与水利建设的豪民,也有以兴办水利、造福地方而著称的官员。与此同时,所谓"官办祠祀"与"民办祠祀"的身份并非一成不变。通常官办祭祀祠宇在改朝换代后有失去官办身份的可能,此时常有居于本地的功臣后裔或知名乡绅接手并修复该祠宇,并将之用作宗族活动、基层议事乃至私人办学的场所;所谓民办祭祀祠宇,在建成后的历史发展进程中,往往成为香火旺盛之处,在本地具有巨大影响力乃至为官府所注意。随着地方官前来拜祭乃至国家机器将此处奉祀的神灵纳入国家祀典,并为之颁发御赐匾额之类的权力象征物,该祠宇遂也具备了"官办"的色彩。

莆田各灌区功臣祭祀祠宇,有一部分采取了"独祀"的神灵供奉模式。以孚应庙为例,该祠是莆田有记载以来建成最早的水神祭祀祠宇,专为祭祀水利建设先贤吴兴而设。孚应庙位于莆田城北延寿村的刘古峰山上,初建于唐代,名为"吴长官庙",后北宋元丰二年(1079)当地居民对其进行了扩建;大观三年(1109),时任兴化知军詹丕远"以兴大有功于民,且祷雨报应",为该祠奏请赐名,时宋徽宗为之题名"孚应",遂改为今称;南宋绍兴十九年(1149),兴化军知军陆奂奏封吴兴为"义勇侯",自此吴兴作为护佑一方的水神,被列入国家祀典之中,行春秋二祭①。孚应庙坐北朝南,分为前后两殿;每殿均为悬山顶,面阔三间,前殿与后殿间设有东西庑廊以连通;前殿奉祀吴兴塑像,殿门上方悬挂"功追夏禹"匾额,两侧柱上悬有柱联"塍海治水功追夏禹王,除孽刃蛟义薄汉高祖""塍海为田功垂千古,堰溪成渠德泽万民";后殿奉祀吴兴胞妹、"吴圣天妃"吴媛,殿门上方悬挂横匾,题为"功著千秋"。孚应庙西侧的延寿溪河段称为"吴公潭",即前文所称"吴兴斩蛟处"。

莆田各灌区采用"独祀"的水神祭祀祠宇还包括裴观察庙、香山宫以及岳公祠。裴观察庙建成于唐末,专门奉祀创建镇海堤、始开南洋的唐元和年间观察使裴次元。此祠位于莆田城东南一带的黄石水南村,最初仅祀裴次元一人,后因管理混乱出现多神并祀的情况,"宫祀裴公,后杂祀他神。成化间,典祠者以地鬻人,里人白于官,复之"②。此次复祠后,当地居民为祠宇刻"裴观察庙"匾额并悬挂于正殿之上;该祠于明正德七年(1512)遭遇大火被烧毁,后人于其原址上建水南书院,于书院东侧重建该祠。香山宫为北宋木兰陂灌区居民为纪念钱四娘而在其陵墓周边扩建出的庙观,其得名也源于神话传说,"钱妃浸水时,尸流至此,香闻山下,乡人祀焉,故号香山宫";此祠位于莆田壶公山东麓渠桥青垞村,依山傍水,占地近3亩;其正殿为一飞檐翘脊、面阔三间的悬山顶建筑,建筑前设广场一座,为当地居民举办纪念活动的专用场所;古代香山宫周边流传有不少与钱四娘相关的传说,最著名的当属"四娘巡陂":

---

①黄仲昭.八闽通志(下册)[M].福州:福建人民出版社,1989:410.

②周瑛,黄仲昭.重刊兴化府志[M].福州:福建人民出版社,2007:665.

"每风雨夕,隐隐见双灯自山过木兰陂,故老传为四娘巡陂云。"①岳公祠位于莆田城内小西湖北岸,奉祀明代兴化知府岳正。岳正在任期间,曾疏浚莆田城内小西湖以供当地居民灌溉引水,"小西湖在城中,成化三年(1467)知府岳正作,凡三堰一闸,中潴水为湖,闸下为兼济河东。出水关与城濠合,水盛通舟楫。湖成,荷花盛发,岳守邀宾朋泛舟其中,喜曰:'此莆邦小西湖也!'自书'小西湖'三大字刻石湖上",后当地居民感念其德,为其建祠以"报浚湖功";明万历四十七年(1619),兴化分守徐良彦重新疏浚小西湖,并重建该祠,于湖南北堤岸栽植桃李,以示"扶植斯文"之意②。

莆田各灌区功臣祭祀祠宇,更多采用了"合祀"神灵的奉祀形式。其中一部分初建时即供奉多座神灵;另一部分祠宇早期只供奉一座神灵,后不断有新神祇加入供奉,最终成为合祀祠宇。木兰陂附近的协应庙,初建时为当地居民奉祀李宏的场所,故有李宏庙、李长者庙之称(图 6.1)。南宋淳祐年间此庙被改建为前后两堂,前堂奉祀李宏,并以黎畛、林从世等人配祀;后堂则专祀钱四娘,又被称为"钱妃庙""钱灵宫"(图 6.2)。"协应庙在木兰陂南岸,祀宋李长者宏。宣和初,郡守詹时升扁之曰'李长者庙'。元延祐中,总管张仲仪迁长者像于陂上见思亭,以旧庙专祀钱氏女。元至顺元年(1330),同知廉大悲奴拓而大之,新长者像于中,林黎列于左,涅槃、智日列于右"③。明弘治十八年(1505),出身于莆田的官员周进隆为李宏奏请祀典,获得批准,此后历代莆田地方官均于此举办"春秋二祭"。

图 6.1　协应庙

①黄仲昭.八闽通志(下册)[M].福州:福建人民出版社,1989:410.

②廖必琦.莆田县志[M].刻本.莆田:文雅堂,1926.

③周瑛,黄仲昭.重刊兴化府志[M].福州:福建人民出版社,2007:666.

图 6.2　钱妃庙

　　世惠祠又称太和庙,位于太平陂灌区,是当地居民为纪念参与太平陂建设的杰出官员而建。该祠有"五公祠"之称,最初只奉祀北宋主持创建太平陂的兴化知军刘谔,后又将为太平陂建设出力的唐代何玉、北宋蔡襄、南宋曾用虎、明代章藻列入祠内并祀。"太和庙在兴教里吴塘,唐何玉置太和塘溉田,后被浸没,宋蔡襄奏复;嘉祐中,知军刘谔筑太平陂,废塘为田……绍兴二年(1132),里人张应六等立庙祀之;绍定中,知军曾用虎重修陂,籍田属襄山寺收租,为修陂之用……明嘉靖中,田没于僧,本府推官章藻查复田租一百四十四石,贮县备修陂茸祠;壬戌祠毁,隆庆壬申,分守熊琦行郡重建,并祀何、蔡、曾、章四公,匾曰'太平陂世惠祠'"①。明代太平陂上圳十三甲曾于枫岭一带建"上五公祠",原祠遂被称为"下五公祠","国初吴塘、枫岭二祠俱坏,康熙二十二年(1683)乡民募修"②。上五公祠位于枫岭,为一坐北朝南的平檐悬山顶建筑,分前后两厅。正殿前有一走廊,东侧立有题为"曾公陂"的石碑一块,落款为"绍定五年(1232)孟夏立"。祠前设一广场,供灌区信众举办祭祀活动所用。下五公祠坐落于梧塘东福村,坐北朝南,前后三进,内有石碑两块、门鼓一对。两座祠宇为灌区信众祷雨祈福之场所,历来香火兴旺。

　　报功祠坐落于莆田黄石东甲村,原名崇勋祠,后改为今名(图 6.3)。该祠为东角遮浪沿海一带居民为纪念历代参与镇海堤建设的功臣而建。"崇勋祠在东角,嘉靖间建,祀知府黄一道,同知谭铠;万历间续祀知县孙继有,邑人都御史林润,皆有功于

　　①廖必琦.莆田县志[M].刻本.莆田:文雅堂,1926.
　　②陈池养.莆田水利志[M].台北:成文出版社,1974:444.

海堤者也。又遮浪功德祠亦祀黄一道、谭凯、林润，续祀通判许培之，推官马天锦。乡人取隶田十亩供香灯"[1]。清代报功祠又增祀数位创堤功臣，"崇勋祠在东角，功德祠在遮浪，两祠皆祀有功于海堤者明知府黄一道，同知谭铠，清总督孙尔准，而乡贤陈池养附祀焉"[2]。报功祠坐北朝南，有前后两殿。前殿为一砖木斗拱硬山顶建筑，奉祀前述海堤建设先贤；后殿则奉祀妈祖以及三一教主林龙江等地方神祇，与前殿有走廊相通。报功祠内保存明代石碑两块，并立有陈池养所作《东角遮浪创建镇海堤文檄》石碑。

图 6.3　报功祠

莆田各灌区内功臣祭祀祠宇，在灌区居民心目中具有崇高地位，是各灌区基层社会活动的中心。就各灌区内部水利管理的视角看，为协调不同干渠、支渠乃至用水村落间的利益，缓和灌区用水成员内部矛盾，仅依靠官府乃至管理组织所具备的强制权力是不够的。实际上，水神祭祀庙宇属于具有威慑力的教化工具，在水利管理中往往能够发挥令人意想不到的功能[3]。故而各工程管理组织通常依托功臣祭祀祠宇，在灌区内构建具有普遍约束力的水利管理体制。其一，各管理组织在功臣祭祀祠宇建成后通常以其为办公场所，如协应庙建成后，陂司正副随即在此处理木兰陂修缮管理事务；明代陂司废除后，官府所设"水利老人"亦在此督办水利监察事项。其二，功臣祭祀庙宇通常也是管理者协调灌区成员用水矛盾的场所，如明代太平陂

①廖必琦.莆田县志[M].刻本.莆田：文雅堂，1926.

②张琴.莆田县志[M]//中国地方志集成·福建府县志辑（第16册）.上海：上海书店出版社，2000:797.

③郑振满.神庙祭典与社区发展模式——莆田江口平原的例证[J].史林，1995(1):33-47.

上、下圳二十一甲，每逢"坐分港界""修圳疏渠"，均派代表聚于太和庙议事；又如官府协调南北洋各沟系成员用水纠纷，均派员与矛盾双方代表于协应庙共同协商以求达成共识。水神形象往往给灌区内信众带来震撼，故而在"神灵"监督下，参与水利管理的人员往往能够用心办事，进而水利管理工作效率能够提高，用水纠纷通常也可以获得妥善解决。

三、水神祭祀活动的开展

水神祭祀活动，通常是官员及民众为请求水神帮助其达成一定目的，以祠宇及其周边地区为场所开展的，有固定动作行为模式的社会活动。北宋以来，随着莆田水利建设规模的扩大，水神信仰也逐渐深入各灌区民众内心。除开展水神祭祀祠宇建设外，官府以及各灌区居民还以建成的祠宇为场所，开展了形式不一的祭祀活动。就举办祭祀的主体，即官府、功臣后裔以及普通民众而言，其目的有所不同，故而活动的外在表现形式也有所差异。

莆田地方政府开展水神祭祀活动的契机是境内的水神形象被纳入国家祀典中。两宋时期，民间神祠信仰广泛存在，具有一定社会影响力。对于这一时期的儒家学者而言，民间神祠信仰中对于有功之人的奉祀不仅是合理的，而且是值得提倡的。事实上，这一时期的儒家学者不仅主张对有功之人予以纪念，而且提倡将其载入祀典，以求创造一种概念：凡人无须宗教修行，只需忠君爱国，兢兢业业，各司其职，便可被"封神"[1]。同时对于国家机器而言，神权是从属于王权的，故而脱离掌控的民间信仰对于官府加强基层控制力度毫无益处。为此，宋廷在前朝管理民间信仰制度的基础上，构建了以"赐封—祀典"为核心的民间信仰管理体制[2]。在这一体制下，多数民间神祠信仰被分为"正祀"与"淫祀"两类，并受到区别对待：凡正祀神灵均可享有赐封，并获得地方官员的祭拜，且官府还会组织当地居民对祠宇进行维护；凡"淫祀"则为官府所禁止，其祠庙被拆毁，信众被镇压。莆田各灌区神祠信仰多与水利有关，而兴修水利、发展生产恰恰是朝廷所大力提倡的，故而水利神祠受到官府乃至朝廷的接纳，被纳入国家正祀。如延寿陂灌区神灵吴兴，南宋绍兴十九年（1149）出生于莆田的官员陆奂为其奏请赐封，后宋高宗封其为"义勇侯"，并命地方官春秋致祭[3]。再如木兰陂灌区神灵李宏、钱四娘，南宋景定三年（1262）兴化知军赵与礼为其请封，后宋理宗为神祠通赐"协应庙"匾额，封李宏为惠济侯、钱四娘为惠烈协顺夫人，同样命当地地方官行春秋致祭[4]。如此一来，地方政府为这些水神祠祀举办官祭也就显

①李娜，国威.《水浒传》中的人神遇合及相关文化分析[J].社会科学论坛，2016(2):66-73.
②李小红.宋代社会中的巫觋研究[M].北京:光明日报出版社，2010:211.
③周瑛，黄仲昭.重刊兴化府志[M].福州:福建人民出版社，2007:665.
④陈池养.莆田水利志[M].台北:成文出版社，1974:422.

得顺理成章了。

"官祭"体系受到儒家思想观念的指导,故而等级分明,仪礼严格。即便是由地方行政长官行礼的小型祭祀,因其作为地方政治生活的一部分,亦有一套烦琐的仪式要求。就祭祀的时间来看,南宋以后莆田水利神祠官祭一般每年三月、九月各举办一次,即所谓"春秋二祭"。以协应庙官祭为例,每至祭祀之日,兴化府、莆田县行政长官率领本地大小官员至协应庙,按照规定的流程举办祭祀活动,仅祭品便需要准备豕、羊、帛、五谷、酒、蜡烛、菜品、香、祝纸、笔、墨、分胙纸共 12 项。祭祀流程如下。

主祭官(本府掌印官为之)至日率僚属,清晨盛服诣庙东斋厅签祝文毕。礼生引立庙东庑拱俟。

通赞唱:"执事者各司其事,司帛者捧帛,司爵者捧爵!"斟酒立俟。

唱:"陪祭官就位!"陪祭官皆就位。

唱:"主祭官就位!"引赞引主祭官就位。

唱:"瘗毛血!"礼生捧毛血盘出瘗。

唱:"鞠躬拜兴!"拜兴平身。主祭官以下各二拜兴平身。

唱:"行献礼!"引赞就主祭官前。

唱:"诣惠济侯长者神位前!"

唱:"奠帛!"

唱:"奠爵!"三奠爵毕。

唱:"读祝!"读祝生以祝展,读毕。

引赞唱:"复位!"引主祭官复拜位。

通赞唱:"鞠躬拜兴!"平身。

唱:"焚帛!"焚祝文。

唱:"礼毕!"[1]

全套祭祀流程共有 13 个步骤,其中"读祝"为核心步骤。通常来说,历年祝文如无意外,均采用相同的体例与行文。北宋以后协应庙官祭常用祝文如下。

维(年/月/日)兴化府知府某等钦奉朝命致祭于惠济侯长者李宏曰:"惟公天性好义,笃于济人,念莆诸水悉输于海,平田万顷,余润弗渐。爰罄家资,筑陂以溉。昔年橘壤,悉化良田。立我烝民,伊谁之力。军国之费,亦赖于兹。某等式遵上命,式荐明礼,以答休功,以昭无极上飨。"[2]

进入明代,朝廷对于民间神祠信仰的管控更为严格。明太祖确立了儒教原理主义祭祀原则,并对祭祀体系重新整理,同时按照严格的儒家原则制定祭祀法则,如非

---

①雷应龙.木兰陂集节要[M]//中华山水志丛刊(第 19 册).北京:线装书局,2004:225.

②同①.

能"御大灾,捍大患"者均不再纳入祀典,并对于前代民间神祠信仰对象均重新加以考察,凡不能通过者均严禁奉祀,以此来加强对于民间思想的控制力度①。然而莆田的水利神祠信仰却并未被废止,相反还得到了官府乃至朝廷的大力弘扬,"洪武初,凡神宇之非载祀典者去之。惟侯新旧庙俱存,祀田如昨,此我朝仍宋之旧也"②。明清莆田地方官对于水利神祠信仰在灌区中的地位有足够的认识,通过修葺祠庙、参与祭祀,展现出感怀先人遗德、重视民生民情的个人形象,由此与各灌区用水成员建立紧密的联系,可以说这一时期地方行政长官已经能灵活地将"官祭"作为加强水利管理乃至基层治理的重要手段来应用了。

与"官祭"不同,水利功臣后裔参与水神祭祀,更多地带有"祭祖"意味。同样以木兰陂灌区为例,李宏后人与"十四姓"后人均生活于此,并曾经作为领导者参与水利管理。明代以后,陂司的水利管理功能被废弃,然而"十四姓"充任的陂正副与李宏后人担任的"陂主"作为掌祭官被保留下来,并负责协应庙祭祀事务以及"香灯田"收租管理。陂正副参与祭祀的形式有"年中神福"与"春秋二祭"两种形式。"年中神福"为季节性小祀,其举办时间与农时、节庆以及水利活动有密切联系。南宋陈弥作为陂司作"五例"时即将"年中神福"的项目予以规定:

二月壶山庙开圳福,三月陂庙下闸福、大孤屿下种福、横新塘下种福,七月城山祈晴福、横新塘大孤屿祭苗,陂庙三月至八月每月初二十六衙福,李长者忌,陂庙香油,华岩逐年点塔,甲头小工上工下工辞年拜年福③。

由此可见,所谓陂司"年中神福"包含了陂田耕作、成员劳动、水利活动三个主要祈福项目,这一活动的实质性目的在于拜祭神灵的同时为陂司日常工作的顺利开展祈祷。元代以后,陂司"年中神福"的内容被进一步简化,并由地方官制定专门性条例将之定为陂司工作人员的义务:

正月十一日上陂,就护陂神庙祈求保护本陂风水无虞。二月开圳大福。二十五日本陂庙护陂神周侯生日。自三月起至八月住每月初二十六本陂庙衙福。三月十三日本庙护陂神钱女诞辰。五月二十四日本陂庙长者忌晨,修设斋醮一会,二十五日解斋。十二月初一日本陂庙修设谢神斋醮一会,初二日解斋④。

元代所定"祭赛神福"相比较于南宋而言,项目数量有所减少,其中有关陂田耕种的祭祀项目基本被废除,同时增设了钱四娘等修陂功臣诞辰的祭祀活动以及因李宏忌辰、谢神而设的斋醮。尽管日常祭祀的项目有所简化,但"十四姓"所举办"春秋二祭"程序却仍保持了一定仪式感。"十四姓"每年三月及八月于协应庙举办祭祀活

①寇凤凯.明代道教文化与社会生活[M].成都:巴蜀书社,2016:81.
②陈池养.莆田水利志[M].台北:成文出版社,1974:752.
③黄仲昭.八闽通志(上册)[M].福州:福建人民出版社,1989:490.
④雷应龙.木兰陂集节要[M]//中华山水志丛刊(第19册).北京:线装书局,2004:248.

169

动,致祭钱四娘、"十四姓"先祖、李宏。祭祀仪式相比于官祭而言略有简化,适当增加了"宗族祭祀"的色彩。以其祀先祖祭文为例:

"维祖绩伟! 回澜惠,弘助创。国籍纪其普施,农官上其巨劳。盖捍海费百万缗钱,而海成桑田之利。开河捐五千亩地,四河济南北之耕。莆邑颂功,兰水同润。故不惟乡井饮水而知源,则圣朝亦赐田而优奖。有田则祭,仰皇泽之弥长;与陂俱存,想英灵之不昧。尚飨!"①

祭文的内容,一是追思先祖的功绩,二是阐述后人所受先祖之福泽。自其中可以看出"十四姓"对于"权力传承"的重视,即先祖在木兰陂建设过程中的付出,受历代官府嘉奖,在被赋予管辖陂司权力的同时也享受了"赐田而优奖"的待遇。此处所谓"赐田"指"陂司财谷"。尽管明代以后"陂司财谷"中属于"修陂田"的一部分被"收寄入官",但"香灯田"的部分仍保留下来,作为"不科田"供李宏与"十四姓"后人收租以维系协应庙香火。明正德年间,李宏与"十四姓"后人围绕香灯田管辖权产生了一段争讼,由此祭文中可明显看出"十四姓"后人对于这一份财产权利的伸张。由此可知,所谓"陂司"的"春秋祭祀"固然有致敬先人,感念追思的情怀,但更多时候会成为表演宗族纷争的舞台,进而失去原有的"灌区权力整合"效力。

与"官祭"以及"宗族祭祀"相比,普通民众参与的水利神祠祭祀活动,形式更为活泼,内涵也更为丰富,乃至与其将之称为"祭祀"不如称为水利民俗活动。莆田每年端午龙舟竞渡的活动均于孚应庙西侧吴公潭举办,此处为吴兴"斩蛟治水"处。当地居民自每年农历五月初一起便将龙舟自各村划至吴公潭,并在此齐聚,备足祭品,祀拜吴兴。礼毕后开始正式龙舟比赛。实际上,"赛龙舟"这一意象并非只与屈原、端午有关。"龙舟"起源于"魂舟",即古人为使逝者灵魂不迷失,以"龙"这一神兽形象为其导引,后逐渐演化成一种祭赛活动;同时,龙舟意象也与先民们祈祷风调雨顺、获得丰收的希望能够达成有关②。延寿陂灌区居民采用龙舟竞渡的民俗活动形式来祭祀吴兴,可谓从龙舟意象的原始功能中获得了灵感。以这一活动形式来祭拜神灵,既能够表达对其水利建设功绩的感怀,也能表达对其英灵的追思。

又如木兰陂灌区居民祭钱妃,通常是在农历三月十三钱妃诞辰至香山宫祭拜。随着信众的增加,三月香山宫祭祀汇集了大量人流,并衍生出各类庙会活动。而随着社会经济的发展,庙会的关注度逐渐超过祭拜,并最终成为"三月十三祭钱妃"的主要活动。庙会,通常是以庙宇为中心形成的,伴随有特定仪式与内容的民间聚会,虽起源于特殊的神灵信仰和祭祀仪式,但其后又与经济、文化乃至政治和生态等各

---

① 十四姓后人.祭十四功臣文[M]//朱振先,顾章,余益壮,等.木兰陂集.刻本.莆田:十四家续刻,1729(清雍正七年).

② 潘年英.赛龙舟习俗的原始意义考[J].中南民族学院学报(哲学社会科学版),1992(2):19-22.

类因素相互作用,并最终成为具备集市交易功能的复合型活动①。香山宫庙会的形成,事实上与端午吴公潭赛龙舟一起,反映了普通民众水利神祠信仰的"世俗化"。实际上这些形式特殊的民间祭祀活动最终彻底融入莆田本地的民俗习惯当中,并最终成为"莆仙文化"的重要组成部分。

第三节　明清时期莆田水利志书的修撰

对于农田水利事业而言,水利文献通常是工程建设技术以及修缮管理制度传承的文字载体,一般以水利志书的形式表现出来。水利,往往是指对水资源的应用和管理,即对于灌溉工程、通航工程、防灾减灾工程的建设与管理。古代水利志书中的主要撰述内容包括江河湖泊治理、农田水利事业、抗灾水利工程、水利建设背景、水利行政管理五项②。就莆田的情况看,古代水利志书为古代水利文献积累成果的重要组成部分,其撰修建立在古代各类水利文献档案资料积累的基础之上,故研究特定区域内古代水利志书不得不先对该区域水利文献的整体情况有所了解。古代莆田境内曾存在的水利文献类型可分为三种,第一种是各类水利碑刻,包括立于各工程附近的"陂记""塘记""坝记""重修记",一般为灌区内官民在新建或修复某一水利设施后请地方官或知名乡贤为本次施工撰文记述并刻于碑上,以留待后人参考。第二种是散落于各类"总志""方志"中的水利内容,如《太平寰宇记》《明一统志》《清一统志》等总志,《八闽通志》《闽书》《福建通志》等省志,其间均有对兴化府乃至莆田县、仙游县等区域水利内容的描述,虽不甚详尽,但其所保存的部分一手水利资料仍颇具价值;又如《兴化府志》《莆田县志》《仙游县志》编纂者均为本地贤达,对莆田水利事业发展的情况有比较充分的了解,故能用相当的篇幅对各灌区水利建设与管理全过程进行客观而详细的描述。第三种为前述"水利志书",各水利志书作者在撰述过程中对前述两类水利文献资料进行大量搜集、充分对比、校正讹误,并结合自己考察境内水利事业发展所获资料以及从事水利建设与管理的实际经验对原有资料加以补充,最终撰成各类水利志书。古代莆田留存水利志书有"专志""总志"之分,以下试对其分别加以评述。

一、水利专志的修撰

水利专志是围绕某一特定工程撰修的志书,其内容一般包括工程、管理、文化、

---

①张祝平.传统民间信仰的现代性境遇[M].广州:暨南大学出版社,2014:7.
②王复兴.市志编纂学[M].北京:北京燕山出版社,2014:238.

人物几个方面,即古代特定工程的建设源起、建设过程、修葺过程,该工程修缮管理体制及灌溉水资源分配制度,围绕该工程开展的祭祀活动源起及举办形式、祠宇建设,文化名人以该工程为主体创作的文字作品,以及该工程创建人物生平事迹等。莆田历代地方官,以及境内各灌区乡绅群体,有为本灌区核心工程编纂水利专志的习惯。北宋末年兴化知军詹时升所作《木兰陂集》是莆田有记载的第一部水利专志,其后历代官府、乡绅贤达曾多次以大型灌溉工程为主题开展编修活动,撰成多部作品。莆田目前有记载的水利专志包括明代《木兰陂集节要》《木兰陂集》和清代《续刻木兰陂集》《兴化小西湖志》《太平陂簿》[①]。其中现存的水利专志仅包括与木兰陂相关的三种,如需回顾莆田水利专志的编修过程,便要了解这三部文献的内容。

(一)李宏后人与《木兰陂集节要》编撰过程

《木兰陂集节要》又称李氏《木兰陂集》,由明正德十二年(1517)时任兴化知府的雷应龙主持编修完成(图 6.4)。据其时为该集作序文的致仕乡宦林源记载,"木兰陂有诰文记传诸纪,其裔孙郡庠生熊类而集之,请序于予";又据其时参与编修的乡宦郑岳记载,"贤守令护视是陂,尤护其家;而按部之使,究心民事者,必询及之陂事大略,具之郡志。若李氏家藏上世诰词、公牍、一切规例及名公石刻之文讚颂歌辞,视郡志特详。其裔孙郡庠生熊尝虑散佚,汇编成集,见素林公序之矣。于是求观者踵至,或上官取视,恐失故文;抄录甚艰,楮墨亦费。大尹雷侯孟升惓惓护视,议刻集以传,顾以卷帙浩繁,嘱岳节取其尤要者付之梓"[②]。据上文可知,此志编撰人员包括知府雷应龙、李宏后人李熊以及乡宦郑岳三人,其资料来源为李熊家藏历代文献。实际上,木兰陂建成后,与之相关的文献资料层出不穷,规模庞大,其中有关于修陂、修祠宇、祭祀的碑文,乃至各类诗文传说、名人笔记总量逾百篇,其中大多为李氏家族所藏。明正德十二年(1517),时为县学庠生的李熊将自家所藏碑记文章、封诰文书等呈予县令雷应龙,请其将之整理后刻印成书,以便传诸后人,雷应龙遂命其好友、乡宦郑岳将之删节、校勘后刻印成册,以《木兰陂集节要》为之命名。

本书卷首收有清代出身于莆田的官员廖必琦于清乾隆十九年(1754)所撰写的《重修木兰陂记一篇》,可见该志曾于清乾隆以后再版。据卷三中记载清乾隆四十三年(1778)莆田知县福昌重修木兰陂事迹,可知该次再版不会早于这一时期;又因清道光年间陈池养初撰《莆田水利志》即对该志多有引用,可知该志再版应在乾嘉之际。清代再版的《木兰陂集节要》共分十卷。卷一除辑录旧版数篇序文、跋语外,还收录有木兰陂流域水利地图、三次建陂基址方位图、李宏画像、协应庙平面图,并录有李宏生平轶事、封侯诰词、明代协应庙《请祀奏疏》、礼部准颁祀典题本以及正德年

①蔡国耀,谢建华.论兴化方志[M]//金文亨.莆田历史文化研究.厦门:厦门大学出版社,1996:303.
②雷应龙.木兰陂集节要[M]//中华山水志丛刊(第19册).北京:线装书局,2004:248.

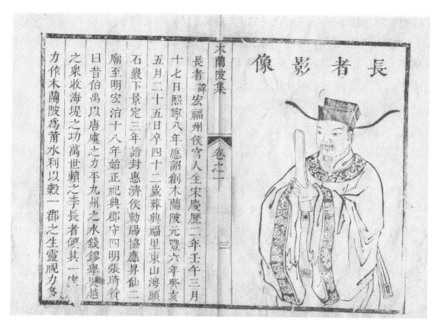

図 6.4　李氏《木兰陂集》书页

间李氏与"十四姓"争讼的案件文书,其中争讼发生于明代该志编修之后,故应为清代增补。卷二名《祀典》,记载明代协应庙祀典颁布始末,收录有对祀典举办仪程描述的文字以及多篇祭文。卷三分为"姓名"和"工程"两个部分,其中,"姓名"包含《历代官司有功陂、庙爵名》,记载了北宋宣和元年(1119)至清乾隆四十三年(1778)共计660年间主持修缮木兰陂、协应庙的官员姓名与官职,其中正德以后的内容均为再版时修入,《李氏后裔有功陂庙录》收录参与木兰陂、协应庙修缮管理的李氏后人姓名,《陂司人役姓名》记载了陂司内各岗位职责以及历代任职陂司者姓名;"工程"主要收录反映木兰陂工程具体规模的内容,包括《陂沟方位、深阔、丈数》《桥梁、陡门、涵洞名数》《陂田总数》,以近似表格的形式撰成。卷四收录了北宋至明代与木兰陂水利管理制度建立与发展相关的文牍,以及明清朝廷、官府针对李氏"优免"而制定的条文细则。卷五、卷六以历代木兰陂、协应庙重修记为主,兼有几座附属工程的建设、重修记,其中卷六中部分重修记所记载施工在明正德以后,应为清代修入。卷七、卷八是官员、文人为木兰陂创作的文学作品,包括诗歌、散文等。卷九、卷十收录了清康熙五十二年(1713)至乾隆四十一年(1776)数则与李氏祭田、修陂修祠、免征税赋相关的公文告示。

　　《木兰陂集节要》一书现存两个版本。其一为未经增补的明代版本。清道光《福建通志》中《经籍》一部记载有明正德年间撰成《木兰陂志》即为此志,后民国时期《福建通志·艺文志》《莆田县志·艺文志》中均采信了这一说法;该版本共八卷,未载入明正德以后内容,现藏于福建省图书馆①。其二为上文所提及清代增补版本。该本封面以《木兰陂集节要》为题,著者载为雷应龙。该版本现收藏于国家图书馆,同时《中华山水志丛刊》将之影印收入,近年出版的《中国水利史典》中也有收录。

(二)"十四姓"后人与《木兰陂集》编修历程

《木兰陂集》为协创木兰陂的水南乡绅"十四姓"后人于明嘉靖四年(1525)编撰后付印,后又经多次重撰(图 6.5)。现存底本封面为清末民初莆田收藏家张琴所题写"木兰陂志"四字,且加盖其私人印戳。张琴曾参与民国时期《莆田县志》编修,为此搜集了大量民间善本图书,此志似为编撰县志而收藏。通常古籍善本内页中缝所印书名应为同一种,而该志却并非如此。按照排列次序,该书内页中缝所印书名有《木兰陂水利志》《木兰陂集》《木兰陂水利集》《木兰志略》《木兰拾遗记》《名公题咏记》《木兰陂圭田记》《注辩木兰陂集》,共 8 种,似证明该志最后一次刊印时并非一次刻成所有印版,而是沿用前代印版的同时新刻印版,可见其重印次数之多;书中多处内容并非刻印,其字迹明显为手书,可见部分印版的确年代久远,损坏严重,因重雕工作量大之故用毛笔补写。

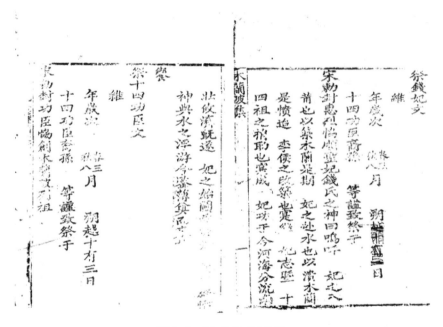

图 6.5 《木兰陂集》书页

《木兰陂集》的刊刻,缘于明正德年间"十四姓"后裔与李宏后裔之间的争讼。前

---

①郑宝谦.福建省旧方志综录[M].福州:福建人民出版社,2010:420.

述《木兰陂集节要》初刊行于明正德十二年(1517)。该志出版后,其中部分内容引发"十四姓"后人不满,认为李熊呈送文牍有增删之嫌,其中部分文章中故意隐瞒"十四姓"先人参与木兰陂建设管理的事实,与"十四姓"自家所藏文献内容不符。为正视听,明嘉靖四年(1525),"十四姓"后人以自家所藏历代文牍为资料来源,自行刊刻陂集。据为此志作序的"十四姓"后人余洛在《木兰陂志叙》中记载,此次刊行"考宋詹公时升陂集,及历代钦准、章疏、文移、宋志、国朝郡志、名公文集等书,与朱君俨、朱君鸣阳、顾君阳和、林君茂竹、吴君焕章、陈君光明,日相校雠,遂就正于郡守朱公讳衮、贰守李公讳缙、别驾何公讳缙、司理汪公讳居安、县尹胡公讳道芳,重加参订,乃白按院景公讳仲光、督学邵公讳锐、方伯陈公讳锡、宪副顾公讳裳咸报可,始筹诸梓以广其传",可见此次刊行陂集不仅有"十四姓"后人参加,也得到了多位本地官员的支持;此次刊印以《木兰陂志》为题,书中内页中缝凡印有《木兰陂志》的书页,疑为用此次所刻雕版刊印①。

　　"十四姓"后人刊印《木兰陂集》曾于清康熙年间重印。其时致仕乡宦、"十四姓"后人之一余飏重读雷应龙《木兰陂集节要》与余洛等人所辑《木兰陂集》,认为二者均有可信之处,然而在细节方面又均有增删。为此,余飏撰《木兰陂志略》一文对两部文献主要内容进行对比,同时与朱天龙、林尚煌等"十四姓"后人合撰《莆阳木兰水利志》,并将两文补入《木兰陂集》后重刊,以《木兰陂水利志》为之命名。凡内页中缝印有《木兰陂水利志》字样均为用此次新雕印版所印。清雍正七年(1729)《福建省志》编修时将协创木兰陂功臣、"十四姓"先祖之一余子复事迹从《孝义部》中删去,"十四姓"后人朱载等认为李宏后人李正榛在其中作梗,便与之争讼。此案了结后,"十四姓"后人再次重印《木兰陂集》,将此次争讼案件文书补入;此次重印为最后一次,印本目录中题名为《木兰陂集》即今名,故此后"十四姓"后人所印陂志被称为《木兰陂集》,以示与雷应龙《木兰陂集节要》有所区别。现存本《木兰陂集》扉页盖有"朱星垣印赠",可知该册为"十四姓"后人朱星垣赠送给张琴,并由张琴藏于其创办"私立莆阳图书馆"。如今该书仅有孤本,收藏于莆田市图书馆。

　　《木兰陂集》一书分上、下两册,分别被称为"乾部""坤部"。卷首收录北宋宣和元年(1119)兴化知军詹时升所作《莆阳木兰陂集序》原书版印件。詹时升于宣和元年(1119)主持木兰陂重修,并改革其时陂司管理制度。其时,詹时升为使陂司工作有所依据,将木兰陂创建以来有关该工程的水利档案文卷加以收集,辑为陂集一册,此文应为该集序文。清雍正年间主持重刊《木兰陂集》的朱载将此文重新刻板刊印,列于卷首,作为新版序言。

　　上册中收录内容主要包括历代木兰陂、协应庙重修记,历代颁布祀典、拨赐陂田

---

①十四姓后人.祭十四功臣文[M]//朱振先,顾章,余益壮,等.木兰陂集.刻本.莆田:十四家续刻,1729(清雍正七年).

过程记录,木兰陂灌区内部结构描述以及与木兰陂相关的文学作品。首先,北宋元丰四年(1081)兴化知军谢履为酬奖参与木兰陂建设功臣一事上《奏请木兰陂不科圭田疏》,其后神宗下《赐木兰陂不科圭田敕》,将"塘田"中四顷九十亩七分拨赐"十四姓",以示嘉奖。后谢履又遵诏令,刻《十四姓功臣舍田开沟亩数碑》,将"十四姓"各家为开沟所捐私田数字记录在碑上,立于木兰陂南侧,以示褒扬。以上三篇北宋时期文献仅载于《木兰陂集》中,于他处未曾有所见。明初朝廷下令毁禁淫祠,"十四姓"为保祠庙香火,除自己向官府递交申请外,也恳请前来勘察民情的中央官员为其上书,《奏复十四祖庙祀疏》《归田公呈》《奏赐木兰陂不科圭田疏》三篇即为此次申请时所递交的公牍文书。与李氏所刻陂集类似,《木兰陂集》中也有《历朝奏请给田名臣姓氏》以及《历朝郡县修陂姓氏》两篇文字,为"十四姓"后人为答谢历代为其争取酬奖并协助木兰陂修缮管理的官员所作,专示其感怀与追思之情。其后为《莆阳木兰陂水利志》一篇,为第二次刊刻陂集时增入,对木兰陂灌区内工程主体、沟渠工程、附属工程、纪念建筑等一一进行描述,是考察明清木兰陂灌区水利运行状态的重要史料。上册共计收入17篇水利传记,其中两宋5篇、元代3篇、明代5篇、清代4篇。水利传记中既包括方天若《木兰水利记》、刘克庄《宋协应庙记》这样记录木兰陂、协应庙建设过程的文字,也包括郑樵《重修木兰陂记》、余飏《重修木兰陂钱妃十四功臣庙》这样的木兰陂、协应庙重修回顾,更包括金汝砺《万金陡门记》、陈稔《立东山水则序》这样的附属工程建设记录,还包括余洛《木兰陂志叙》、余飏《木兰陂志略》这样作为前刊陂集"序文"而被保留下来的文字。需要注意的是,方天若《木兰水利记》撰成于北宋元丰五年(1082)即木兰陂初建成之时,作者作为木兰陂建设的亲历者,对工程建设过程描述极为详尽,是研究木兰陂建设过程的一手史料[①]。水利传记种类丰富,内容翔实,或曾被纂于石碑之上,或曾被载于地方志之中,如今均收录于陂集,既能使这些文字获得集中保存以免散佚,也为后人了解木兰陂建设管理经过提供了渠道。上册的最后一部分为《木兰拾遗》与《名公题咏》,其中《木兰拾遗》自前人文集笔记中摘录4条收入,《名公题咏》则收录了北宋以后本地、外地官员、名流为木兰陂以及建设先贤创作的23篇诗词。

下册收录的内容主要包括祭祀礼仪规定与祭文,陂田租佃管理契约条文以及明清时期"十四姓"与李氏争讼的案件文书。协应庙祭祀始于南宋景定年间,其时的祭祀流程已不可考。如今,《木兰陂集》中所载《祭钱妃文》《祭十四祖文》《祭李侯文》为明清"十四姓"后人参与祭祀钱四娘、"十四姓"先祖、李宏时所用祭文。《春秋祭品祭器分福定规》是有关祭祀时应呈献供品的规定。《钱妃李侯前仪注》《十四祖前仪注》分别阐述了"十四姓"举办前述神祠祭祀时应遵循的仪程。明代以后陂司已废,"十

---

① 方天若.木兰水利记[M]//朱振先,顾章,余益壮,等.木兰陂集.刻本.莆田:十四家续刻,1729(清雍正七年).

四姓"后人作为陂正副与作为"陂主"的李宏后人一起掌管"陂庙香灯",为此,"十四姓"后人将"香灯田"佃予当地民户耕种,以所收租谷供应协应庙日常开销,《圭田亩数、租石、各佃户姓名》《陂谷流下定额以教》《东角领字约字》即为横塘、新塘、大孤屿等处"香灯田"(文中仍因旧习称陂田)租佃相关的文契、条约。其后为明清时期"十四姓"后人与李宏后人为"毁敕灭功"之事进行的长期争讼案件相关文书14篇,其中明、清各7篇。《陈本清、林子清告李熊状》为明正德十四年(1519)"十四姓"后人陈本清、林子清等为状告李宏后人李熊向福建道监察御史所呈递的状纸,其中详细记载了此次争讼的缘起。其后,此文书经福建道监察御史周鹏审阅,将之发回兴化府重审,此经过在《周察院行文》《兴化府勘语》《布司司狱官揭贴》数篇案件文书中有所反映。明嘉靖元年(1522)此案审理完成后,兴化府为杜绝双方争端,发给"十四姓"一方《十四家照贴》,李熊一方《复宗照贴》,以示案件了结,《十四家照贴》被录入陂集之中。结案前,李熊之父李崇孝曾为此案到京申诉,此次申诉状纸《辨宗原奏》也被收录进陂集,且"十四姓"后人之一余伊专作《摘讹录》驳斥李崇孝《辨宗原奏》,同样被录入陂集。清雍正八年(1730)发生了"省志案",其时福建巡抚赵国麟主持《福建通志》修撰,将《孝义部》内原有的余子复一人删除。余子复为"十四姓"先祖之一,曾参与木兰陂建设。"十四姓"后人认为李宏后人李正榛于其中作梗,有"冒裔、布扰、滋争、沥剖先勋"之嫌,故具《十四家投词》一份呈递上官,以求公正,并于其后附有通志馆出示《复单注辩》《复单姓氏注辩》两篇,解释志馆不将《福建通志》中内容改回原状之由,以上三篇俱载入陂集[①]。此申诉被巡抚赵国麟驳回,"十四姓"又重新具呈"谨陈先世义行",由兴化知府李锡爵代为呈递,此后便不了了之,这一过程被反映在《赵府院批》《再复注辩》《十四姓原呈》《详府看语》这四篇文牍之中。以上便是现存《木兰陂集》的主要内容。

(三)清代《续刻木兰陂集》的编修

《续刻木兰陂集》成书于清雍正年间,由曾任莆田县教谕的李嗣岱与曾任莆田县训导的姚又崇主持编撰。"李嗣岱,沙县人,戊子举人,康熙五十七(1718)年任,实心训迪师范","姚又崇,古田人,雍正六年(1728)由岁公任,阶归化教谕"[②]。该集于清道光《福建通志·经籍志》以及民国时期《福建通志·艺文志》中均被著录,现存本收藏于国家图书馆,《中华山水志丛刊》中曾据国家图书馆藏本影印后收录。此集延续雷应龙《木兰陂集节要》的观点,可视为雷应龙作品之补充。

《续刻木兰陂集》的撰修与上文所述雍正年间"省志案"有关,李嗣岱、姚又崇二人其时经历该案,对李正榛与"十四姓"后人间争端有所了解,由于在县学中任职,也

---

①陈有光,朱载,余仁英.十四家投词[M]//朱振先,顾章,余益壮,等.木兰陂集.刻本.莆田:十四家续刻,1729(清雍正七年).

②廖必琦.莆田县志[M].刻本.莆田:文雅堂,1926.

对莆田县、兴化府地方行政长官乃至福建省府内诸多牵涉此案的官员态度有所了解。为求"正视听",并为李正榛一方在争讼中提供可靠论据,二人合作修撰此集。该集分上下两卷。上卷以"论据"为主,是李、姚二人为批驳"十四姓"后人观点而搜集的各类资料,包括《八闽通志》《福建通志》《莆田县志》中所记载有关木兰陂、协应庙、李宏的信息,南宋郑樵《重修木兰陂记》、明陈中《重修协应庙记》原文,以及"十四姓"修撰《木兰陂集》中所载前述文章版本。下卷以"文牍"为主,其间所载案件文书、长官批语与前述"十四姓"《木兰陂集》中略同。值得注意的是,下卷之后附有乾嘉时期增补入雷应龙《木兰陂集节要》的一些资料,其内页中缝字样与上下卷均不同,似能证明《续刻木兰陂集》在该时期也经历了一次增补重刊;这部分资料与清乾隆十六年(1751)李宏后人李泌捐资修复木兰陂与南北洋沟渠有关,主要是一些莆田县、兴化府、福建省三级官府间有关于此次重修乃至针对李泌个人酬奖相关事务的文牍、信件等。

二、陈池养与《莆田水利志》

水利总志是以回顾某区域水利事业发展历程为目的撰修的志书。水利总志以区域内水利事业发展历程整体为着眼点,其撰修对象不局限于某一座工程,其覆盖面相对广泛。莆田水利总志的撰修始于清代。清乾隆六年(1741),时任兴化知府的范昌治曾主持以清理南北洋官私涵洞为主题的水利整治,其间获得了大量水利资料。为使这些资料得以传承以便后人参阅,范昌治将其交给致仕乡宦程大僖,由其撰成《莆田水利纪略》一册。"程大僖,字而有,鲲化子。幼失怙,事继母如所生。善承父志,随父任部郎,考授州同。世宗皇帝御字亲简人才,授抚宁令。邑当山海要冲,甫下车,悉心吏治,设易知单,革陋规杂……致仕归乡,清正自持,非公不至,为守令所委重,如筑镇前堤,开浚小西湖、木兰陂万金陡门至北关白马庙环城一带河道,清查南北洋水利、陡门、涵洞,区尽不辞劳,捐己资以成之,当事莫不嘉其惠流乡国"[①]。据此可知,程大僖致仕归乡后参与莆田水利建设,对当地水利事业发展成果有充分的了解,故而能够承担修撰水利志书的职责。《莆田水利纪略》原本现已亡佚失,其部分内容被载入莆田本地其他志书当中。该水利志在道光《福建通志·经籍志》以及民国时期《福建通志·艺文志》中均有著录[②]。

陈池养所著《莆田水利志》为莆田现存唯一一部古代水利总志(图 6.6)。陈池养(1788—1859),字子龙,号春溟,莆田城关后塘巷(今莆田城厢梅峰街)人,清嘉庆十四年(1809)进士。陈池养入仕后,历任武邑、隆平、平乡、河间等地知县以及冀州、景

---

①廖必琦. 莆田县志[M]. 刻本. 莆田:文雅堂,1926.

②郑宝谦. 福建省旧方志综录[M]. 福州:福建人民出版社,2010:527.

州、深州知州,于各地为官期间均颇有政声。清嘉庆二十五年(1820),陈池养因丁忧归乡,此后便未再出仕。在乡期间,陈池养以教书育人为主业,先后担任厦门玉屏、仙游金石、莆田兴安等书院教习,同时也致力于莆田水利建设,于清道光七年(1827)主持重筑镇海堤,道光九年(1829)修整木兰陂渠系,道光二十五年(1845)重修企溪陡门,于晚清莆田公益事业多有贡献[①]。晚年陈池养致力于著书立说。他基于自己参与道光《福建通志》编修时所获水利资料,结合自己多年参与莆田水利建设所积累的经验,并充分搜集前人文献笔记,撰成《莆田水利志》一部。该志分为八卷,共约 16 万字。现存《莆田水利志》有两个版本,其一为道光十一年(1831)陈池养手书的写本,封面题有"莆阳水利志",装帧为 10 册;其二为光绪元年(1875)陈池养之孙陈奋孙主持刻印的版本,封面题为"莆田水利志",装帧为 8 册,含《全莆水道图》《木兰陂图》等 6 幅水系图、工程平面图,并由当地官绅名流陈懋烈、金华章、张梦元等人撰写序文。上述两个版本现均收藏于国家图书馆以及福建师范大学图书馆。台北成文出版社曾以光绪年间刻本为底本影印出版,后《中华山水志丛刊》中也采用了该本。下面基于清光绪年间刻本阐述该志主要内容。

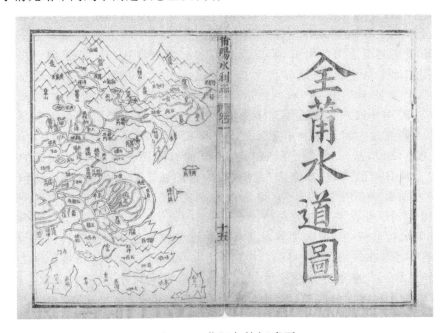

图 6.6　《莆阳水利志》书页

《莆田水利志》主要分为八卷。卷一的内容包括图说与水道,其中,图说为陈池

---

①阮其山.莆田社科丛书:莆阳名人传[M].福州:海峡文艺出版社,2013:353.

养经考察莆田水道山川与各工程组成结构后绘制的《全莆水道图》《木兰陂图》《延寿陂图》《太平陂图》《南安陂图》《东角遮浪镇海堤图》这 6 幅水道与工程平面图,每一幅图均附有说明;水道为陈池养考察莆田木兰溪、延寿溪、萩芦溪三大水系后对各水系干流、支流行水情况以及流域自然环境所作的概述,陈池养基于实地考察,对前人著作中的有关莆田水系的著述进行考证,纠正了这些作品中错误的观念。卷二至卷四的内容均为"陂塘",其中,卷二对木兰陂灌区水利事业发展历程及成书前该灌区工程与用水情况进行了描绘,卷三对北洋原延寿陂灌区、太平陂灌区、南安陂灌区的水利事业发展以及用水情况进行了描述,卷四则对莆田境内除"平原四陂"外其余数百座大小灌溉工程按照"先溪顶及南洋沿山并及壶公、山南、醴泉、忠门、平海,次及常泰里山内延寿陂上流,次及广业里山内并及待贤、待宾二里沿山"的顺序回顾其此前建设与用水情况①。卷五包含堤防、祠祀、章奏三个部分,其中,堤防是对南北洋海堤建设历程的回顾,由于陈池养参与镇海堤建设的特殊经历,这一部分对于唐代至清代镇海堤建设历程描述十分详尽;祠祀是对莆田各灌区水利神祠的分布及其建设历程、祀典颁布的回顾;章奏包含《修复莆田水利原奏》《修复水利增筑石堤工竣复奏》《请创陂首功钱女列入祀典奏折》三篇,第一篇是道光年间福建巡抚孙尔准为举办莆田多处水利工程修复而上的奏折,第二篇为孙尔准于竣工后为参与施工之有功劳人员申请嘉奖而递交的奏折,第三篇为孙尔准等为将钱四娘重新列入祀典并修复相应祠庙而上的奏折,陈池养将以上奏折收入作为对其所参与水利建设的侧面描述。卷六为"公牍",包括《木兰修陂、南洋浚沟文檄》《北洋浚沟文檄》《修理太平、南安二陂文卷》《东角遮浪创建镇海堤文檄》,均为陈池养所参与工程当中的政府公文,是研究这一时期水利事业发展的重要资料来源。卷七、卷八为"传记",既包括从正史、地方志、文集等文献资料中抄录的有关历代水利建设先贤的人物传记,也包括从各处散落的"重修碑"上拓印、抄录的各工程历代重修记,还包括地方传说、名人逸事等在内的"杂识"。该志内容翔实,条理分明,是对唐代至清代千余年间莆田水利事业发展历程的总结。

《莆田水利志》一书,是陈池养对其水利建设思想的总结性著作。正如曾任兴化府知府的陈懋烈在该书序文中所言,"春溟此志,虽志一方水利,非熟悉水之利害而能如是详且尽"②。陈池养为撰写此书所做的大量实地调查,对前人文献的搜集、校勘,以及参与水利建设的实践,深刻体现了其"知水"的思想。他为描述莆田水利建设与山川水道形势之间内在联系而作的 6 幅水道与工程平面图,体现了他对水利建设与自然地理环境之间辩证关系的认识。对于历代文献资料,他除详加考证、辨伪之外,更着重于从中总结历代水道与周边环境的变化,总结海岸线的变化与沿海堤

①陈池养.莆田水利志[M].台北:成文出版社,1974:26.
②同①2.

防建设之间的关系,建立对于水利建设形势的动态认知。

在引用文献方面,陈池养虽能做到不拘一格,旁征博引,但由其在各撰述部分中针对引用资料来源的偏重,仍能看出其撰述特色。表6.2反映了《莆田水利志》全书各部分资料来源的情况,表6.3反映了陈池养对于引用地理类志书资料进行论述的态度。值得注意的是,相比较前代文献,陈池养更注重引用当时最新的地理志撰修成果,如乾隆年间编修的《清一统志》《府厅州县图志》《福建通志》等,并结合实地考察成果,在书中表现水道与工程的最新变化。事实上,从《莆田水利志》的地理志类文献整体引用情况来看,陈池养对省志、府志和县志的引用条目数额差别不大,这其中自然会有对志书撰修是否能反映最新情况的考虑。与此同时,陈池养尽可能地引用了一定量的一手文献。全志载有碑记8篇,均为其实地考察所发现,并根据碑记作者文集中所收录内容详加校勘。于南北洋涵洞部分的叙述,则参考了乾隆年间成书的《莆田水利纪略》这种成书时间较近、内容较为可信的著作。该志堪为当今研究莆田历代地理环境变化、莆田历代水利建设与管理以及莆田与水利有关的民俗文化的重要参考之一。

表6.2　《莆田水利志》中的各类文献资料来源数量

	正史	地理志	水利志	文集	杂记	碑文	总计
水道	3	76	1	0	1	0	81
陂塘	5	124	23	0	0	2	154
海堤	0	13	0	0	0	0	13
祠祀	0	20	4	0	0	0	24
传记	1	23	18	19	6	6	73
总计	9	256	46	19	7	8	345

表6.3　《莆田水利志》中引用地理类志书的数量

	总志	省志	府志	县志	总计
水道	15	32	21	8	76
陂塘	21	26	34	43	124
堤防	2	1	1	9	13
祠祀	3	5	5	7	20
传记	2	2	13	6	23
总计	43	66	74	73	256

第四节　水神信仰与水利志书的象征性意义分析

不同类型的文化符号可以引申出不同的象征性意义，而这些象征性意义于其对应的文化符号而言，并非与生俱来，而是在该文化符号内容不断丰富的过程中持续构建并完善的。所谓"水利文化"的符号，如神祠信仰、水利志书而言，其之所以能够长期存在，是因为其具有一定的水利功能乃至社会功能。就莆田的情况看，水利神祠信仰对于地方政府、乡绅群体以及普通民众而言，其象征性意义往往差别较大，故而不同社会群体对水神信仰的活动场所、行使的功能往往会产生不同思考；对于水利志书的撰修者而言，作品的修撰往往是为了寄托其对于特定工程乃至区域水利事业整体的记忆，同时也会反映其一定利益诉求。故而对于水利文化符号的象征性意义构建过程，需要从不同文化要素的视角进行分析。与此同时，特定区域内因水利事业发展产生的地域文化类型，如水利神祠信仰、水利志书等，是该区域水利事业发展到一定阶段的文化产物，且这种独特的文化类型虽在水利建设与管理事业的基础上诞生，但并不能被完全视作这两项事业的附属。通常来看，特定区域内水利事业在社会文化层面的作用成果有其独特的发展路径，在以"水利"为主题构建民间宗教信仰与文献文化的同时，也逐渐渗透到该区域民俗文化的发展过程中，并最终成为区域文化的重要组成部分。水利神祠信仰与水利文献编撰构成的区域水利文化对各灌区居民生产与生活方式产生影响，尤其是各类水利文化符号中所囊括的水利开创精神、水利保护意识在各地区深入人心，反过来又促进了莆田水利事业整体乃至社会经济的发展。

一、水利神祠信仰的象征性意义构建

为分析莆田古代水利神祠信仰象征性意义的构建方式，需要首先回顾这一信仰类型在当地产生的过程。根据前文内容可知，莆田各灌区基本上都有各自独特的水神信仰体系，如南洋灌区有协应庙神灵体系，包括李宏、钱四娘、冯智日等神祇形象；北洋灌区有孚应庙神灵体系，包含吴兴、吴媛等神祇形象；太平陂灌区有世惠祠神灵体系，祭祀何玉、刘谔等神祇形象；南安陂灌区有报功祠神灵体系，奉祀陈洪进、蔡襄等神祇形象；甚至镇海堤周边也有崇勋祠神灵体系，供奉裴次元、黄一道等神祇形象。各神灵体系乃至神祇形象形成时间不一，其身份多为此前参与莆田水利建设的杰出官民,但其最初被当地居民造像奉祀的原因是相同的,即"食利者为祠祀之"[①]。各灌区居民感念先贤创业艰辛,立庙俸香,以表追思之情,可见水利神祠信仰在其形成早期完全是民间自发行为。然而当莆田水利神祠信仰对象纷纷被"纳入祀典"之时,其本身对于不同社会群体的意义也就出现了分化,其内涵也逐渐得到丰富。

对于地方政府而言,将水利神祠信仰纳入国家祀典,有助于加强官府与用水成员之间的联系。用水成员通常分属于不同的社会阶层,与水利管理者乃至"水权"裁决者之间有产生隔阂的可能,即管理者与用水者之间往往缺乏有效的沟通机制。为此,地方官作为对本地水利事业发展能够产生重大影响的个体,往往要走访民间,听取民意,实现与普通用水成员之间的充分交流。然而任期时间的限制使地方官往往在取得用水成员信任之前便需要离任。为此,地方政府必须要在各灌区选取受欢迎的神祇形象,对此类神祠信仰大加推崇,来达到在收服人心的同时实现沟通的目的。

前述各水利神祇形象多由此前参与灌区水利建设的杰出官民转化而来,其在本灌区均拥有广大信众群体,且大力推进水利事业原本就符合了历代官府乃至朝廷的需要,对水利神祇大加推崇可被视作"崇功"的行为,显得名正言顺。北宋以后莆田地方政府将民间供奉的水利神祇经奏请后纳入国家祀典,并为之修建祠庙,定期举办奉祀仪式;同时,历代莆田地方政府均重视对各灌区水利神祠信仰的维护(表6.4),往往"修陂又修庙",即在举办灌区水利设施修缮活动时修复水利神祠,并不断为各水利神祇形象"请封"。这种将水利神祠信仰逐渐融入到工程日常管理活动中,使之成为灌区内用水成员生活组成部分的方式,能够使水利管理者与用水成员间建立起一道桥梁,进而实现二者跨阶层的沟通,为灌溉工程及其管理制度的延续注入活力。如此一来,各灌区内部水利神祠信仰往往会成为地方政府加强水利管理权威,从而加强对基层社会控制的工具。

表 6.4　元代至清代莆田水利神祠的修缮情况

时间	祠名	负责人(官职或身份)
元至顺元年(1330)	协应庙	廉大悲奴(同知)
元至正十五年(1355)	太和庙	张安节(里人)
明洪武十四年(1381)	香山宫	当地居民
明永乐十年(1412)	钱妃庙	董彬(通判)
明永乐十二年(1414)	孚应庙	董彬(通判)
明成化二十年(1484)	裴观察庙	当地居民

①陈池养.莆田水利志[M].台北:成文出版社,1974:448.

续表

时间	祠名	负责人(官职)
明嘉靖元年(1522)	裴观察庙	方梦云(里人)
明嘉靖二十二年(1543)	协应庙	周大礼(知府)
明隆庆六年(1572)	太和庙	熊琦(分守)
明万历八年(1580)	协应庙	许培之(通判)
明万历十二年(1584)	孚应庙	吴献台(府尹)
明万历四十七年(1619)	岳公祠	徐良(分守)
清顺治八年(1651)	协应庙	朱国藩(知府)
清康熙十九年(1680)	协应庙	苏昌臣(知府)
清康熙二十二年(1683)	太和庙	当地居民
清康熙四十年(1701)	协应庙	赵邦牧(知府)
清嘉庆十年(1805)	孚应庙	吴孟重(裔孙)

资料来源：周瑛,黄仲昭.重刊兴化府志[M].福州：福建人民出版社,2007:660-672。

廖必琦.莆田县志[M].刻本.莆田：文雅堂,1926。

陈池养.莆田水利志[M].台北：成文出版社,1974:417-440。

对于参与水利管理的乡绅群体而言,其所在灌区的水利神祠信仰的存在,既是维持水利管理秩序的需要,同时也是争夺水利管理话语权的工具。所谓"举头三尺有神明",正如前文所述,参与灌溉工程管理的乡绅在水神崇拜的场所处理各项事务,解决各村落间用水纠纷,往往能够借"神灵之势"使用水成员感受到管理制度的权威,同时也以"神灵在上"来解释其针对用水纠纷决断的公正性,使矛盾双方心服口服。实际上,作为灌溉工程管理者的乡绅往往是德高望重的"耆干",在各灌区乡绅群体内部具有一定地位,同时也能与府县地方官保持良好关系。而作为建设功臣后裔的家族乃至宗族联合体在该工程灌区往往具有超然的地位,除可以长期担任水利管理者外,还能够影响到灌溉水资源分配事务,进而对灌区成员"水权"的实现造成影响。对于这些"功臣后裔"而言,维护先祖的"神性"以维护自身势力往往是第一位的,为此就要频繁投入到水利事业当中。"查向例修陂工费,概系两洋得水之田按亩匀出,载在陂记,历历可考。泌等从无领此工程,兹踊跃愿捐己资,独修一次,以承贤人之志",清乾隆年间李宏后人李泌感怀于先人筑陂功绩,愿捐资重修木兰陂,以承祖志,为地方官所褒奖,同时也为当地居民所崇敬[1]。同时,《莆田水利志》也记载了明万历十五年(1587)吴兴后人、兴化同知吴日强捐金倡修使华陂。

①李嗣岱,姚文崇.续刻木兰陂集志[M]//中华山水志丛刊(第 18 册).北京：线装书局,2004:512.

　　功臣后裔积极参与各灌区水利事业,自然是维护其先祖在各灌区用水成员心目中地位的有效方法之一,然而功臣的"神性"往往还是需要得到官府乃至朝廷的认可。故明正德年间"十四姓"后人为"迁庙夺祀"之事与李宏后人发生了矛盾,"陂庙二所,一专祀钱妃,一祀李长者、林、黎神像,十四功臣神主前挂'敕封功臣'庙额,今李熊贪图丰水,径拆钱庙,起盖私房,迁钱妃于别僻室,又将林、黎二神像,十四功臣神主除灭。乞查私刻陂集,有'子孙居庙旁者衰落弗振,论者以其面水下流,居不得地',则贪图庙地昭然"①。李熊将"十四姓"先祖神位毁弃,并污蔑其从未参与木兰陂建设,是对"十四姓"先祖"神性"的否定;而"十四姓"后人却认为其各家先祖之功绩均得到历代官府乃至朝廷的认可,不应因李熊一面之词就予以否定。因"十四姓"曾轮任"陂正副"掌管陂司,李宏后人则被官府任命为"陂主"掌管祭祀事务,故此次争讼也被称为"陂司陂主之争"。实际上,"陂司陂主之争"不在于祭祀的地点变更,而在于维护祭祀对象的"神性";对于"十四姓"后人而言,其先祖的"神性"一旦丧失,"十四姓"作为木兰陂灌区内受人敬重的乡绅集团,地位必然要遭受损害,且其在水利管理事务乃至灌溉水资源分配事务方面的话语权就会受到李氏家族的侵吞,故即便要面临漫长的争讼也要极力维护祖先的"神性"。如此一来,即使"十四姓"在明初已不再轮流执掌陂司,但仍向官府索要了"祭祀权"与"不科田",便能够理解了。

　　而作为莆田用水成员群体最主要的构成部分,各灌区普通民众在水利神祠信仰诞生之初并未赋予其过多特殊含义。实际上,祭祀水神属于各灌区居民的一种精神信仰寄托,是其日常文化生活的一部分。如将莆田的水利神祠信仰视作一种"民间宗教",那么它在给以用水成员为主体的"信众群体"以精神慰藉,并消除成员因恐惧断水而引发的心理焦灼的同时,也会产生一些影响到用水成员社会行为领域的功能②。对于用水成员而言,持续的灌溉水资源供应是保证农业生产能够顺利进行的必要条件,而各灌区的水利神祇前身均为参与水利建设的杰出人士,有关这些神灵的传说往往给用水成员留下深刻印象,使其相信在这些神灵的护佑之下,工程的完整性以及日常用水供应的可靠性是有保障的。当国家政权将水利神祇纳入"正祀"之时,其对用水成员的社会影响也就显现出来,即"水神"作为民间崇拜的偶像,当被纳入国家祭祀体系时,往往可以视作国家对开展农田水利事业的肯定。灌区内居民受此影响,往往将农田水利建设视作生产活动中的重要环节,除对旧水利设施加以爱护外,还能够积极参与官府乃至乡绅群体举办的水利建设活动。如此一来,水利神祠信仰作为灌区水利建设精神的载体,便可以被视作具有现实价值的"民间宗教"了。

---

①陈本清,林子清.告李熊状[M]//朱振先,顾章,余益壮,等.木兰陂集.刻本.莆田:十四家续刻,1729(清雍正七年).

②程啸.晚清乡土意识[M].北京:中国人民大学出版社,1990:254.

二、水利志书的象征性意义构建

莆田现存的水利专志与水利总志具备不同的象征性意义。就《木兰陂集节要》《木兰陂集》来看，李宏与"十四姓"后人分别撰修这两部志书并非仅出于传承建设与管理技术的目的，而是借志书修撰阐明一定观点，获取特定群体的支持，有其特殊目的。陈池养作《莆田水利志》仅为记录莆田水利事业发展历程，同时制定未来莆田水利事业发展规划，并非出于私人目的，故对于水利专志和水利总志的象征性意义要从不同的角度进行分析。

（一）水利专志

对于李宏后人与"十四姓"后人而言，"陂集"的撰修从一开始便是互相攻讦的方式之一。前述"陂司陂主之争"的导火索便是明正德十二年（1517）《木兰陂集节要》的撰成。"十四姓"后人认为参与陂集撰修的李熊有"毁敕灭功"一事，即在陂集中隐瞒了"十四姓"先祖参与木兰陂建设的功绩。"至元六年（1269）教授刘俚荣石碑'陂成，水南大姓一十四户规塘垦田六百斛，为陂之赡'，今熊改'陂成，侯立水南大姓十四户规塘垦田'……熊增捏元行中书省郑旻碑文，府志可证"。陂集是木兰陂灌区内水利建设信息的载体，通常可以给后世水利管理者乃至地方行政长官提供参考资料。"十四姓"认为李熊妄图以陂集中文字的更改，来向后世之人，尤其是地方官隐瞒"十四姓"参与木兰陂建设的事实，以此来阻断"十四姓"后人与地方官之间的联系渠道①。

前文已述，水利神祇形象得以被纳入国家祀典，是因为其具有"神性"，即官府乃至朝廷对其功绩予以认可。而如李熊所谓，一旦将"十四姓"先祖的功绩在陂集中加以隐瞒，便会给阅读该陂集的地方官传达"十四姓"先祖于灌区建设事业毫无功绩的信息。明代以后，国家对于民间神祠体系的管控日益严格，凡未列入祀典的民间神祠信仰均被视为"淫祀"而加以禁止，而列入祀典的神祇形象必须要对信众聚集的地区具备广泛的社会意义，即其生前必须要为"有功之人"。一旦地方官认为"十四姓"先祖于木兰陂建设毫无功绩，便会将之列为"淫祠"。这样一来，"十四姓"作为灌区内重要的乡绅集团，其水利管理权威必将遭受打击。为此，"十四姓"除发起与李氏家族的争讼外，还于嘉靖初撰修了自家志书，以求对李氏陂集中的观点进行驳斥。

实际上对于"十四姓"后人而言，撰修陂集的目的主要在于维持先祖的"神性"，从而保障自己在官府以及灌区用水成员心目中的地位。同时在"十四姓"后人看来，其在木兰陂灌区中的特殊地位应当是唯一且排他的，故而撰修陂集也可以作为对李宏后人反击的手段。为此，"十四姓"在自家撰修的《木兰陂集》中提出其时的李氏家

---

①陈本清，林子清.告李熊状［M］//朱振先，顾章，余益壮，等.木兰陂集.刻本.莆田：十四家续刻，1729（清雍正七年）.

族为"冒籍"即冒充李宏后人的观点,并作《摘讹录》对《木兰陂集节要》中的内容加以驳斥,以求增强自身观点的可信度。"熊祖桂英,泉州桴山巷刑民也,不知何许姓。元至正末,株送途中,舍匿长者庙,愿从庙僧嗣泽扫除役。嗣泽哀其穷,收之。及嗣泽殁,继守钱李庙,收香灯田利。知长者颠末,遂诈李姓,称长者裔也"①。此观点一经提出,便给其时李氏家族的主要成员李崇孝、李熊父子带来了困扰,并一度导致其在"陂司陂主之争"中处于不利地位。李崇孝为此作《辨宗奏疏》呈递上官,并由雷应龙将之收入《木兰陂集节要》。据此可知,对于李氏家族、"十四姓"后人这样具备"功臣后裔"身份的乡绅群体,仅维持先祖的"神性"是不够的,如不能维系自身与先祖的"联系"以至被外人当作攻击的借口,往往会招致地方官的反感。故而《木兰陂集节要》《木兰陂集》这样由"功臣后裔"撰修的水利专志,不但要以其内容作为先祖具备"神性"的佐证,获得地方官信服,同时也要收录家谱、信件以证实现存后人与先祖的联系,以免招致"冒籍"的怀疑。如此一来,"功臣后裔"撰修的水利专志被视作解决乡绅群体内部纷争的工具,其作为"水利建设与管理"知识载体的功能在一定程度上被削弱了。

(二)水利总志

陈池养所撰《莆田水利志》体现其对于水利建设思想传承的重视。他于清嘉庆二十五年(1820)因丁忧解职归乡,进入莆田后,他目睹了故乡农业生产、水利建设的荒废景象,"所见稻谷番薯,都非丰稔之象",更见到民间为争水而引发大规模械斗,"自远而近,法纪全无,抗诉不理,择肥而食,助纣为虐",为此深感忧虑②。在乡期间,他多方位考察莆田农业与水利建设情况,指出"夫水,动物也,久则必变,变不为利必为害",认为若要完善莆田水利体系建设,首先要树立动态的观念,必须结合自然、社会实际情况,有针对性地修治。为此,他在撰修《莆田水利志》的过程中,精心选取资料,详细加以考证,并将自己参与水利建设的心得体会以及对未来莆田水利体系规划的思考体现在该志书当中。由此可见,相比较于单纯的资料传承,陈池养更重视将其水利建设思想传授给后人,以防莆田水利建设陷入僵局。陈氏水利建设思想包含两个主要方面。

1. 以"知水"思想为核心,做环境与工程调查

陈池养在《莆田水利志》中,以较长的篇幅记录了他在参与各工程修缮活动以前所制定的施工计划。他在修缮计划的制定过程中,通常能够抓住施工过程的关键,采取符合实际情况的施工技术手段,充分节省人力物力。清代莆田主要河流由于气候、环境的变化,以及人类活动的增加,其河道位置、宽度、径流量、含沙量等水文数

---

①余伊.摘讹录[M]//朱振先,顾章,余益壮,等.木兰陂集.刻本.莆田:十四家续刻,1729(清雍正七年).
②许更生.莆田社科丛书:莆阳名篇选读[M].福州:海峡文艺出版社,2013:280.

据相比较宋代而言已有比较大的变化。先前修缮水利工程，地方官只做工程性的调查，而忽视了地势、水流等因素对工程的影响。陈池养立足于实际，首先开展了对莆田山川形势以及水系情况的实地考察。经过对木兰溪、延寿溪、萩芦溪等主要河流沿岸的走访，他对莆田的山河形势有了比较完善的认识，对水文环境有了较为细致的把握，使今后符合实际的施工计划的制定成为可能。

此后，陈池养开始着手调查各工程的实际情况，并总结前人修缮工作中的经验教训。他亲自走访了"平原四陂"及其镇海堤周边地区，将每一工程的实际数据，尤其是附属圳渠、陡涵的情况一一记录；同时也考察各工程损毁的情况，总结进一步修缮需关注的问题。对工程实际情况的考察，既要现场踏勘，也离不开相关文献档案。适逢清道光十一年（1831）陈池养参与《福建通志》的重修工作，接触到大量水利档案、文献，对莆田各水利工程历次修缮情况有了进一步的掌握。在查阅档案的过程中，陈池养除关注工程性的内容外，还格外注重有关民间水利纠纷的内容，以建立对各灌区水权情况的认知。为此，他将地方志书中记载的"水案"一一记录，并在发生用水争端的地区进行走访，询问相关人员，了解水案发生的原因、解决的过程、事后的影响，并将解决民间争端作为水利建设的主要目的之一。为给后人留下工程调查的范例，他将考察的过程以及获得的资料全部收录到《莆田水利志》中。

陈池养重视对考察结果的直观化表现。他绘制了包括《全莆水道图》《木兰陂图》在内的6幅水系图、工程平面图，将实地考察所获得的数据表现在图纸上，并撰述说明文字，详述各图要点，以便读者理解。在撰述这些说明文字的过程中，陈池养力求将各工程与周边自然环境合并论述，先将水道源头、流向、支流等情况一一阐明，再论述各工程建设后水道的变化，如在撰写《延寿陂图说》时就阐明了元代郭朵儿、张仲仪筹建万金陡门，引木兰溪水灌北洋，并修渠通延寿溪后这一带水系的变化，又木兰陂水由屿上历杭口、东埔，先溉萧厝、谢厝……复于新港障海通延寿水"，力求将"动态看待人类活动对环境的影响"这一观念传达给后世水利建设者[①]。

2. 动态看待水利建设，制定综合整治计划

陈池养在参与莆田各灌溉、堤防工程修缮活动前，均基于实地调查结合文牍档案所得资料总结工程施工所面临的问题制定施工计划；在制定施工计划时，陈池养力求有的放矢，对施工过程中可能出现的问题一一提出针对性解决方案。他在《莆田水利志》中就记录，宋元两代官民修缮木兰陂，均只重视陂首枢纽工程，未曾考虑到南北洋引水渠系的疏浚，明代至清代道光以前虽曾对渠系进行数次整治，但由于日常管理的缺失，均未能取得有效成果。故陈池养在主持木兰陂重修工程时，着重解决各处"壅沙"的问题，提出了两项有针对性的措施。其一是抓源头治理。陈池养基于其朴素的生态观念，指出"壶公以下，诸山樵采拔根，雨过壤朽，沙土随水入沟"，

---

①陈池养. 莆田水利志[M]. 台北：成文出版社，1974：48.

即上游水土流失与溪水含沙量之间存在动态的联系①。为此，陈池养除向地方官府申请禁止上游诸山乱砍滥伐外，还注重用工程手段解决上游溪水含沙量大的问题，即前述荷包濑三石堰。其二是在灌区内部重建日常管理制度。陈池养认为现有"水利老人—小工"的管理模式容易造成陂闸启闭人手不足，且沿渠各村由于缺乏制度约束，未能妥善履行疏浚沟渠的职责，为此应恢复明代以前设立的木兰陂管理机构"陂司"，由官府于灌区内遴选数名乡绅参与管理，并设立专门管理陂闸的机构，同时应规定各村制定每年冬天疏浚沟渠的计划，并按照受益田亩的数额分配任务。

太平陂、南安陂两座工程位于萩芦溪上，该溪为山溪性河流，上下游落差大，水流湍急，即所谓"上行活水，下俯深溪"，遇夏季山洪暴涨，极易将截溪坝冲坏。同时太平陂位于南安陂中游，一旦出现淤沙，极易影响到下游南安陂周边的用水。陈池养认为"太平既修，南安不修，是益之涸也"，主张于清道光二年（1822）修太平陂后，立即组织灌区居民修缮南安陂，以达到萩芦溪流域综合整治的目的。次年，陈池养主持南安陂修缮，专门将前次太平陂修缮得失纳入计划制定的考虑中，并制定了综合整治计划。陈池养在《莆田水利志》中用相当的篇幅阐述了"综合性水利整治"的概念，并借前人水利建设的案例来佐证，以求将此理念传诸后世。

三、象征性要素与区域文化体系构建

一定区域范围内农田水利事业在该区域社会文化形成与发展过程中的作用成果，作为"象征性要素"反映出其在区域文化体系构建中的重要价值。莆田古代农田水利遗存具有鲜明的地域文化特征，其中独特的水利神祠信仰体系以及水利文献编纂成果反映出莆田千余年来历史文化发展路径与特征。各灌区内香火旺盛的工程祭祀庙宇，为追思水利建设先贤而举办的多样化祭祀活动，以及多部保存至今的水利专志、总志，作为区域民俗文化、文献文化的重要组成部分，是莆田古代农田水利工程体系能够长期存续的文化动因，具有独特的魅力。与此同时，"农田水利文化影响要素"作为区域民俗文化有机构成部分，与其他民俗文化形式进行互动，并产生深远的影响。就莆田的情况看，水神祭祀活动逐渐融入民间神祠信仰体系中，成为所谓"莆仙文化"的重要组成部分。与此同时，水利文献与其他地方性文献形式一起，成为古代莆田民间文献撰修活动的见证，丰富了其"文献名邦"的内涵。

莆田各灌区水利神祠信仰是一种具有地域性、传承性的民间宗教形式。具体而言，各灌区均有自己独特的主祀神灵体系，除此外不会祭祀他处水利神祇；各灌区水利神祇祭祀场所除奉祀建设功臣外，通常也会奉祀在本灌区具有较多信众的民间神祇，如镇海堤崇勋祠后堂便奉祀在本地具有较多信众的"三一教主"林兆恩，这样的

---

①陈池养.莆田水利志[M].台北:成文出版社,1974:152.

做法一方面是为了增加水利神祠的信众基础,另一方面是为赋予其余民间神灵"水利"的内涵以求增加水利神祠信仰的说服力。水利神祠信仰在长期发展过程中,虽演变出不同的祭祀活动形式,但这些活动均具有长久的生命力,如水利神祇"官祭"的活动直到清末仍在举办,又如民间为纪念水利建设功臣而举办的赛龙舟、办庙会活动持续至今,形式并未有太多的改变。由此可见,水利神祠信仰根植于莆田地方社会之中,是普通民众获取稳定灌溉水资源的心理诉求在宗教层面上的反映,故而能够具有长久的生命力。

水利神祠信仰及其活动形式丰富了"莆仙文化"的内涵。所谓"莆仙文化"是对莆田民俗文化的统称,是一种具有吸纳性、包容性以及地域特色的文化形式,融合了两汉以来定居于莆田的各族民众所带来的多元文化要素[①]。古代莆田文教发达,科甲鼎盛,诞生了数量众多的文化名人,如郑樵、刘克庄等。他们生长于斯,自幼年起便能够感受到水利对于莆田居民农业生产与社会生活的巨大影响,并在参与水利神灵祭祀活动的过程中受到了感染,为此积极投身于故乡水利事业中,除参与官民水利建设活动外,也积极撰写各类水利传记,尤其是为建设功臣作传。这些人物传记一方面记录了大量水利建设资料,另一方面也传承了水利建设精神,使水利神祠信仰的存在显得更为合理。事实上,郑樵、刘克庄等文化名人的作品,在作为地方性水利文献乃至区域文化性水利遗产内容的同时,也与水利神祠信仰本身一起成为"莆仙文化"这一地方性文化体系的有机构成部分。可以说,在莆田独有的文化气氛中诞生的民众精神与文化名人成就了水利神祠信仰,而水利神祠信仰在其长期发展过程中又不断丰富"莆仙文化"这一地域性民俗文化的内涵,二者可谓相辅相成。

由水利神祠信仰衍生出的活动成为莆田各灌区社会活动的主题。水作为一种生产资料,与农业生产息息相关。而水利神祇作为由建设功臣转化而来的神灵形象,有关他们的传说在莆田各灌区内部深入人心,故而各灌区成员在用水的同时,感念于建设先贤的功绩,往往会将今日"水权"的实现归功于昔日建设者创业的功绩。为此,各灌区用水成员为水利神祇修建祠庙,举办祭祀活动,并由此衍生出各类民俗习惯。可以认为水利神祠信仰在作为一种精神象征的同时也表现为一种象征特定身份的固有行为习惯模式,对于各灌区用水成员具有一定现实意义。

水利志书作为莆田水利文化体系的重要组成部分,其价值与水利神祠信仰相当。具体而言,莆田现存的水利专志与水利总志,对于研究该地古代水利事业乃至社会经济发展具有重要参考价值。一方面,莆田在用古代水利设施多建成于唐宋,至今已有上千年的历史;古代水利建设者在施工过程中采取了何种技术,保证建成的工程能够具备应对各类自然灾害侵袭的能力,又采取了何种管理措施,保证这些灌溉设施能够不因年深月久、人员疏忽而毁弃,是莆田水利史研究中亟待解决的问

①蔡庆发.试论莆仙地域的人文特征[J].莆田学院学报,2002,9(4):79-87.

题。为此,水利史研究者除应现场勘查,获取一手资料外,也应阅读现存水利专志与总志,从其中记载的水利建设历程与管理措施中获取信息,并从作者有关灌溉与堤防体系建设的论述中获得启发。另一方面,古代莆田社会生产与居民生活是围绕"水利"来进行的,各灌区"用水集团"将莆田基层社会塑造成完整的"水利社会",这样的基层社会模式如何运作,其运行过程中反映了何种基层社会权力结构的演变,如今除地方志外,也只有这些水利志书能够为研究者提供有关"水利社会"运行的某些信息;故而阅读莆田现存水利专志与总志有助于相关研究者构建对古代莆田"水利社会"的认知。

就当前"水利遗产保护"工作的需求来看,作为"水利遗产"有机构成部分的水利专志与总志,对于当前莆田文化遗产保护工作的开展具有重要价值。一方面,真实性与完整性是水利遗产价值的重要组成部分①。莆田现存古代灌溉与堤防工程体系虽保存完好,维持了其初建时期的整体风貌、构筑形态与使用方式,但由于各工程体系使用时间已逾千年,难免因各类自然与人类活动因素遭遇基础失稳、老化残损、变形渗漏等问题②。为在解决这些问题的同时保证工程体系的完整性与真实性,除采取最新修复技术外,还需参考这些工程初建与后期修缮中所采取的技术措施,为此就需要从古代水利志书中寻找相关资料。水利志书中包含的文献资料,可以让今人对各工程初建时所用工程材料、施工技术手段以及后期建设管理中所遭遇的问题和相应解决措施有所了解,对于莆田古代灌溉与堤防体系保护有重要参考价值。另一方面,水利专志与总志本身便是区域水利遗产体系的重要组成部分之一,是区域内古代水利建设的记录者,是古代水利管理的见证者,同时也是与古代水利神祠信仰及其活动形式有关文献内容的承载者。实际上当今所谓水利遗产保护工作,对古代水工建筑保护予以相当重视,但对于水利文献资料乃至古代水利文化的保护却屡有忽视。为了构建"区域水利遗产体系"整体保护措施,需要对现存水利专志给予相应的重视。

第五节　本章小结

古代莆田农田水利事业发展对该地区农业生产发展产生一定影响。一方面,农田水利体系的完善,改善了莆田地区农业生产发展环境,进而促使该地区可用耕地面积不断增加,作物产量不断提高;另一方面,域外高产、高适应性作物的引入,为莆

---

① 谭徐明.水文化遗产的定义、特点、类型与价值阐述[J].中国水利,2012(21):1-4.
② 宁小卓.千年古堰木兰陂的评估与保护策略研究[C]//同济大学.全球视野下的中国建筑遗产——第四届中国建筑史学国际研讨会论文集.上海:同济大学出版社,2007:659.

田农业生产的"作物组合"提供了多种可能,在保证居民开展农业生产所获收益不断提高的同时,也激发了当地居民扩大耕地面积并开展多样化种植的意愿,这同样也对区域性农田水利体系的构建提出一定要求。由此可见,一定区域范围内农业水利体系与该地区农业尤其是种植业之间有相互依存之联系。

莆田水神祭祀活动的发展进程可分为三个阶段。唐代至北宋中期是第一阶段,数个生动的人格化水神形象被塑造出来。由于早期建设者在水利事业发展方面取得了较大成就,给当地居民带来震撼,故其在受到普通民众崇拜的同时,也成为地方性人格化水神塑造的原型。北宋后期至元代为第二阶段,地方官与乡绅群体组织当地民众,完成了多座祭祀场所建设,使水利神祠信仰活动形式的拓展成为可能。明清时期为第三阶段,莆田地方性水神多被纳入国家祀典,地方官、功臣后嗣、普通民众定期组织形式各异的祭祀活动,以表达对水利建设先贤的追思与感念,自此水神崇拜及其相关民俗成为"莆仙文化"的重要组成部分。

古代莆田人撰修的水利志书包含水利专志与水利总志两类。现存水利志书包括专志类的《木兰陂集节要》《木兰陂集》《续刻木兰陂集》以及总志类的《莆田水利志》。水利志书中的内容反映了区域水利事业发展历程,对古代水利技术、水利管理制度乃至水利文化有比较详尽的描述,是研究区域水利遗产体系的重要资料来源。莆田现存的多部水利志书为今人研究莆田数座古代水利工程及整个灌溉与堤防体系的历史沿革,乃至历史时期莆田的水利建设成就提供了史料,同时也为读者揭示了唐代以后莆田各灌区社会经济发展情况,对于这一地区水利史乃至社会史相关研究具有重要参考价值。

莆田农田水利事业在社会文化层面的作用成果,即"水利神祠信仰"与"水利志书",均具备不同的象征意义。具体而言,水利神祠信仰被官府视作加强基层统治的工具,被"功臣后裔"视作提高自身在用水成员群体内部地位的手段,被普通民众视作保障用水的精神寄托。"功臣后裔"编纂的水利专志被视作乡绅群体内部争讼的论据,其水利建设与管理知识传承载体的功能则被忽视;而水利总志则起到了水利技术、制度与文化传承的作用,其作者将自己的建设与管理思想寄托在其中,以求为后世莆田水利建设提供有效参考。同时,水利神祠信仰在其形成与发展过程中逐渐与莆田地方民俗文化融为一体,对"莆仙文化"的形成产生了一定影响;水利专志与总志作为古代莆田水利事业发展的见证,在为古代水利遗产保护提供重要参考的同时也丰富了莆田作为"文献名邦"的地方性古代文献体系的内涵。

第七章　结语

一定区域范围内古代农田水利体系的构建是一个整体性的过程，但这一体系中各要素成分的演变机制并不完全一致。就莆田的情况看，古代农田水利工程体系与管理制度虽诞生于同一片土壤，具有相同的自然和社会环境背景，但其构建起始时间、构建发展过程以及参与构建者行为模式均有所不同。

第一节　唐至清末莆田农田水利体系的技术与管理特征

莆田古代农田水利工程体系构建过程实际上表现为莆田灌溉与堤防工程体系构建与完善的过程。这一过程又可分为三个阶段。唐代是莆田居民开展水利建设的第一阶段，这一时期当地居民以"与海争地"和"与海争水"为宗旨，首先开展了大规模围海造田活动，兴筑南北海堤阻绝海水与滩涂，使兴化湾南北两侧的滩涂得以垦为农田。为给新垦农田与山间旧耕作区域提供灌溉水资源，当地居民在垦区与内陆交界处建成了大量蓄水平塘工程，沿塘开凿圳口，凿渠引灌。唐中后期灌溉工程建设技术的发展使莆田大型灌溉工程建设成为可能，兴化湾北侧垦区居民在屯田官吴兴的带领下于杜塘筑成长堤，将于此入海的延寿溪截住，使溪水沿人工改造的港道流经垦区入海，兴化湾北岸垦区大片农田因此受益。宋元时期为莆田居民开展水利建设的第二阶段，这一时期莆田内陆平原地区居民在官民杰出人士的带领下于萩芦溪、延寿溪、木兰溪流域分别建成南安陂、太平陂、使华陂、木兰陂，并于各工程灌区内开凿互相连通的灌溉渠系，使平原地区参与农业生产的居民获得了稳定的灌溉用水来源。此外，在山间河谷地带，当地居民依照本地环境态势开展小型灌溉工程建设，取得了良好的灌溉效益。明清时期是莆田居民开展水利建设的第三阶段，这一时期当地居民在官民水利管理者的带领下修复旧有灌溉设施，并初步改造其发挥水利效益的方式。同时，沿海地区居民在地方政府的组织下于唐代海堤基址之上构筑了完善的堤防体系，使内陆地区不至于受台风、潮涌的侵袭，并进一步在沿海地区构筑了独具特色的耕作区域。由此可见，莆田古代农田水利工程体系的构建过程是一个以"凿塘蓄水—截溪引水—截溪蓄水—开渠引水"为发展路径的水利技术演进过程。

莆田农田水利管理制度的演变历史实际上表现为莆田灌溉与堤防工程管理模

式演变的进程。在这一过程中,灌溉工程体系与堤防工程体系管理模式的演变路径各具特色。就灌溉工程体系而言,其管理模式演变过程可分为两个阶段。宋元时期是莆田灌溉工程管理模式演变的第一阶段,这一时期各工程管理由建设者成立的管理组织负责日常修缮管理事务,各管理组织运营经费多来自于专门购置的"水利田"租佃收益。各工程大修、抢修由地方政府中的水利管理机构负责,除民办工程外,民众在各灌溉工程大型修缮活动中的参与程度较低。各工程灌区管理者依照沟系与用水村落的地理位置,机械地对灌溉水资源进行分配。明清时期各灌溉工程日常管理由用水成员自行成立的管理组织负责,大型修缮活动虽仍由地方官出面组织,但具体事项则交由以"耆干"为代表的乡绅群体负责,日常管理、大修抢修的资金均由各灌区用水成员分摊;各灌区管理者将成员"用水权利"与"修缮义务"联系到一起,一用水成员只有在参与水利劳动的情况下方能获得相应灌溉水资源量;内陆灌区成员间用水纠纷也有了以"三七分水"为原则、"源头置闸"为措施的协调机制;沿海与内陆用水纠纷这一新的用水矛盾形式则被地方官以"厘定水则"的方式加以解决。就堤防工程体系而言,宋元时期莆田沿海堤防管理被整合于沿海地区水利管理体系之中,"塃""段"等沿海用水区域水行政管理者"塘长""委段"是沿海堤防管理早期负责人。明代以后,莆田地方政府将沿海地区居民纳入"堤户",并将"堤户"编入"堤甲",由"堤甲"负责沿海堤防工程管理事务。堤户作为塃田垦殖者,在引灌地方政府为其分配的内陆沟渠水的同时,必须参加地方官组织的海堤修缮工程,或自行负责一堤段建设。莆田海堤兴修管理章程长期未能确定,直到清代方被纳入地方官考虑之中,并由官府与乡绅群体合作构建了完善的海堤修缮管理制度。

"水权"的获取贯穿了莆田古代农田水利体系构建全程,由此可知这一遗产体系构建的全部过程。一方面,灌溉与堤防工程体系建设是莆田居民实现"水权"的基础性条件。水权分配的前提性条件是有水可用,这其中既包括用水区域内要有充足的自然水源,也包括用水居民需要通过灌溉工程体系建设将自然水源转化为可以引灌的农业用水资源,以及通过堤防工程体系建设圈占足够的农业用地并使"堤内"居民用水生产循环不受源于海上的灾害性气候破坏。另一方面,灌溉与堤防工程管理制度构建,尤其是"灌溉用水制度"的构建,是各灌区用水成员实现"水权"的关键性条件。水权的实现路径,是将灌溉工程所蓄之水引灌自有田地并不受外界因素干扰,这一过程实现的前提在于灌溉与堤防工程体系管理的有效性,即这一"管理"保证了工程的可用性乃至在用性。灌溉工程引灌能力的有限性乃至自然水体总蓄水量的有限性限制了各灌区成员"水权"实现的程度,只有在"灌溉用水制度"建立并具有公信力的基础上,成员"水权"方能在一定限制范围内实现。

莆田古代农田水利体系发展在不同历史时期反映出不同特征。一方面,古代莆田灌溉与堤防体系建设,在不同阶段反映出不同的技术变迁特征,并最终反映为"水利技术变迁"的过程。唐代莆田积累的水利技术包括筑堤围垦、凿塘蓄水与截溪导流三类,并在当时影响到周边地区,成为福建沿海地区围垦水利建设的范例;宋元时期莆田水利技术发展的关键在于截溪蓄水与凿渠引水,其间包含了跨工程领域的技术借鉴,并最终在福建沿海地区水利技术发展中产生了先导性作用;明清莆田水利技术发展进入到"停滞"的阶段,主要缘于官民在水利建设中的投入逐渐减少,但建设技术的停滞并不意味着水利事业整体的停滞,莆田"综合性水利修治"的出现表明莆田官民在水利管理技术改进方面取得了突出成就。另一方面,古代莆田各灌区水利管理制度构建过程体现了"水利共同体"的作用,即水利共同体的产生往往意味着以乡绅群体为代表的民间势力在水利管理中能够发挥更为突出的作用,其消亡通常表明民间水利管理体制的崩溃,事实上,"水利共同体"在莆田灌溉与堤防工程体系管理中发挥的重要作用表明"官民合作机制"对于水利管理制度完善作用巨大。莆田古代农田水利体系具有科学性,包括科学的工程体系构造、施工质量控制以及管理制度模式等,对于古代农田水利技术研究具有一定参考价值。

第二节 唐至清末莆田农田水利体系的经济与文化影响

莆田古代农田水利事业在其发展过程中于社会经济与文化层面产生了一定影响,其中经济影响主要表现为农田水利体系构建对于农业发展整体的提升作用,即在农田水利体系构建不断促进当地农业生产发展的同时,当地居民因新作物引入或耕作技术提升所获得的发展生产意愿又产生对更大规模农田水利体系构建的诉求,即农田水利体系构建与农业生产发展有"相互依存"之联系。文化影响则具体表现为水利神祠信仰与水利志书编修。莆田水利神祠信仰肇始于唐代,这一时期莆田居民在感怀与崇敬水利建设功臣的心理驱动下,将官民杰出人士主导境内水利事业发展的相关事迹改编为神话故事,并使之口耳相传。北宋以后,随着水利神祇的增加以及每一神灵形象饱满度的强化,水利神祠信仰逐渐拥有了规模庞大的信众基础,且各工程灌区内部都建立了自己的水利神灵体系。各灌区民众为寄托自己对于水利神灵的崇拜心理,专门为本灌区神灵体系建设了奉祀庙宇。两宋之际,莆田水利神祠信仰开始受到地方官重视,多任地方官为将莆田各灌区水利神祇形象纳入国家祭祀体系付出了相当的努力,并最终取得了成功。明代以后,莆田水利神祠信仰的活动形式逐渐丰富起来,其中,地方官主要参与"官祭"以表现官府乃至朝廷对水利神祠信仰及至莆田水利事业发展的重视;乡绅群体,尤其是"创建功臣后裔"以参与宗族祭祀的形式表达自己对参与水利事业的先祖的怀念,以及对其创建精神的继承;普通民众以祭赛、举办庙会的形式表达对水利建设先贤的追思,并最终使这些活动融入民俗文化之中,成为当地居民社会文化生活的一部分。水利专志与水利总志是承载莆田历代水利建设者技术与管理经验的重要文献资料,其中,现存水利专志撰修于明代，以木兰陂建设与管理事务为主题，包括《木兰陂集节要》与《木兰陂集》两部；水利总志《莆田水利志》撰修于清代，是作者陈池养参与莆田水环境与在用水利设施调查，并深度参与境内水利建设后撰写的志书，是其水利建设思想的总结性著作。从水权获取的视角看，水利神祠信仰乃至水利志书反映了特定利益方管理或实现一定水权的诉求。地方政府乃至国家政权控制水利神祠信仰的关键性目的在于获得对"神灵意志"的解释，而"水利神灵的意志"常被用于影响灌区用水成员行为模式，进而使官府特定灌溉水资源分配方式得以推行。乡绅群体尤其是"创建功臣后裔"通过证明先祖的建设功绩以及自身与先祖的特定联系可以在灌区用水成员群体中获得一定威信，进而在灌溉用水分配事务方面获得话语权，且"先祖功绩"与"后嗣联系"的证明往往要借助水利专志。普通民众参与水神祭祀活动，最初仅为化解对"无水可用"局面出现的恐惧，到灌区基层社会发展后期，本灌区用水成员身份往往与水利神祠信众身份联系在一起，故而新旧用水成员参与水神祭祀活动也有维护"用水成员"身份乃至自身水权的目的。

莆田古代水利事业作用在社会文化层面的成果，具有不同的象征性意义。其中，水利神祠信仰往往反映了官府实现基层社会有效管理的行政诉求、乡绅群体获得灌溉水资源分配制度构建影响力乃至影响成员水权实现的权力诉求，以及普通民众获取稳定灌溉用水来源的心理诉求；水利专志在其撰修过程中逐渐失去了作为水利建设与管理经验载体的作用，成为以"创建功臣后裔"为代表的乡绅群体争夺水利管理权力的工具；水利总志则在保持其作为水利知识传承工具作用的同时，承载了作者的水利建设理念，对后世水利建设与管理事业产生一定影响。实际上由水神信仰与水利志书构成的"区域水利文化"在影响到基层社会权力结构模式演变的同时，也成为地域性民俗文化的重要组成部分，直到今天仍发挥着突出的社会效益。发掘莆田古代农田水利体系的技术价值与社会价值，有助于进一步开展该区域水利遗产的保护工作。

以莆田为中心的区域性古代农田水利体系研究，是在传统水利史以及水利社会史研究基础上的延伸，其本身尚有可进行拓展的余地。实际上，灌溉与堤防建设相结合的工程体系构建模式，以及水利管理中的官民协调机制，是福建沿海地区水利事业发展的常态；与此同时，古代莆田周边的福州、泉州、漳州等地区在其水利事业发展过程中也衍生出了具有地方性特色的水利文化。如将"区域性古代农田水利体系"这一"历史模型"视作突破传统水利史并将其与水利社会史研究相结合的工具，用这一工具对北宋以来福建沿海各府、县乃至福建沿海地区整体水利事业全过程进行分析，应当可以获得与这一地区传统水利史研究有所区别的创新性成果。就以莆田为中心的区域水利史研究内容细节来看，"水利管理制度构建与发展"在"基层社会权力结构演变"中发挥了独特的作用，如以此为主题作进一步研究，应当能够突破传统认识，在区域社会史研究领域取得具有一定学术价值的成果。

后　记

　　本书是根据我博士论文《捍海为田，截溪引灌：莆田地区古代农田水利史研究（627—1850）》修改而成。2015 年，我就读于南京农业大学科学技术史专业，攻读博士学位。虽然在硕士期间已经进行了水利社会史的研究，并有所成果，但我对后续的研究方向仍然感到迷茫，对是否继续深入水利史领域也有所犹豫。导师惠富平教授鼓励我在硕士期间的研究基础上，把技术、环境和社会文化等因素与水利相联系，从而在小区域范围内的研究中寻求创新。因此，我在广泛阅读相关文献的基础上，结合田野调查的资料，以"小区域范围内农田水利体系"的视角，系统梳理了唐代以来莆田地区农田水利事业发展的历史脉络和基本特征，在区域农田水利史方面做出了一些新的成果。

　　在此，我要向恩师惠富平教授致以最诚挚的感谢。自 2012 年起，我有幸成为惠老师的硕士研究生，从此开始了十余年的师生情谊。在这期间，惠老师对我的学术指导和生活关怀，让我受益匪浅。特别是在水利史研究方面，惠老师给了我很大的启发和鼓励。我刚入学时，偶然发现了一部珍贵的古籍《木兰陂集》，便在通读该书的基础上撰写了一篇论文，并请惠老师给予指导。惠老师虽然主要从事农业文献和农业生态史的研究，但对水利史领域也有广泛的涉猎和深刻的见解。他不仅对我的论文给予了高度的评价和肯定，还鼓励我深入挖掘该书的学术价值，争取在此基础上完成硕士论文。在惠老师的支持下，我一直关注着东南沿海地区的水利史问题，并在这一领域发表了多篇论文，顺利完成了硕士和博士学业。可以说，如果没有惠老师的悉心教导和无私帮助，就没有我今天的学术成就。

　　博士后期间，我有幸得到合作导师施威教授的指导。2021 年，我进入南京信息工程大学科技史与气象文明研究院从事博士后研究工作。在此期间，施老师给予我很多学术上的指导和生活上的关心。他让我深刻地认识到，水利史研究不仅要综合考虑技术、环境、经济、文化等多方面的因素，还要紧密联系现实需求和社会发展。为此，他建议我对论文进行了修改，使其具有更强的现实意义和政策指导性。他还鼓励我拓宽学术视野，开展实证性的研究，探索水利遗产保护、水文化建设等方面的问题。施老师的教诲和帮助，让我受益匪浅，也让我对水利史研究有了更深的理解和兴趣。

　　此外，我要向所有关心和帮助过我完成此书的良师益友致以最诚挚的感谢。在南京农业大学科学技术史专业攻读博士学位期间，我有幸得到王思明院长的亲切指导,他给我提供了宝贵的学术指导和建议。同时,沈志忠教授、李群教授、卢勇教授、严火其教授等多位老师也给予我热情关怀和悉心教导,他们严谨的治学态度和渊博的学识给我留下了深刻的印象。我的师兄何红中老师在我论文写作期间无私地帮助和支持我,他的专业水平和学术素养值得我学习。此外,中国水利水电科学研究院水利史研究所的谭徐明教授、李云鹏老师为我提供了珍贵的文献资料和研究思路,莆田市木兰溪水利管理处的工作人员协助我在当地进行田野调查,南京信息工程大学的秦佳同学、南京财经大学马浩原老师参与了论文修改期间的资料整理、数据统计工作,为本书的顺利出版作出了很大贡献,在此一并表示衷心感谢。最后,感谢我的父母、爱人一直以来对我研究工作的支持。

作者
2023 年 10 月